高等院校信息技术规划教材

ASP.NET 4.5
动态网站开发

闫会娟 编著

清华大学出版社
北京

内容简介

.NET 4.5 是 Microsoft 公司于 2012 年推出的新一代开发平台。本书结合.NET 4.5 开发平台，由浅入深、循序渐进地介绍了 ASP.NET 程序开发的基本思想、方法和技术，力求帮助读者通过学习掌握较为实用的技术和方法。

全书共 13 章：第 1 章介绍 Web 开发的基本知识和 ASP.NET 的基础知识和开发环境；第 2 章介绍 ASPX 网页的代码存储模式、页面之间的转向、页面的生命周期等基础知识；第 3 章介绍 Web 服务器控件及 ASP.NET 网页标准控件的使用方法；第 4 章介绍 ASP.NET 的验证控件的使用方法；第 5 章介绍 ASP.NET 提供的状态管理对象；第 6 章介绍统一站点风格的用户控件、母版页和主题的使用方法；第 7 章介绍网站导航控件的使用方法；第 8 章介绍 ADO.NET 数据模型及其主要对象的使用方法；第 9 章介绍数据源控件和 GridView 数据绑定控件的使用方法；第 10 章介绍其他数据控件的使用方法；第 11 章介绍 LINQ 技术；第 12 章介绍 AJAX 技术；第 13 章使用 ASP.NET 技术开发一个综合案例。每章均有实例演示且有课后习题。

本书可作为信息管理与信息系统、计算机及相关专业 ASP.NET 动态网站开发的基础教材，也可供专业技术人员参考。

图书在版编目(CIP)数据

ASP.NET 4.5 动态网站开发/闫会娟编著. —北京：清华大学出版社，2016(2023.12重印)
(高等院校信息技术规划教材)
ISBN 978-7-302-45213-3

Ⅰ. ①A… Ⅱ. ①闫… Ⅲ. ①网页制作工具－程序设计－高等学校－教材 Ⅳ. ①TP393.092.2

中国版本图书馆 CIP 数据核字(2016)第 264048 号

责任编辑：张 玥 薛 阳
封面设计：常雪影
责任校对：李建庄
责任印制：沈 露

出版发行：清华大学出版社
网 址：https://www.tup.com.cn，https://www.wqxuetang.com
地 址：北京清华大学学研大厦 A 座 **邮 编**：100084
社 总 机：010-83470000 **邮 购**：010-62786544
投稿与读者服务：010-62776969，c-service@tup.tsinghua.edu.cn
质量反馈：010-62772015，zhiliang@tup.tsinghua.edu.cn
课件下载：https://www.tup.com.cn,010-83470236
印 装 者：涿州市般润文化传播有限公司
经 销：全国新华书店
开 本：185mm×260mm **印 张**：19.5 **字 数**：478 千字
版 次：2016 年 12 月第 1 版 **印 次**：2023 年 12 月第 6 次印刷
定 价：59.50 元

产品编号：070981-02

前言 Foreword

ASP.NET 以其简单易学、开发速度较快等优点，成为近年来最为流行的动态网站开发技术之一。.NET 4.5 是 Microsoft 公司于 2012 年推出的新一代开发平台，Visual Studio 2012 是基于该平台的开发环境，使用起来更加方便，尤其是自动生成创建数据库及表的相应脚本，可有效避免因版本不同造成的无法打开数据库问题。本书结合.NET 4.5 开发平台，由浅入深、循序渐进地介绍 ASP.NET 程序开发的基本思想、基础知识和核心技术，力求符合学生的学习习惯，帮助学生通过学习掌握较为实用的技术和方法。

应用型本科高校旨在培养学生的实际应用能力、动手实践能力。本教程融入作者多年程序设计教学的实践经验，以求更好地辅助教学。本书可作为信息管理与信息系统、计算机及相关专业 ASP.NET 动态网站开发的基础教材。

本书主要包括 13 章：第 1 章介绍 Web 开发的基本知识和 ASP.NET 的基础知识和开发环境；第 2 章介绍 ASPX 网页的代码存储模式、页面之间的转向、页面的生命周期等基础知识，前两章为入门知识；第 3 章介绍 Web 服务器控件及 ASP.NET 网页标准控件的使用方法；第 4 章介绍 ASP.NET 验证控件的使用方法；第 5 章介绍 ASP.NET 提供的状态管理对象，第 3～5 章为基础知识；第 6 章介绍用户控件、母版页和主题的使用方法；第 7 章介绍导航控件的使用方法；第 8 章介绍 ADO.NET 数据模型及其主要对象的使用方法；第 9 章介绍数据源控件和 GridView 控件的使用方法；第 10 章介绍其他数据控件的使用方法；第 11 章介绍 LINQ 技术；第 12 章介绍 AJAX 技术，第 6～12 章为核心技术；第 13 章使用 ASP.NET 技术开发一个综合案例，为学生实战提供案例。每章都有学习目标和课后习题。

本书具有以下特点。

(1) 根据应用型大学学生的学习习惯和信息管理与信息系统专业特点，合理设计 ASP.NET Web 开发技术知识体系，结合该课程的先行课程和后续课程，组织相关知识点与内容。本书结构严谨，内容安排环环相扣,符合初学者的学习习惯。

(2) 在知识点组织和案例设计等内容安排上,既着眼于培养学生熟练掌握理论知识,又注意锻炼和培养学生在程序设计过程中的分析问题和解决问题的能力、逻辑思维能力和实践动手能力,启发学生的创新意识。

(3) 教材中实例任务明确,实现过程详细,代码完善。并在习题中配有一定数量的课外实践任务,尽量使学生课内外相结合,激发学习兴趣,深入理解知识点。

(4) 教材提供教学配套的PPT课件、课后习题答案、各章节实例和综合案例的源代码。

本书由闫会娟编写。在编写过程中,参阅了.NET的联机帮助和微软(Microsoft)公司的网站,也吸取了国内外教材的精髓,对这些作者的贡献表示由衷的感谢。本书在出版过程中,得到了毕建涛主任和邢智毅教授的支持和帮助;还得到了清华大学出版社的大力支持,在此表示诚挚的感谢。此书的出版离不开我家人的支持,感谢他们默默的奉献。

由于作者水平有限,书中难免有不妥和疏漏之处,恳请各位专家、同仁和读者不吝赐教和批评指正。欢迎读者与笔者交流教学体会和教材建议,作者邮箱 yanhuijuan0716@163.com。

编 者

2016年9月

目录 Contents

第1章 chapter 1

ASP.NET概述

ASP.NET是微软公司提供的广泛应用于网站建设和Web应用程序开发的技术。ASP.NET不但功能丰富，而且大大减少了代码编写工作量，易于掌握，深受IT程序员的欢迎。ASP.NET主要用于开发Web应用程序，一个ASP.NET应用程序即为一个网站。本章将从应用程序开发模式讲起，介绍网站的主要成员静态网页和动态网页的特点和工作原理。然后介绍.NET Framework（框架）和ASP.NET应用程序的组成、创建和运行。最后介绍Visual Studio 2012开发环境的安装和使用。

本章学习目标：

- 理解Web程序的开发模式；
- 理解静态网页与动态网页的概念及其工作原理；
- 了解.NET Framework的体系结构；
- 掌握ASP.NET应用程序的基本组成及其基本的开发流程和方法；
- 掌握Visual Studio 2012的安装方法，并了解其基本使用方法。

1.1 B/S模式和C/S模式

C/S（Client/Server，客户/服务器）模式和B/S（Browser/Server，浏览/服务器）模式是目前开发模式技术架构的两大主流技术。在模式中，提供服务的一方叫服务器端，接受服务的一方叫客户端。客户端向服务器发起请求，服务器向客户端做出应答。

C/S模式（如图1.1所示）中，客户端需要安装专用的客户端软件。服务器通常采用高性能的PC、工作站或小型计算机，并采用大型数据库系统，如Oracle、DB2、Sybase、Informix或SQL Server。如企业的内部管理系统，像ERP软件，大多采用这种模式，执行效率较高。

B/S模式（如图1.2所示）是对C/S模式的一种发展和改进。在这种模式下，客户机上只要安装浏览器即可，因此，又称瘦客户机模式。其用户工作界面完全通过浏览器实现，主要的事务逻辑在服务器端实现。浏览器通过Web Server同数据库进行数据交互。常见的Web服务器有IIS（Internet Information Services）、WebLogic、Tomcat、Web Sphere等。现在流行的电子商务网站、博客网站、微博网站等都属于这种模式，方便客户在不同地点，以不同接入方式访问网站内容。

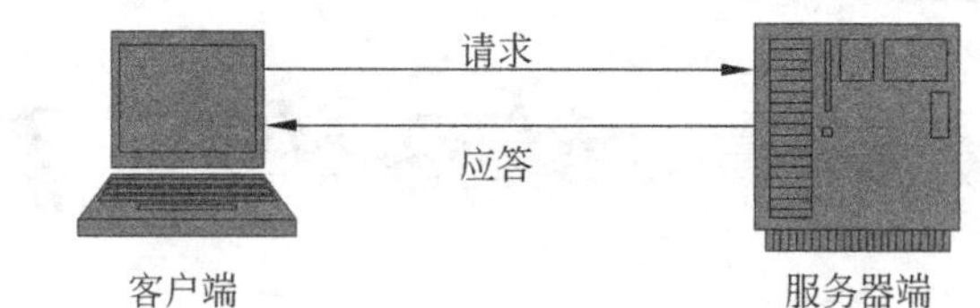

图 1.1　客户端访问服务器的原理

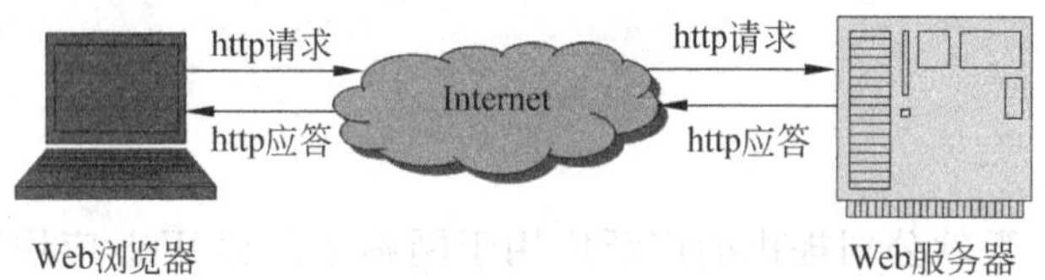

图 1.2　浏览器访问服务器的原理

1.2　静态网页和动态网页

根据网页的特点,五花八门的网页可以分为两大类:静态网页和动态网页。两者是相对而言的。

1. 静态网页

静态网页并非指网页中的元素都是静止不动的,而是指交互功能较差,无须经过服务器的编译,可以直接加载到客户浏览器上显示出来的网页。在静态网页中,可以包括GIF 动画和 Flash 动画。静态网页在执行时,内容不会再变化,任何人访问、显示的内容都是一样的。常见的静态页面的扩展名(也称后缀)是. html、. htm、. shtml 等,如 docc/jxgli/jx09. htm。

静态页面的工作流程可以分为以下 4 个步骤(如图 1. 3 所示)。

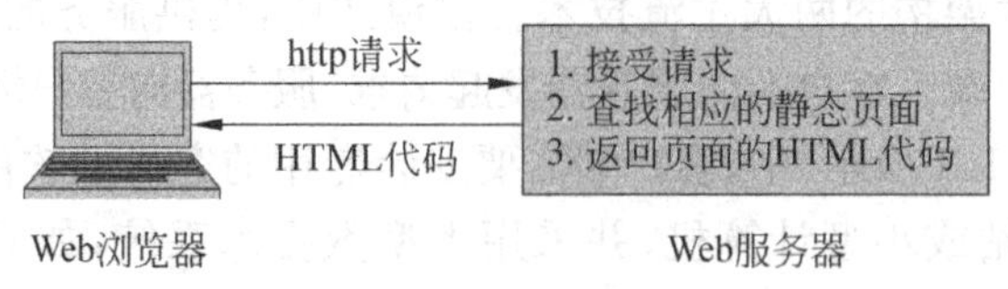

图 1.3　静态页面的工作原理

(1) 编写一个静态网页文件,并在 Web 服务器上发布。

(2) 用户在浏览器的地址栏中输入该静态页面的 URL(Uniform Resource Locator,统一资源定位符)并按 Enter 键,浏览器发送访问请求到 Web 服务器。

(3) Web 服务器找到此静态页面文件的位置,并将它转换为 HTML 流,传送到用户的浏览器。

(4) 浏览器接收 HTML 流,显示此网页的内容。

2. 动态网页

动态网页是在服务器端动态生成的。动态网页上的部分内容存在于数据库中，根据用户发出的不同请求，其提供个性化的网页内容。动态网页的后缀通常有.asp、.aspx、.php、.jsp、.cgi等，根据所用的Web开发技术不同而不同。动态网页可以根据不同的浏览者、不同的时间或不同的交互显示不同的信息。常见的留言板、论坛、贴吧、微博、邮箱登录等都属于动态网页，如https://passport.jd.com/new/login.aspx。

动态网页的工作流程分为以下4个步骤(如图1.4所示)。

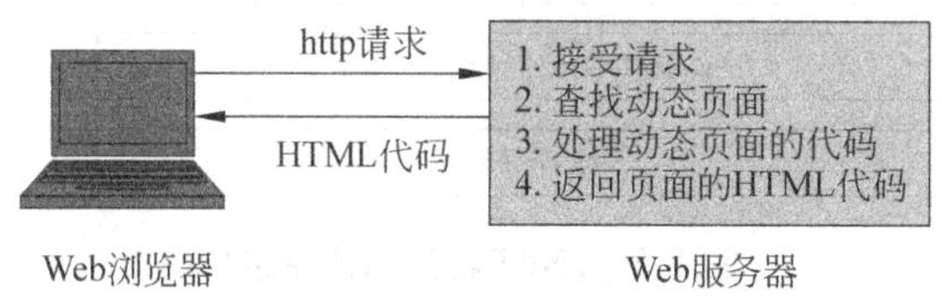

图1.4 动态页面的工作原理

(1) 编写一个包含动态网页的Web应用程序，并在Web服务器上发布。

(2) 用户在浏览器的地址栏中输入该动态页面的URL并按Enter键，浏览器发送访问请求到Web服务器。

(3) Web服务器找到此动态页面文件的位置，并根据请求内容将网页代码转换为HTML流，传送到用户的浏览器。

(4) 浏览器接收HTML流，显示此网页的内容。

因此，在实际操作中，用户可以直接双击打开并运行静态页面。而动态页面一般不可以，如，ASP.NET中的aspx页面可以双击在开发环境中打开但并不能运行查看页面效果。

1.3 .NET Framework的体系结构

ASP.NET是一种统一的Web平台，它提供了生产企业级应用程序所必需的全部服务。.NET Framework(框架)是.NET平台的核心，是一个多语言组件开发和执行环境，它提供了一个跨语言的统一编程环境。.NET框架的目的是便于开发人员更容易地建立Web应用程序和Web服务，使得Internet上的各应用程序之间，可以使用Web服务进行沟通。

.NET框架的体系结构包括以下5大部分(如图1.5所示)。

(1) 程序设计语言及公共语言规范(Common Language Specification，CLS)；

(2) 应用程序平台(ASP.NET、Windows应用程序)；

(3) ADO.NET及类库；

(4) 公共语言运行库(Common Language Runtime，CLR)；

(5) 程序开发环境(Microsoft Visual Studio .NET)。

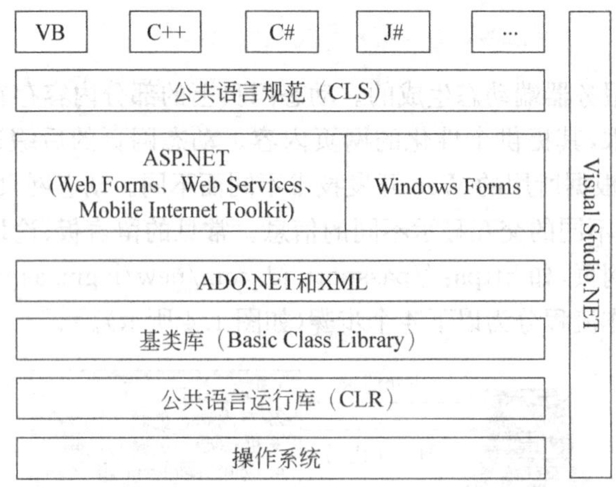

图 1.5　.NET 框架的体系结构

其中，类库和公共语言运行(CLR)是.NET 框架的两个核心组件。

1. 公共语言规范

公共语言规范定义语言的共同规范，包括数据类型、语言构造等，使得在.NET 上可以运行多种语言。凡是符合 CLS 规范的语言都可以在.NET 框架上运行。目前，已支持 C#、VB.NET、C++、J#、JavaScript 等，其中，C# 是微软公司为.NET 量身定做的一种程序设计语言，非常简练和安全，因此，本书中的示例程序均采用 C# 编写。

各种语言的源代码先编译为一种中间语言(Intermediate Language，IL)，ASP.NET 程序执行时，再由公共语言运行库载入内存，实时解释为各平台 CPU 可执行代码。

2. 应用程序平台

基于.NET 框架可以开发 ASP.NET Web 应用程序及 Windows 应用程序，适用于不同的应用需求。Windows 应用程序为 C/S 模式，ASP.NET 应用程序为 B/S 模式。

3. ADO.NET 及类库

ADO.NET 是.NET 提供的数据访问模型。

类库是由数千个可重用的类组成的一个集合，符合面向对象理论。各种不同的开发语言都可以用它来开发传统的命令行程序或者图形用户界面(Graphical User Interface，GUI)应用程序。

为便于管理和调用，类库中的类被划分为不同的逻辑分区，这些逻辑分区称为命名空间。命名空间类似于文件夹，呈层次结构，即命名空间下面又可以再分成子命名空间。

例如，微软公司提供的所有的类以 System 或 Microsoft 命名空间开头；基于 Windows 应用程序的用户界面的类放在 System.Windows.Forms 命名空间中。

4. 公共语言运行时

CLR(Common Language Runtime)，也称公共语言运行环境，相当于Java中的“虚拟机”，是一个运行时环境，为ASP. NET程序提供了执行环境。它提供了程序运行时的内存管理、垃圾自动回收、线程管理和远程处理以及其他系统服务。它负责管理代码的执行并使开发过程变得更加简单。

5. 程序开发环境

程序开发环境是. NET框架的外在呈现，程序员在程序开发环境VS. NET中创建需要的应用程序，调用. NET提供的类和组件。

1.4 ASP.NET应用程序基础

1.4.1 ASP.NET应用程序组成

ASP. NET应用程序是程序运行的基本单位，也是程序部署的基本单位。单个aspx网页是不能运行的。应用程序由多种文件组成，通常包括以下5部分(见表1.1)：网页文件、网站配置文件、网站全局文件、专用的共享目录和虚拟目录。

表1.1 ASP. NET应用程序的组成

名　　称	文　件　名	个数	其　　他
网页文件	*. aspx, *. htm, *. asp	n	
网站配置文件	Web. config	0～n	基于xml
网站全局文件	Global. asax	0或1	
专用的共享目录	App_Code	0或1	中间层代码文件
	App_Data	0或1	数据库文件
	App_Themes	0或1	主题相关文件
虚拟目录	自定义	1	http://localhost/虚拟目录名

1. 网页文件

网页文件(又称窗体页)是应用程序的主体。在ASP. NET中的基本网页以. aspx为后缀，也可以包含. htm或. asp为后缀的文件。

. aspx用于创建动态网页，可以包含HTML代码、服务器控件或服务器端代码。它符合动态网页的访问原理，需要先在服务器端创建服务器控件，运行服务器端代码，然后再将结果转成HTML代码并送到浏览器端。对于那些曾经请求又没有改变过的aspx网页，服务器会直接从缓冲区中读取相应文件，而不需要再次编译。

.htm 为静态网页，可以包含 HTML 代码，不能包含服务器控件或服务器端代码。服务器无须做任何处理直接送往浏览器，由浏览器下载并解释执行。因此，为提高运行效率，应将纯 HTML 代码的网页保存为.htm，无须创建为.aspx 网页。

2. 网站配置文件

Web.config 是 ASP.NET 的网站配置文件，它基于 XML 语法。其作用是对应用程序进行配置，如数据库连接串、客户的认证方法、基于角色的安全技术策略、数据绑定方法、远程处理对象等。

根据需要，可以在网站的根目录或子目录下分别创建 Web.config 文件，也可以一个都不创建。如果存在多个 Web.config 时，它们形成一种层次关系，子目录继承父目录的配置，当子目录与父目录不同时，会覆盖父目录的同名配置。

实际上，在安装完.NET 时，已经安装了一个服务器的配置文件 Machine.config，默认目录是"[硬盘名]:\Windows\Microsoft.NET\Framework\[版本号]\CONFIG\"，它对 ASP.NET 应用程序做了基本的配置。

XML(Extensible Markup Language)是一种可扩展的标记语言，用来描述层次化的文档，解决跨平台交换数据的问题。它的作用是用于标记电子文件使其具有结构性的标记语言，可以用来标记数据、定义数据类型，是一种允许用户对自己的标记语言进行定义的源语言。

XML 文件的扩展名是.xml，可使用任何文本编辑器来编写。在编写时需要遵循以下 5 项原则：

(1) 有且只有一个根元素，元素区分大小写；

(2) 每个元素都是封闭的；

(3) 元素之间可以嵌套，但不能交叉；

(4) 属性值必须包含在引号之中；

(5) 同一个元素的属性不能重复。

XML 的特点如下：

(1) XML 是一种通用标准，跨平台交换数据；

(2) XML 中的元素标记自行确定，不受限制；

(3) XML 文档属于文本文件，语法简单；

(4) XML 非常有利于功能的发布；

(5) .NET 对于 XML 具有深层次的支持。

Visual Studio .NET 可以直接读、写 XML 文档，可用 XML 描述数据的结构和系统的配置，数据存储和交换的格式。

除了这里讲到的 Web.config，后面章节中也多次用到 XML 文件，如广告控件的数据源文件可以是 XML 类型的文件，站点地图文件是符合 XML 语法的文件。

3. 网站全局文件

Global.asax 文件是一个可选文件，用来处理应用级别的事件。它只能保存在网站的根目录。文件包含的具体内容和使用将在第5章中详细讲解。

4. 专用的共享目录

专用的共享目录是 ASP. NET 提供的专门用途的文件目录(文件夹),包括 App_Code、App_Data、App_Themes 等,这些目录中的文件将自动供应用程序共享。

App_Code 目录中保存源代码文件(如. cs,. vb 文件),在运行时将自动把这些代码编译成一个程序集。Web 应用程序中的其他任何代码都可以访问产生的程序集。Bin 文件夹中可以存储编译的程序集(如. dll 文件),Web 应用程序任意处的其他代码都会自动引用该文件夹。

App_Data 目录用于保存数据库文件,这些文件自动成为网站中各网页的共享资源。

App_Themes 目录用于放置主题相关文件,包括皮肤文件、样式文件、图像文件等,用来确定网站中各网页的显示风格。

5. 虚拟目录

虚拟目录是在 Web 服务器上创建应用程序的一个目录,映射到应用程序的物理目录,即为目录的别名。通过创建虚拟目录,可以发布网站,让人们浏览网站内容。虚拟目录方便在一台主机上建立多个网站,它们相互不影响。

ASP. NET 使用的 Web 服务器上的 IIS,它的默认安装路径是"[系统盘]:\InetPub\wwwroot\"。

1.4.2 创建 ASP.NET 应用程序

网站是管理应用程序并向外发布信息的基本单位,也是网站迁移的基本单位。在 ASP. NET 中,一个网站就是一个应用程序。由于应用目的的不同,ASP. NET 可以创建三种类型的网站:文件系统网站、本地 IIS 网站和远程网站。

操作提示:选择【文件】→【新建】→【网站】命令,将打开【新建网站】对话框,可以在【Web 位置】文本框中选择需要的网站类型(如图 1.6 所示),单击【浏览】按钮选择网站目录。

1. 文件系统网站

文件系统网站是一种用于检查和调试的网站,只能检验和调试网站,不能向外发布信息。单击【浏览】按钮,可以将文件系统网站的物理目录放置在任意物理目录下,网站名就是应用程序的根目录名。该类型的网站非常适合于调试或学习者使用。

计算机上未安装 IIS 服务器也可以创建文件系统网站,因为系统自动为网站配置了一个开发服务器(Development Server),来模拟 IIS 服务器对网站运行时的支持。当使用文件系统网站时,系统会自动调用开发服务器来调试运行的网页,同时给网站随机地分配一个端口。如网页名为 Default. aspx,当运行服务器时,该网页的 URL 是 http://localhost:5315/Default. aspx,其中,localhost 表示本地服务器,5315 即是随机分配的端口号。

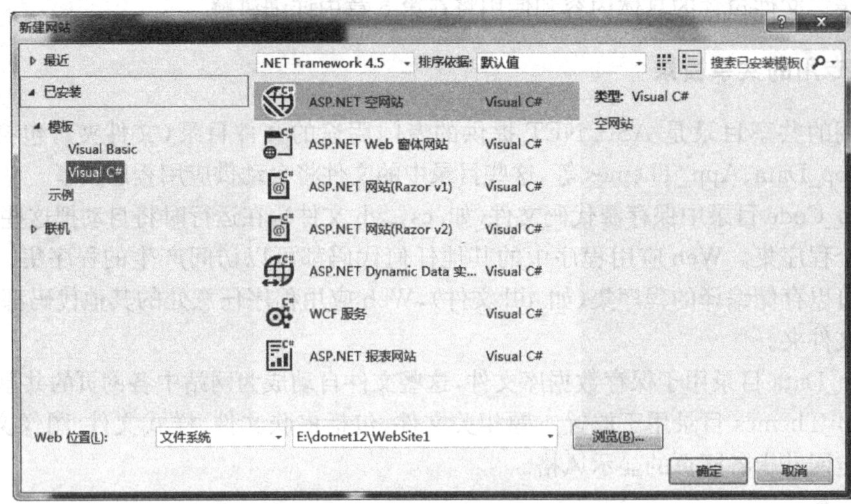

图 1.6　创建新网站

操作步骤如下。

(1) 在【新建网站】对话框中(如图 1.6 所示)的【Web 位置】处选择【文件系统】(默认即为【文件系统】)。

(2) 单击【浏览】按钮,打开【文件系统】对话框(如图 1.7 所示),选择已经存在的物理目录,或单击右上角的【新建目录】图标,然后单击【打开】按钮。

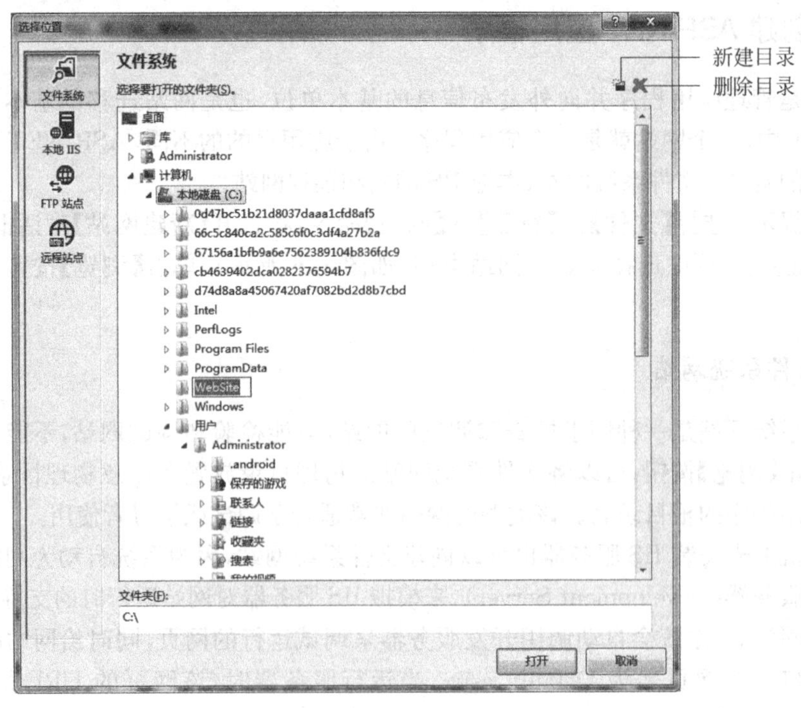

图 1.7　【文件系统】对话框

(3) 返回到【新建网站】对话框，再单击【确定】按钮，可创建文件系统网站(如图 1.8 所示)。

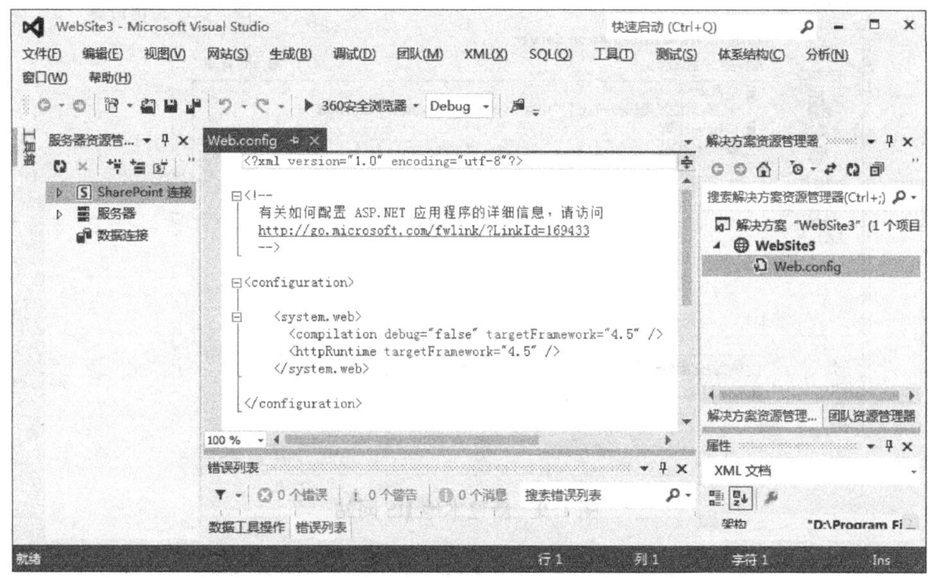

图 1.8 新文件系统网站的界面

2. 本地 IIS 网站

创建本地 IIS 网站需要在本地机器上安装 IIS Web 服务器。创建的本地 IIS 网站将自动创建虚拟目录，并且直接或间接地映射到网站的物理目录上。本地 IIS 网站可以向外发布信息。

操作步骤如下。

(1) 在【新建网站】对话框中(如图 1.6 所示)的【Web 位置】处选择 http。

(2) 单击【浏览】按钮，打开本地 IIS 对话框(如图 1.9 所示)，选择 IIS 的默认网站目录，单击右上角的【新建网站】、【创建新 Web 应用程序】或【新建虚拟目录】图标。

(3) 【新建网站】和【创建新 Web 应用程序】都将创建新的网站，所不同的是【新建网站】只能在 IIS 网站根目录下创建，【创建新 Web 应用程序】则在【新建网站】的子目录中创建，这两种网站的名称和虚拟目录的名称一样，文件均保存在 Visual Studio 安装盘的文档(documents)目录下的 my web sites 和 projects 中。选择【新建虚拟目录】时需要对虚拟目录(图 1.10 中的【别名】处)和网站目录名(图 1.10 中的【文件夹】处)分别进行命名(如图 1.10 所示)，然后单击【确定】按钮。

(4) 返回到【新建网站】对话框，再单击【确定】按钮，可创建本地 IIS 网站。

3. 远程网站

远程站点是可以向外发布信息的网站，一个远程网站必须获得唯一的 URL 地址(并且安装有扩展的 FrontPage)。

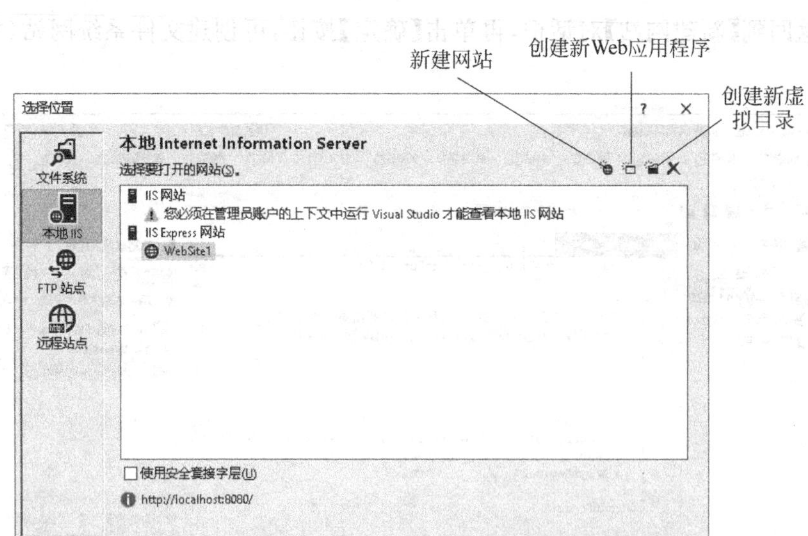

图 1.9　新建本地 IIS 网站

图 1.10　新建虚拟目录

操作步骤如下。

(1) 在【新建网站】对话框中(如图 1.6 所示)的【Web 位置】处选择 http。

(2) 单击【浏览】按钮，打开【远程站点】对话框(如图 1.11 所示)，选择输入网站位置。

(3) 单击【打开】按钮，返回到【新建网站】对话框，再单击【确定】按钮，可创建远程站点。

1.4.3　运行 ASP.NET 应用程序

运行 ASP. NET 应用程序才可以体验程序实现的具体功能，如事件的触发、代码的执行等。单击工具栏中的【调试】按钮 ▶ 、选择【调试】菜单中的【开始调试】或按 F5 键都将在默认浏览器中运行当前选择网页。也可以在【解决方案资源管理器】中，右击要运行的页面，选择【在浏览器中查看】。

如果总是需要从某一固定页面运行，来访问其他页面功能的时候，可以右击那个页面，选择【设为起始页】，则单击【调试】按钮后总是从该页开始运行。

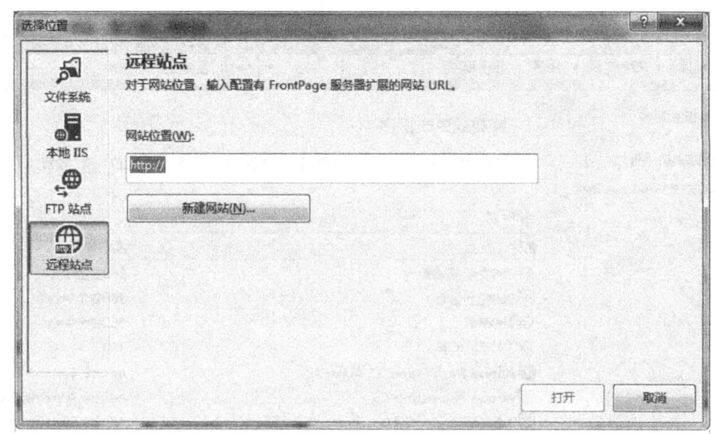

图 1.11 【远程站点】对话框

1.5 开发环境的安装与使用

开发环境对程序开发至关重要，ASP. NET 的开发环境有多个版本，包括 2003、2005、2008、2010、2012、2013、2015 等，分别对应不同的. NET Framework 版本。Visual Studio 2012 对应. NET 4. 5，软件可从 www. microsoft. com 网站上下载。本教程的示例代码均在 Visual Studio 2012 中完成，下面对开发环境 Visual Studio 2012 进行简要介绍。

1.5.1 安装 IIS Web 服务器

安装环境之前可以先安装 Web 服务器——IIS(Internet Information Server)，IIS 是 Windows 系统的一个组件，可使用系统盘进行安装。

操作步骤如下(以 Windows 7 为例)。

(1) 打开【控制面板】，单击【程序】→【程序和功能】，单击左侧的【打开或关闭 Windows 功能】(如图 1. 12 所示)，弹出【Windows 功能】窗口。

(2) 在【Windows 功能】窗口中，找到【Internet 信息服务】，进行 IIS 配置(如图 1. 13 所示)。根据需要选择相应的项目，勾选相应的选项。以下都是使用 IIS 开发 ASP. NET Web 应用程序的必选项：万维网服务→应用程序开发功能→ASP. NET、. NET 扩展性、ISAPI 扩展和 ISAPI 筛选器；万维网服务→安全性→Windows 身份验证；Web 管理工具→IIS6 管理兼容性→IIS 元数据库和 IIS 配置兼容性。设置完毕，单击【确定】按钮，开始安装。

(3) 安装完毕，网站的物理路径默认是“[系统盘]:\inetpub\wwwroot\”。

1.5.2 安装 Visual Studio 2012

(1) 双击光盘或解压缩文件中. exe 安装程序启动安装(如图 1. 14 所示)。几分钟后进入安装软件的起始界面(如图 1. 15 所示)，可修改安装路径，选择【我同意许可条款和条件】，将出现【下一步】按钮。

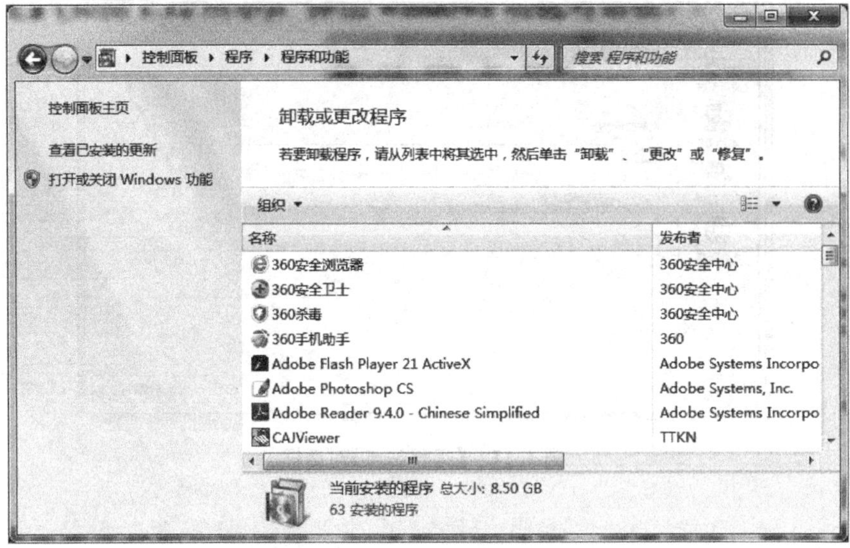

图 1.12　控制面板的【程序和功能】窗口

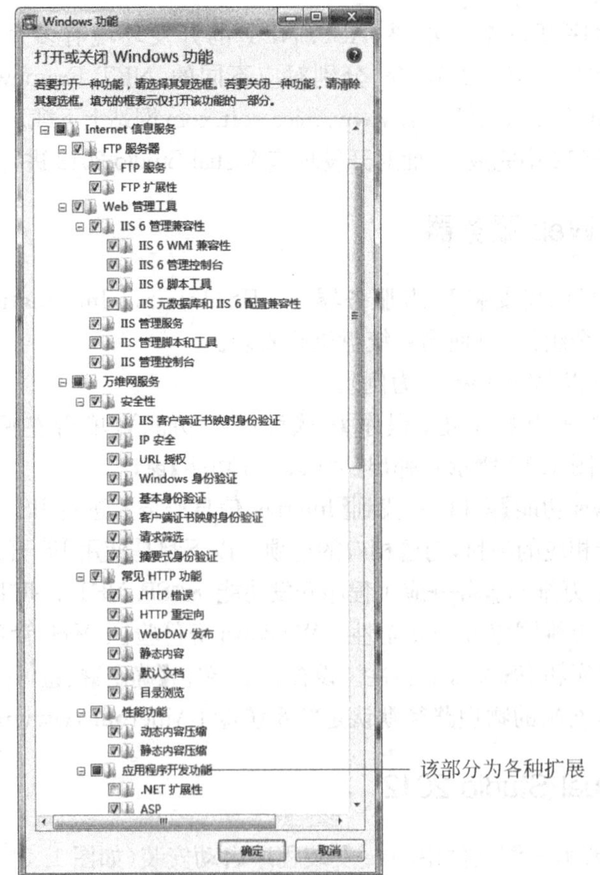

图 1.13　IIS 的安装配置

图 1.14 安装文件

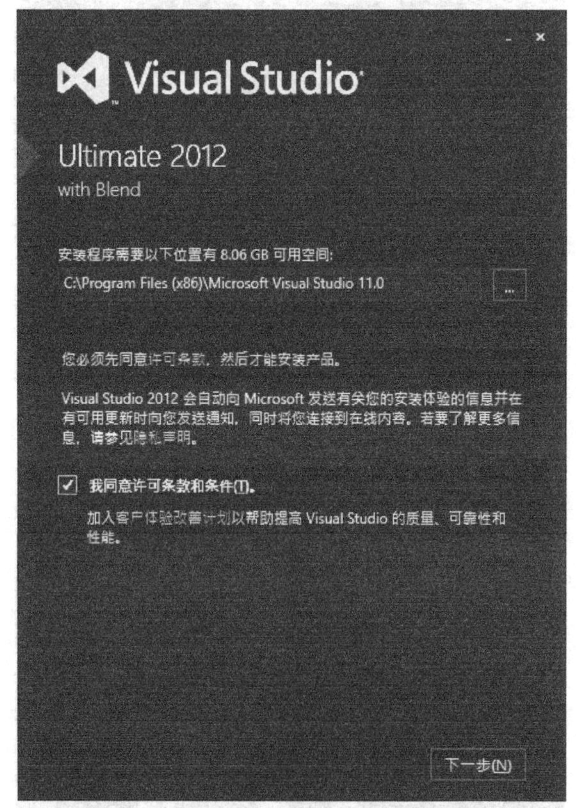

图 1.15 安装起始界面

(2) 单击【下一步】按钮，出现安装界面(如图 1.16 所示)，单击【安装】按钮进行安装(如图 1.17 所示)。

(3) 数十分钟后安装完毕，重新启动系统。

1.5.3 开发环境的介绍

通过【开始】→【所有应用】→Microsoft Visual Studio 2012→Visual Studio 2012，可

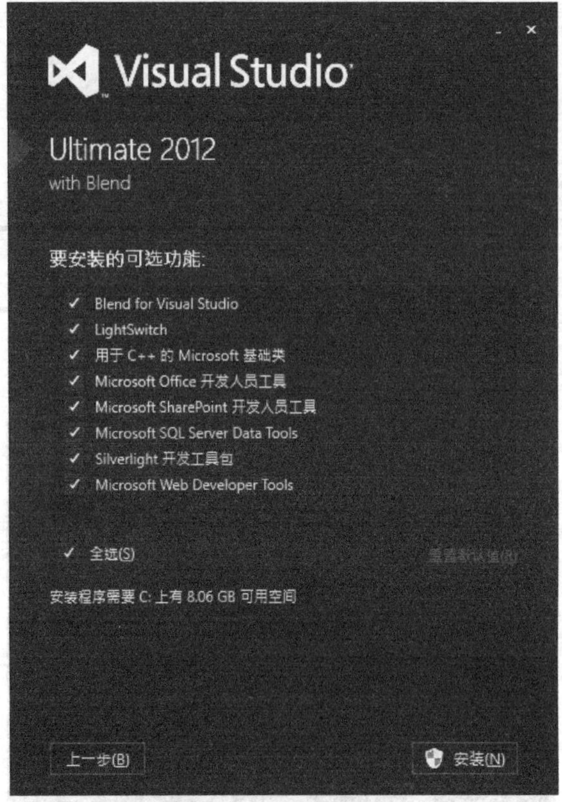

图 1.16　开始安装界面

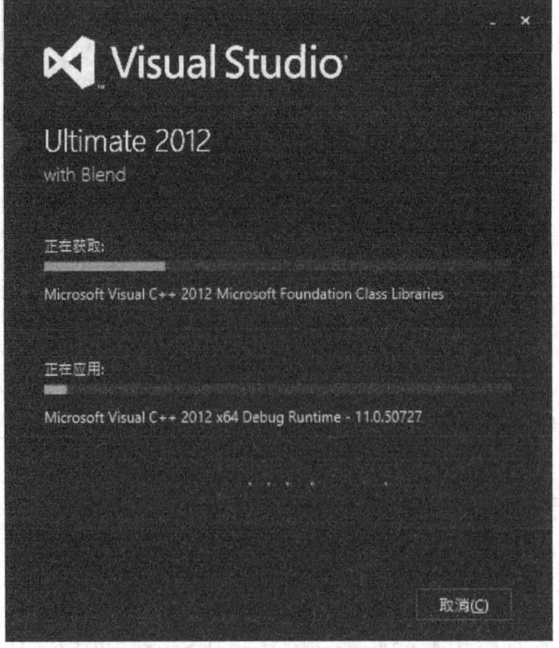

图 1.17　安装界面

以启动 Visual Studio 2012。当初次打开开发环境时，将打开默认环境设置窗口(如图 1.18 所示)。根据需要选择开发环境，本书选择【Visual C#开发设置】，然后单击【启动 Visual Studio】按钮，几分钟后进入开发环境的起始页(如图 1.19 所示)。再次打开时无须设置即为 C#开发环境。

图 1.18 默认环境设置窗口

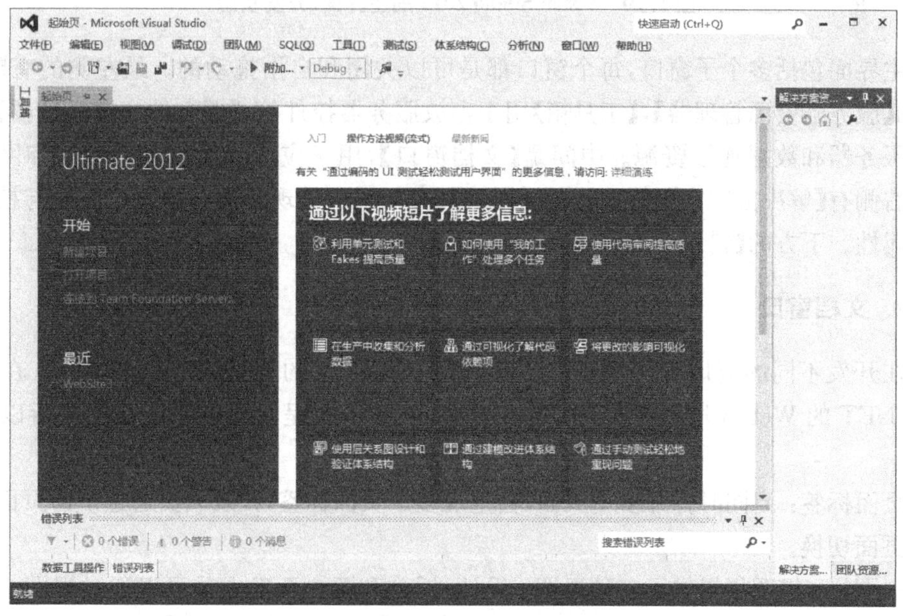

图 1.19 Visual Studio 2012 的主界面(起始状态)

1. 主界面

为了能够快速地进行.NET程序开发,首先需要熟悉Visual Studio .NET(VS. NET) 2012开发环境。通过【开始】→【程序】→Microsoft Visual Studio .NET 2012启动程序,主界面如图1.19和图1.20所示,在起始页上可以单击【新建项目】新建一个项目,或单击【打开项目】打开现有项目,也可以看到最近打开过的项目。

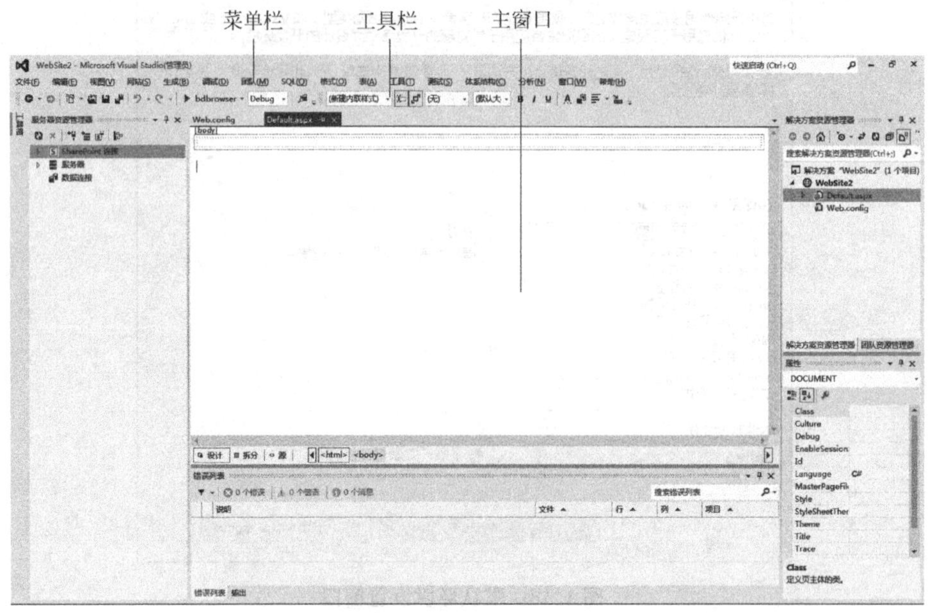

图1.20　Visual Studio 2012的主界面(开发状态)

主界面包括多个子窗口,每个窗口都是可以关闭和自由拖动的。最左侧的有【工具箱】和【服务器资源管理器】,【工具箱】用于存放服务器控件等,【服务器资源管理器】用于管理服务器和数据连接资源。中间是【文档窗口】,用于应用程序代码的编写和网页设计。右侧有【解决方案资源管理器】和【属性】窗口,用于呈现解决方案以及页面与控件的相应属性。下方的【错误列表】窗口用于呈现错误信息。

2. 文档窗口

在开发不同的应用程序时,文档窗口会呈现不同的样式,以方便开发。在开发ASP. NET的Web应用程序时,文档窗口以Web形式呈现给用户,主要包括以下三部分。

页面标签:当同时打开多个页面,会呈现多个页面标签,开发人员通过单击页面标签进行页面切换。

视图栏:视图栏提供了三种视图:设计、拆分和源。开发人员可以通过视图栏进行视图的切换。设计视图以所见即所得呈现页面的样式,方便开发者操作。源视图以代码形式呈现页面，方便开发者进行代码控制。

标签导航栏：通过标签导航栏能够选择标签，例如，当用户需要选择页面代码中的＜body＞标签时，可以通过标签导航栏选择＜body＞标签或标签内容。

3. 工具箱

【工具箱】包含.NET应用程序所支持的控件。不同类型的应用程序，【工具箱】呈现的控件也不同。所有控件被分组放在不同的选项卡中。开发人员也可以自己新建选项卡，添加现有的控件(如图1.21所示)。右击【工具箱】的空白区域，在弹出的快捷菜单中选择【选择项】命令，弹出【选择工具箱项】对话框(如图1.22所示)，选择要自定义添加控件的程序集。组件添加完毕后，将出现在【工具箱】中，与其他控件一样，可以添加到Web页面。

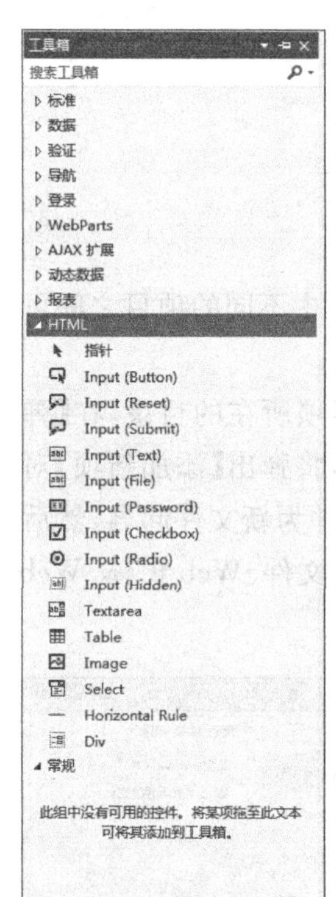

图1.21 工具箱

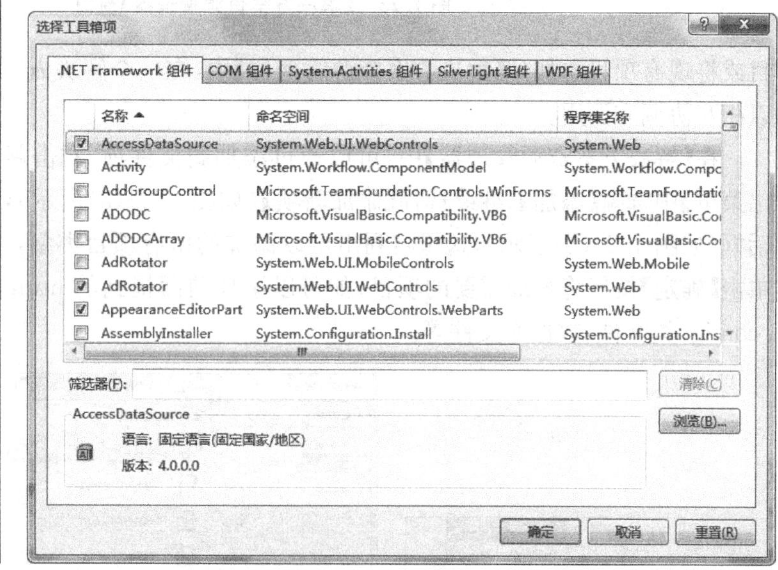

图1.22 【选择工具箱项】对话框

4. 解决方案资源管理器

【解决方案资源管理器】管理网站的文件(如图1.23所示)，开发人员可以在【解决方案资源管理器】中观察网站文件的层次关系，选择需要的文件，双击文件后，代码/视图会呈现在主窗口中。

在创建网站的同时会创建一个解决方案，来管理该项目，图1.23中的解决方案仅管理一个项目。实际上，在【解决方案资源管理器】中不仅可以管理一个项目，可以新建项

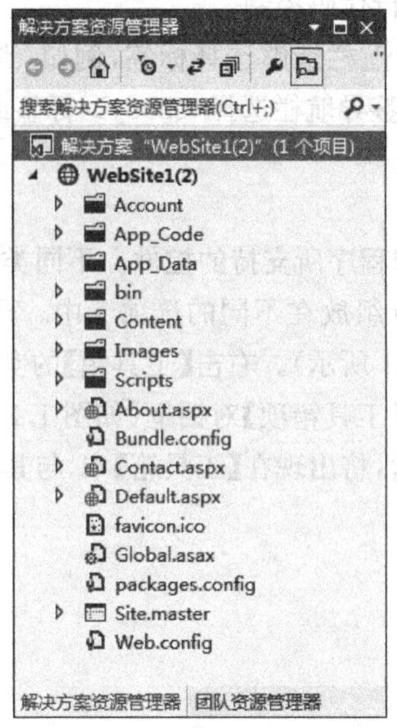

图 1.23 【解决方案资源管理器】窗口

目或将现有项目添加到【解决方案资源管理器】中，在一个解决方案中不同的项目之间可以相互协调和调用。

在【解决方案资源管理器】中，可以通过添加新文件项，右击新项所在的目录，在【弹出菜单】中选择【添加】，继续选择【添加新项】(如图 1.24(a)所示)，将弹出【添加新项】对话框(如图 1.24(b)所示)，这里将列出可以添加的所有项目类型，并为新文件起名，然后单击【确定】按钮将添加需要的项目，如可以添加前面提到的 html 文件、Web 窗体、Web .config、类文件、数据库文件等。

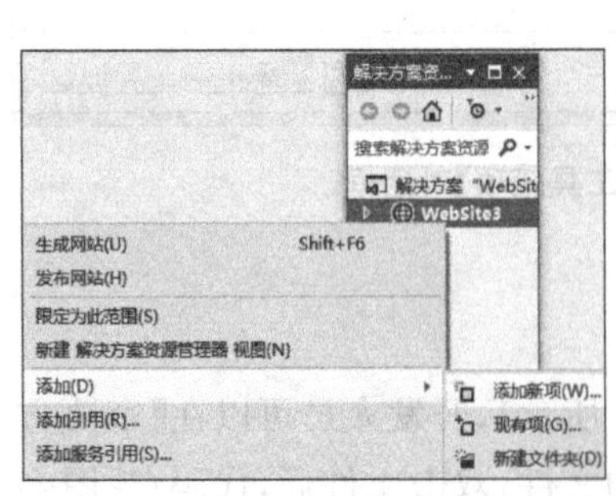

(a) 添加新项的操作截图

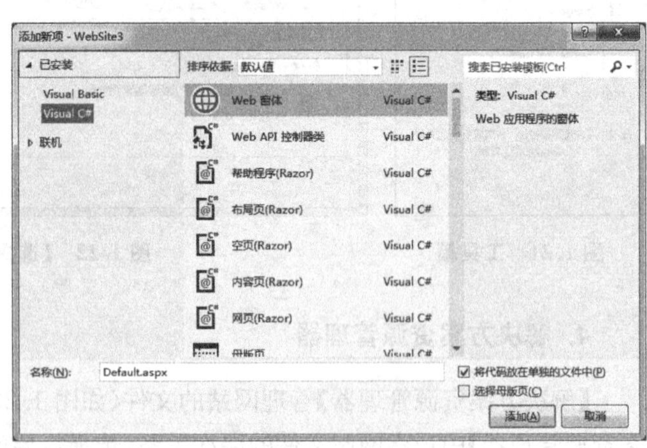

(b) 【添加新项】对话框

图 1.24 在解决方案中添加新项

5. 【属性】窗口

Visual Studio 2012 提供了很多控件,每个控件都会有相应的属性,通过配置控件属性可以实现页面设计和功能。在页面设计阶段,通常使用【属性】窗口进行控件属性的设置。在【属性】窗口中,属性可以分类显示,也可以按字母排序显示(如图 1.25 所示)。单击【属性】窗口中的【事件】还可以切换到事件窗口,添加控件的相应事件。

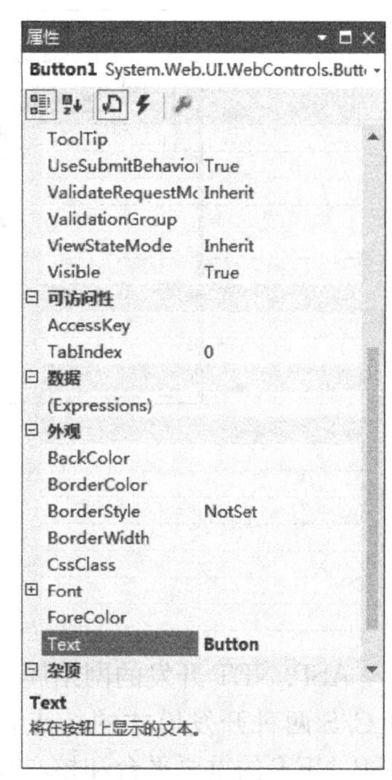

图 1.25 【属性】窗口

6. 【错误列表】窗口

在应用程序开发中,错误几乎是不可避免的。【错误列表】窗口(如图 1.26 所示)将逐条列出程序中存在的各种语法错误和逻辑错误。开发人员可以查看【错误列表】中的详细信息,【说明】列表示错误的具体描述,【文件】列表示该条错误所属的文件,【行】、【列】分别表示错误的具体位置,开发人员可以双击某一条错误,在主窗口中将自动定位并呈现错误的位置。通过定位错误可以帮助开发人员快速修改错误。

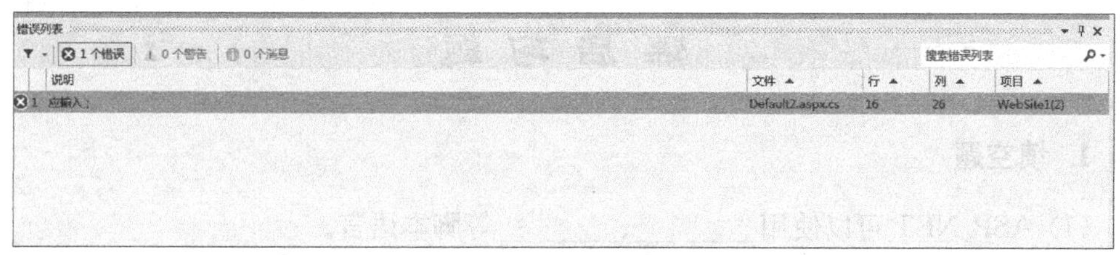

图 1.26 【错误列表】窗口

7. 菜单栏和工具栏

.NET 根据不同的视图提供了不同的可用菜单功能和工具按钮(如图 1.21 所示),开发人员可以使用菜单栏和功能栏提供的相应功能,比如新建/打开网站、显示/关闭窗口、运行程序、调试程序、软件选项配置等。

8. 智能提示功能

Visual Studio .NET 环境还有很多有利于开发的功能和使用特性,比如代码提示功能(如图 1.27 所示),有助于局部匹配。对于初学者,可以避免大小写等输入错误。在控件和类的使用上,可以选择需要的属性、方法等,还可以根据提示学习新知识。按 Enter 键或空格键可以选择当前选中项。

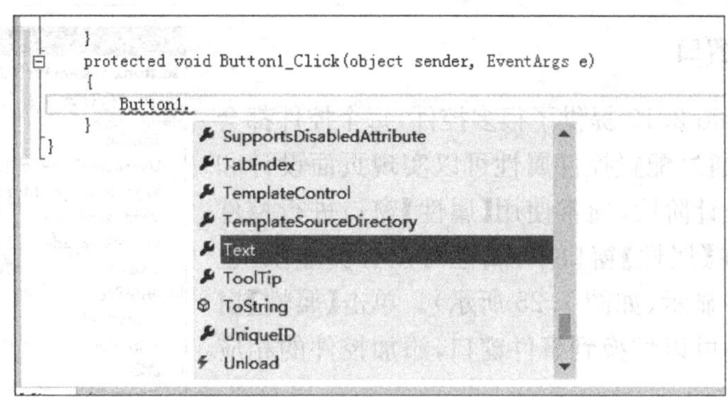

图 1.27　智能提示功能

小　　结

ASP. NET 开发的网站属于 B/S 模式，包括两种典型的网页，本章首先介绍了 B/S 和 C/S 两种开发模式的特点，静态网页和动态网页的区别和访问原理。. NET 框架是 ASP. NET 的重要平台和核心技术，本章简要介绍了. NET 的体系结构，以助于后续的学习。本章重点介绍了 ASP. NET 的应用程序组成，如何创建新的应用程序，开发环境 Visual Studio . NET 2012 的安装和使用。

课 后 习 题

1. 填空题

(1) ASP. NET 可以使用________、________等脚本语言。

(2) ASP. NET 使用的 Web 服务器是________________。

(3) ________也称公共语言运行环境，相当于 Java 中的"虚拟机"，是一个运行时环境，为 ASP. NET 程序提供了执行环境。

(4) ________是 ASP. NET 的网站配置文件，它基于 XML 语法，其作用是对应用程序进行配置。

(5) ________是一种用于检查和调试的网站，只能检验和调试网站，不能向外发布信息。

(6) Visual Studio 2012 的文档窗口的视图栏提供了三种视图：________、________和________。

2. 选择题

(1) App_Data 目录用来放置(　　)。

A. 共享的数据库文件　　B. 共享文件

C. 被保护的文件　　D. 代码文件

(2) IL是指(　　)。

A. 框架类库　　B. 公共语言运行库

C. 中间语言　　D. 框架

(3) Visual Studio 2012是(　　)。

A. 框架类库　　B. 公共语言运行库

C. .NET集成开发环境　　D. 框架

(4) 以下(　　)不是.NET Framework的主要组成部分。

A. 基类库　　B. 公共语言运行库

C. 公共语言规范　　D. C#

(5) 在.NET中CLS的作用是(　　)。

A. 存储源代码　　B. 对语言进行规范

C. 实现源代码跨平台　　D. 转成中间语言

3. 简答题

(1) 京东购物网站属于B/S模式还是C/S模式？为什么？

(2) 静态网页和动态网页的访问原理有何区别？

(3) .NET的两个核心组件是什么？类库中类用什么进行组织？

(4) 虚拟目录有什么作用？

(5) ASP.NET应用程序由哪些文件组成？

4. 上机操作题

上机目的：

熟悉开发环境Visual Studio 2012；

能够创建ASP.NET网站；

能够找到新建网站相应的物理路径，并备份；

认识网站的基本成员，掌握添加现有项或新项的操作方法；

掌握通过IIS的虚拟目录发布现有网站的操作方法。

上机内容：

(1) 目的：创建文件系统网站。

具体任务：创建网站名为myFileWeb，源文件存放在物理路径D:\myFileWeb中的文件系统网站。

操作提示：【开始】→【程序】→Microsoft Visual Studio 2012→Microsoft Visual Studio 2012→【文件】→【新建】→【网站】→【浏览】→选中D盘根目录→单击右上角的【新建文件夹】图标，添加一个website文件夹，改名为myFileWeb→单击【打开】→创建完成→单击【运行】按钮，运行网站。

(2) 目的：创建本地IIS网站。

具体任务：创建一个虚拟目录名为myIISweb，源文件存储在D:\myIISweb。

操作：【开始】→【程序】→Microsoft Visual Studio 2012→Microsoft Visual Studio

2012→【文件】→【新建】→【网站】→在【位置】处选择 http→单击【浏览】按钮→选中左侧的本地 IIS→在本地 Web 服务器中选中【默认网站】节点→单击右上角的【创建新虚拟目录】按钮，在【别名】中填写“myIISweb”(虚拟目录名)，单击【浏览】按钮选择物理路径 D:\myIISweb，单击【确定】按钮→创建完成→单击【运行】按钮，运行网站。

(3) 目的：为文件系统网站创建虚拟目录。

具体任务：为(1)题中创建的 myFileWeb 网站创建虚拟目录 myweb。

操作提示：右击我的电脑→【管理】→找到并打开 Internet 信息服务节点→右击【默认网站】节点→【新建】→【虚拟目录】→别名“myweb”，对应的文件夹选择 D:\myFileWeb\→确定→查看 IIS 中创建的虚拟目录。

(4) 具体任务：访问你的虚拟目录网站 http://localhost/myweb/default. aspx。

操作：打开浏览器，在地址栏中输入“http://localhost/myweb/default. aspx”。

(5) 目的：在网站中添加静态页面，并编辑。

具体任务：在刚刚建立的 myFileWeb 网站中，添加 HTML 页 index. htm，并修改网页标题为“静态网页”，在网页上显示“这是我在 ASP. NET 中创建的 html 静态网页哦!”。

操作提示：

打开 VS 环境→打开→网站→选 D:\myFileWeb→在【解决方案资源管理器】中右击网站根目录→【添加新项】→选择 html 网页→改名为“index. htm”→确定。

双击【解决方案资源管理器】中的 index. htm 文件，将自动打开网页的 html 代码，在 title 标记中添加“静态网页”，在 body 标记中添加“这是我在 ASP. NET 中创建的 html 静态网页哦!”。

在【解决方案资源管理器】中，右击选择【在浏览器中查看】命令，如图 1. 28 所示。在浏览器中查看 index. htm 的效果。

图 1. 28 在浏览器中查看

第2章 chapter 2

ASPX网页

第1章中已经对ASP.NET及其开发环境有了基本认识。ASP.NET应用程序即网站的主要构成就是Web窗体页，后面章节讲到的各种控件、对象都可以在Web窗体页上使用。ASP.NET的Web窗体页的扩展名是.aspx，因此又叫作ASPX网页。本章主要介绍ASPX网页的代码存储模式、Web页面之间跳转的对象、页面的生命周期、网页的事件模型以及表示网页路径的方法。

本章学习目标：

- 理解ASPX网页的代码存储模式；
- 掌握Web页面跳转的Response对象和接收参数的Request对象的使用方法；
- 理解页面的生命周期和网页的事件模型；
- 认识Page_Load事件；
- 掌握页面路径的表示方法。

2.1 ASPX网页的代码存储模式

ASPX网页是网站的一个成员，存在于网站目录中。每个网页实际上是一个表单(Form)，运行在服务器端。

在【解决方案资源管理器】中，可以通过添加新文件项。右击新项所在的目录，在弹出菜单中选择【添加】，继续选择【添加新项】将弹出【添加新项】对话框(如图2.1所示)，在左侧指定Web窗体使用的编程语言(Visual C#、Visual Basic等支持的语言)，然后在【新项类型】列表中选择【Web窗体】，在【名称】处输入Web窗体的名称，单击【添加】按钮即可添加一个Web窗体。

Web窗体页面包含两部分：一部分是可视化元素，包括标签、服务器控件及静态文本等；另一部分是页面的程序逻辑，包括事件处理、自定义方法等。.NET使用两种模式来组织这些页面元素和代码：单一文件模式和代码分离模式(也称后台代码模式或隐藏代码模式)。可以在两种模式中使用类似的控件和代码，以完成相同的功能，只是要注意使用的具体方式稍有不同。

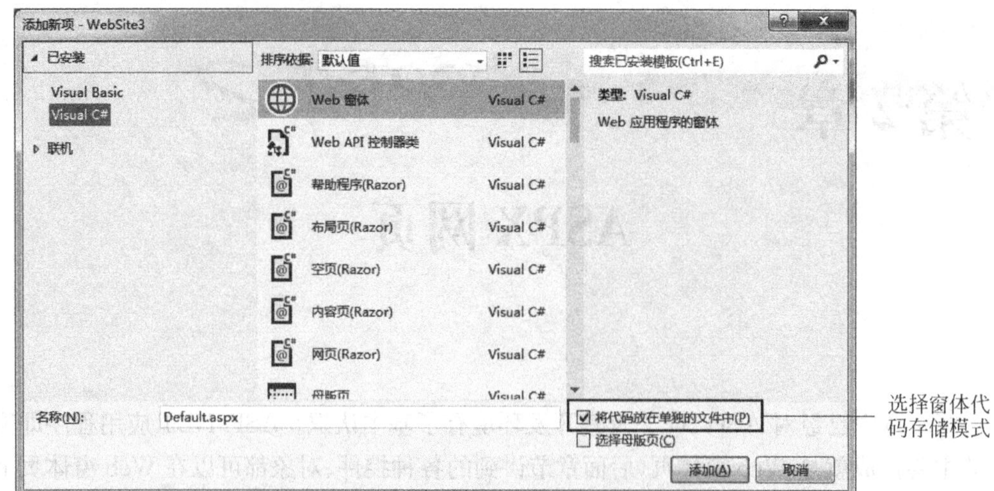

图 2.1 Web 窗体代码存储模式的选择

2.1.1 代码分离模式

代码分离模式将可视化元素和程序代码分别放置在不同的文件中。一个网页文件分为名称相同但扩展名不同的两个文件。界面的显示代码部分的扩展名是.aspx，相关联的逻辑代码文件的扩展名是.aspx.cs 或.aspx.vb。如果使用 C# 语言，文件扩展名为.aspx.cs；如果使用 VB 语言，文件扩展名为.aspx.vb。在开发环境的【解决方案资源管理器】中逻辑代码文件可以隐藏，因此也叫作隐藏代码文件。

操作提示：在添加网页文件时，选中【将代码放在单独的文件中】复选框（如图 2.1 所示）（默认即为选中状态），即可创建代码分离模式的网页。

1. 页面显示代码文件(.aspx)

通过 HTML 视图可以看到页面显示代码文件中的代码，一个新建的 Web 窗体的代码示例如下。

```
<%@Page Language="C#" AutoEventWireup="true" CodeFile="twoFile.aspx.cs"
Inherits="_Default" %>
<!DOCTYPE html>
<html xmlns="http://www.w3.org/1999/xhtml">
<head runat="server">
<meta http-equiv="Content-Type" content="text/html; charset=utf-8"/>
    <title></title>
</head>
<body>
    <form id="form1" runat="server">
    <div>
```

```
    </div>
    </form>
</body>
</html>
```

代码说明如下。

(1) 第1行代码是页面指示符,也叫页面指令。页面指示符用来通知编译器在编译页面时需要做出相应的特殊处理,如缓存、使用命名空间等。页面指示符通常在文件的头部。这里,@Page定义ASP. NET页分析器和编译器使用的页(. aspx文件)特定属性。用空格分隔每个“属性=值”对。每个页面只能包含一个@Page指令。@Page的属性Language用于指定代码所使用的编程语言。属性AutoEventWireup指定页的事件是否自动绑定,如果启用了事件自动绑定,则为true,否则为false。属性CodeFile用于指定页引用的隐藏代码的文件路径,如twoFile. aspx. cs。属性Inherits定义了页继承的代码隐藏中的类,如_Default。CodeFile和Inherits属性一起使用可以将代码隐藏源文件和显示代码文件相关联。

除了@Page页面指令,ASP. NET的常用页面指令还有@Control、@Master、@Import、@Implement、@Reference、@OutputCache、@Register等。@Control、@Master和@Register将在后续章节讲解。

(2) 第2行代码<!DOCTYPE html>是声明文档类型是HTML,支持HTML5的规则。DOCTYPE为文档类型声明,是DOCument TYPE(文档类型)的缩写。文档类型声明不是每个文档必需的,如果网页文档中没有文档类型声明,浏览器会采用默认的方式,即W3C推荐的HTML 4.0来处理此HTML文档。

(3) 第3行代码<html xmlns="http://www. w3. org/1999/xhtml">是HTML开始标记,</html>是对应的结束标记。在HTML代码中,仅有<html>…</html>,而在XHTML代码中使用<html xmlns="http://www. w3. org/1999/xhtml"></html>。其中,xmlns是XHTML namespace的缩写,即XHTML命名空间,用来声明网页内所用到的标记属于哪个命名空间。这里指定http://www. w3. org/1999/xhtml,说明整个网页标记应符合XHTML规范。

(4) 其余代码的标记是HTML的结构标记,头标记<head>、主体标记<body>等。属性runat="server"说明是服务器端运行的Form。

开发人员可以在该代码的基础上添加页面设计元素和样式的代码,也可以通过【设计】视图、【属性】窗口设置等自动生成对应的代码。

2. 逻辑处理代码文件(. aspx. cs)

新建代码分离模式的Web窗体时,逻辑处理代码文件自动创建,且与. aspx关联。在新建的逻辑处理代码文件中也已经自动添加了部分代码,示例如下。

```
using System;
using System.Collections.Generic;
using System.Linq;
```

```
using System.Web;
using System.Web.UI;
using System.Web.UI.WebControls;

public partial class _Default : System.Web.UI.Page
{
    protected void Page_Load(object sender, EventArgs e)
    {

    }
}
```

1）命名空间引用

using 语句为一系列命名空间引用的语句，using 是关键字。可根据需要继续添加其它 using 语句。

2）定义类的基类

下面的语句是对网页类定义的框架。

```
public partial class _Default : System.Web.UI.Page
{
}
```

此代码定义了一个名为_Default 的分布式类，它派生于 System. Web. UI. Page。修饰词 partial class 代替了传统的 class，说明是网页上一个“分布式类”。类中可以包含所需要的事件、方法、属性等代码。

网页是网站的基本组成部分。每个 ASPX 网页都直接或间接地继承类库中的类 System. Web. UI. Page。在 Page 类中已经定义了网页所需要的基本属性、事件和方法，新生成的 ASPX 网页自动继承该类，具备了网页的这些功能。

那么，什么是分布式类，为什么要使用分布式类，在使用的时候又有哪些规则呢？

有的类具有比较复杂的功能，因而拥有大量的属性、事件和方法。如果将这些代码都写在一起，文件会很庞大，代码的行数也会很多，不便于阅读和调试。为了降低文件的复杂性，. NET 提出了“分布式类”的概念。

在分布式类中，类的定义允许分散到多个代码片段之中，而这些代码片段又可以存放到两个或两个以上的源文件中，每个文件只包含类定义的一部分。只要所有文件使用了相同的命名空间、相同的类名和相同的可访问性（public、private 等），而且每个类的定义中在类名前加上 partial 修饰符，编译器就会自动将这些文件编译到一起，形成一个完整的类。

例如，有 exp1. cs 和 exp2. cs 两个文件，代码如下。

```
//文件名为 exp1.cs 的代码
using System;
public partial class partClass
{
```

```
    public void SomeMethod()
    {
    }
}
//文件名为 exp2.cs 的代码
using System;
public partial class partClass
{
    public void SomeOtherMethod()
    {
    }
}
```

exp1. cs 和 exp2. cs 两个文件使用相同的类名 partClass，都有 public 和 partial 修饰符，partClass 即为分布式类。在编译时，自动将两个文件中的方法 SomeMethod()和 SomeOtherMethod()合并到一起，成为一个类 partClass，供程序调用。

代码隐藏模式下，文件的结构模型如图 2.2 所示。

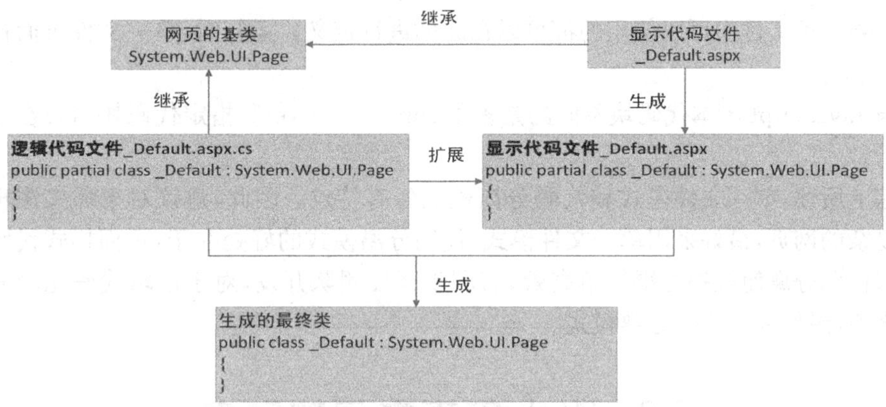

图 2.2 代码隐藏模式下的文件结构模型

2.1.2 单一文件模式

在单一文件模式下，页面的标签和逻辑代码在同一个. aspx 文件中。代码示例如下。

```
<%@Page Language="C#" %>
<!DOCTYPE html>
<script runat="server">
    protected void Page_Load(object sender, EventArgs e)
    {
    }
</script>
<html xmlns="http://www.w3.org/1999/xhtml">
<head runat="server">
```

```
<meta http-equiv="Content-Type" content="text/html; charset=utf-8"/>
    <title></title>
</head>
<body>
    <form id="form1" runat="server">
    <div>

    </div>
    </form>
</body>
</html>
```

从代码可以看出，逻辑程序的代码包含在<script runat="server"></script>的服务器程序脚本代码块中，如本程序中包含 Page_Load 事件的定义。

```
protected void Page_Load(object sender, EventArgs e)
{
}
```

只要在类文件中可以使用的都可以在此处进行定义。运行时，单一文件页面被视为继承 Page 类。

与 JavaScript 脚本代码块不同的是多了 runat="server"，指定代码块需要在服务器端运行。

综上所述，单一文件模式和代码分离模式各有特点。因此，建议对于那些逻辑代码不太复杂的网页，最好采用单一文件模式；代码分离模式的好处在于，页面样式代码和逻辑处理代码分离使维护变得简单高效，有利于开发团队开发，对于逻辑代码比较复杂的网页来说，最好采用代码分离模式。

2.2 Web 页面之间的转向

ASP. NET 网站中可以添加的 Web 页面包括静态页面和动态页面，用户经常会在这些页面之间跳转。Web 页面之间跳转是网站中经常发生的动作。在 ASP. NET 中可以有多种方式实现页面跳转，在跳转的同时将源页面的重要信息(参数)传递到目标页面，称作页面间的参数传递。使用不同的页面跳转和参数传递方法，其外观效果、安全性、运行效率也不同。

常用的超级链接即可以实现 HTML 页面和 ASPX 页面之间的相互跳转，如：

```
<a href="oneFile.aspx" target="_blank">超级链接</a>
```

将从包含代码的页面跳转到 oneFile. aspx。在第 3 章中还会讲到 ASP. NET 提供的服务器端控件 HyperLink，功能同<a>标记类似。

HTML 表单的 Action 属性和 Method 属性，可以实现从 HTML 表单提交到 ASPX 页面，但是不能从 ASPX 页面到 HTML 页面，因为 ASPX 页面不支持这两个属性。

为了实现动态跳转功能，ASP. NET 还有很多控件都可以设置 NavigateUrl 属性来实现页面转向功能，这将在后面的章节逐渐讲到。ASP. NET 提供的 Response 对象的 Redirect 方法和 Server 对象的 Transfer 方法实现页面跳转非常方便，Request 对象实现参数接收功能。下面介绍 Response 对象、Server 对象、Request 对象及 Web 表单。

2.2.1 Response 对象

Response 对象是 ASP. NET 的一个内置对象，是 HttpResponse 类的一个实例。它可以动态地响应客户端的请求，并将动态生成的响应结果返回给客户端浏览器。

Response 提供了两个方法：Write()和 Redirect()。

1. Write()方法

Write()方法的功能是向浏览器输出字符串。调用格式：

```
Response.Write("要输出的内容");
```

输出的内容可以为普通字符、HTML 标记、JavaScript 脚本代码等，如：

```
Response.Write("输出内容!");
Response.Write("输出内容!<br>");
```

调用 JavaScript 的 alert 方法，如：

```
Response.Write ("<script language='javascript'>alert('请准备好');</script>");
```

还可以通过 Response. Write 方法调用 JavaScript 脚本中的 Open 方法来实现打开其他页面的目的，它只是以窗口的形式打开。如：

```
Response.Write("<script language='javascript'>open('default.aspx','hello',
'toolbar=yes,width=600,height=400');script>");
```

或同时传递参数：

```
Response.Write("<script language='javascript'>open('default.aspx? name=
123','hello','toolbar=yes,width=600,height=400');script>");
```

注意：上面代码中引号的配对问题，标点符号为英文状态下。open 方法的调用格式：

```
open("页面地址","窗口名","窗口风格");
```

2. Redirect()方法

Redirect()方法的功能是使网页重定向到指定的网页，并可以通过参数传递信息。调用格式：

```
Response.Redirect("目标文件路径[?参数列表]");
```

目标文件路径是要转向到的页面，如：

```
Response.Redirect("default2.aspx");
```

转向到当前路径下的网页 default2. aspx。

```
Response.Redirect("http://www.163.com");
```

转向到其他网站 http://www. 163. com。

参数列表是可选的，如 Response. Redirect("default2. aspx")；即只转向到 default2 . aspx 页面，不传递参数。

而代码

```
Response.Redirect("index.aspx?name=rose");
```

则是跳转到 index. aspx 页面的同时向它传递一个参数 name，参数的值是 rose。

```
Response.Redirect("index.aspx?name=rose&pwd=flower");
```

是跳转到 index. aspx 页面的同时向它传递两个参数 name 和 pwd，参数值分别是 rose 和 flower。参数有多个时用 & 分隔。

要注意的是要跳转到的页面资源在指定路径下必须是存在的，否则会出错。

2.2.2 Request 对象

Request 对象是 HttpRequest 类的一个实例。它的功能是从客户端接收信息，它封装了客户端请求的信息。这些信息包括 URL 参数传递的信息，HTML 表单中用 post 或 get 方法提交参数和 Cookie 以及客户端的 IP 等。

QueryString 接收 URL 中的请求参数，包括 get 方法提交的数据和 Redirect 方法传送的数据。它的调用格式是：

```
Request.QueryString["参数名"];
```

如：

```
string str=Request.QueryString["name"];
```

为接收 URL 中的参数 name，并将参数的值保存在 string 变量 str 中。

【实例 2-1】 用 Response 对象和 Request 对象一起实现登录时的页面转向并传递参数用户名和密码。

(1) 新建一个空网站 chapter2，添加三个 Web 页面，即 2-1. aspx、2-1-index. aspx 和 2-1-zhuce. aspx 页面。

(2) 在 2-1. aspx 中，单击菜单【表】→【插入表】，弹出【插入表】对话框，插入三行两列的一个 Table，再从【工具箱】中拖放两个 Label，两个 TextBox，一个 Button。在 HTML 视图中添加一个【新用户注册】超级链接。

(3) 修改 Label1、Label2 的 Text 值分别为“用户名：”、“密　码：”；Button 的 Text 值为“登录”。生成如下 HTML 代码。

```
<%@Page Language="C#" AutoEventWireup="true" CodeFile="2-1.aspx.cs"
```

```
Inherits="_2_1" %>
<!DOCTYPE html>
<html xmlns="http://www.w3.org/1999/xhtml">
<head runat="server">
<meta http-equiv="Content-Type" content="text/html; charset=utf-8"/>
    <title></title>
    <style type="text/css">
        .auto-style1 {
            width: 100%;
        }
        .auto-style2 {
            height: 23px;
        }
        .auto-style3 {
            height: 23px;
            width: 69px;
        }
        .auto-style4 {
            width: 69px;
        }
    </style>
</head>
<body>
    <form id="form1" runat="server">
    <div>
     <table class="auto-style1">
        <tr>
            <td class="auto-style3">
                <asp:Label ID="Label1" runat="server" Text="用户名: "></asp:
                Label>
            </td>
            <td class="auto-style2">
                <asp:TextBox ID="TextBox1" runat="server"></asp:TextBox></td>
        </tr>
        <tr>
            <td class="auto-style4">
                <asp:Label ID="Label2" runat="server" Text="密 码: "></asp:
                Label>
            </td>
            <td>
                <asp:TextBox ID="TextBox2" runat="server"></asp:TextBox></td>
        </tr>
        <tr>
            <td class="auto-style4">   </td>
```

```
                    <td> 
                    <asp:Button ID="Button1" runat="server" OnClick="Button1_
                    Click" Text="登 录" />
                      <a href="2-1-zhuce.aspx" target="_blank">新用户注册
                    </a></td>
                </tr>
            </table>
               </div>
            </form>
        </body>
        </html>
```

(4) 在 2-1.aspx 中，双击 Button1 按钮，在自动添加的 Button1_Click 中填写代码后如下。

```
protected void Button1_Click(object sender, EventArgs e)
{
    //跳转到 2-1-index.aspx,并传参数 name
    Response.Redirect("2-1-index.aspx?name=" +TextBox1.Text);
}
```

(5) 在 2-1-index.aspx.cs 中，接收传递的参数 name 并显示出来，代码如下。

```
protected void Page_Load(object sender, EventArgs e)
{
    //使用 QueryString 接收参数 name
    string strname=Request.QueryString["name"];
    Response.Write("欢迎"+strname +"登录");
}
```

(6) 运行 2-1.aspx 页面，效果如图 2.3 所示。单击【登录】按钮跳转到 2-1-index.aspx，用户输入的用户名传递并显示到 2-1-index.aspx 页面(如图 2.4 所示)。单击【新用户注册】链接将跳转到 2-1-zhuce.aspx 页面。

Request 还有多个属性，主要有：

- Params：获取 QueryString、Form、Cookies 和 ServerVariables 项的组合集合。
- Path：获取当前请求的虚拟路径。
- PhysicalPath：获取与请求的 URL 相对应的物理文件系统路径。
- Url：获取有关当前请求的 URL 的信息。
- UserHostAddress：获取远程客户端的 IP 主机地址。
- UserHostName：获取远程客户端的 DNS 名称。

2.2.3 Server 对象

Server 对象提供对服务器上访问的方法和属性，大多数方法和属性是作为实用程序的功能提供的。Server 对象的 Transfer 方法可以终止当前页面的执行，并开始执行新的请求页，或使用 Execute 方法使用另一页执行当前请求，同样可以实现页面的跳转。如实例 2-1 中，使用 Transfer()的代码：

图 2.3 2-1. aspx 页面上输入信息的效果

图 2.4 登录跳转到 2-1-index. aspx 的效果

```
Server.Transfer("2-1-index.aspx?name=" +TextBox1.Text);
```

它还有如下其他常用属性和方法。

(1) MachineName 属性：获取服务器的计算机名称。

(2) HtmlEncode 方法：对要在浏览器中显示的字符串进行编码。

(3) MapPath 方法：将虚拟路径转换为物理路径。

2.2.4 Web 表单

每个 ASPX 网页都是一个 Web 表单(Form)。与 HTML 页面中的 HTML 表单不同的是，在 Web 表单(Form)中均会有一个 runat="server"的属性设置，表明该表单是基于服务器运行的。

由于运行机制不同，Web 表单不支持 HTML 表单中的 Action 和 Method 属性。Action 用于指定提交到的页面路径，Method 表示传递信息的方式(get/post/default)。

【实例 2-2】 使用表单的 Action 属性实现从 HTML 页面跳转到 ASPX 页面。

(1) 打开 Visual Studio 2012。选择【文件】→【打开】→【网站】→弹出【打开网站】窗口→选中【文件系统】→选中网站根目录，如 D:\chapter2(如图 2.5 所示)→单击【打开】按钮，可打开已经存在的网站 chapter2(如果 chapter2 网站已经打开，则忽略本操作)。

图 2.5 打开网站的目录选择窗口

(2) 新建一个 2-2. htm 和 2-2. aspx 网页。在 2-2. htm 中，从【工具箱】中拖放两个 Input(text)和一个 Input(submit)。两个 Input(text)的 name 分别为 xixi、haha，value 值设为“abcdefg”、

"hhhhhhhh"。在 HTML 视图中添加 Action 属性和 Method 属性，属性值分别为 2-2.aspx 和 get，生成的代码如下。

```
<!DOCTYPE html>
<html xmlns="http://www.w3.org/1999/xhtml">
<head>
<meta http-equiv="Content-Type" content="text/html; charset=utf-8"/>
    <title></title>
</head>
<body>
    <form action="2-2.aspx" method="get">
    <p>
    <input id="Text1" type="text" name="xixi" value="abcdefg" />
    <input id="Submit1" type="submit" value="submit"/><br />
    <input id="Text2" type="text" name="haha" value="hhhhhhhh"/>
    </p>
    </form>
</body>
</html>
```

(3) 在 2-2.aspx.cs 文件中，添加如下代码。

```
protected void Page_Load(object sender, EventArgs e)
{
    string str1=Request.QueryString["xixi"];
    string str2=Request.QueryString["haha"];
    Response.Write(str1+"<br/>"+str2);
}
```

(4) 运行 2-2.html，效果如图 2.6 所示，文本框内的文本可以修改，单击 submit 按钮，跳转到 2-2.aspx 页面，并显示传递的两个文本框内的文字(如图 2.7 所示)。

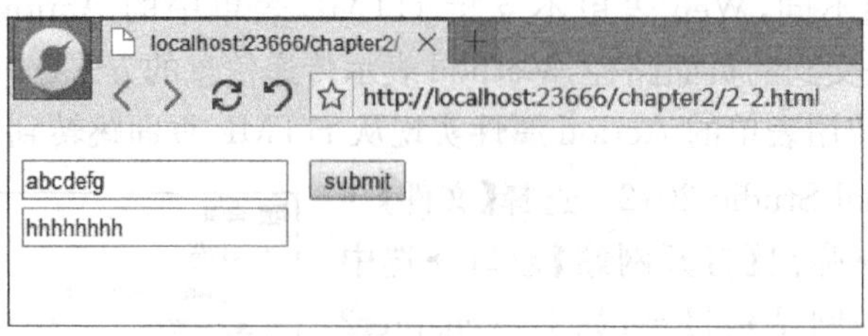

图 2.6 页面 2-2.html 的运行效果

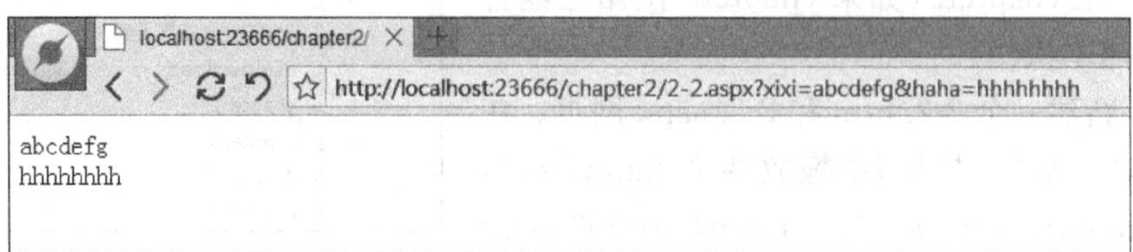

图 2.7 提交后跳转到 2-2.aspx 的效果

本例中如果将 2-2. html 页面中的 Method 的属性值改为 post，则 2-2. aspx 用 Request. Form. Get()接收提交的数据，如：

```
string str1=Request.Form.Get("xixi");
```

2.3 页面的生命周期

ASP. NET 页面从开始运行到结束将经历一系列的处理步骤，这一过程称为页面的生命周期。这一系列的步骤包括：初始化、实例化控件、还原和维护状态、运行事件处理程序代码以及呈现给用户。为了写出适合生命周期不同阶段的代码，需要对页面的生命周期有一定的认识和理解。此外，如果要开发自定义控件，就必须熟悉页面的生命周期，以便正确初始化控件，使用视图状态数据填充控件属性以及运行所有控件的行为代码。

ASP. NET 页面的生命周期过程如下。

(1) 页请求：页请求发生在页生命周期开始之前。当用户请求页时，ASP. NET 将确定是否需要分析和编译页(从而开始页的生命周期)，或者是否可以在不运行页的情况下发送页的缓存版本以进行响应。

(2) 开始：此阶段，将设置页属性，如 Request 和 Response 对象。也还将确定浏览器发送来的请求是回发请求(false)还是新请求(true)，并设置 IsPostBack 属性。因此，程序员在后续阶段也可以根据 IsPostBack 属性值判断是回发请求还是新请求，并写代码，完成相应功能。

(3) 页初始化：页初始化期间，可以使用页中的控件，并设置每个控件的 UniqueID 属性。此外，任何主题都将应用于页。如果当前请求是回发请求，则回发数据尚未加载，并且控件属性值尚未还原为视图状态中的值。

(4) 加载：加载期间，如果当前请求是回发请求，则将使用从视图状态(ViewState)和控件状态恢复的信息加载控件属性。

(5) 验证：在验证期间，将调用所有验证程序控件的 Validate 方法，此方法将设置各个验证程序控件和页的 IsValid 属性。

(6) 处理回发事件：如果请求是回发请求，则将调用所有事件处理程序。

(7) 呈现：在呈现之前，会针对该页和所有控件保存视图状态。在呈现阶段，页会针对每个控件调用 Render 方法，它会提供一个文本编辑器，用于将控件的输出写入页的 Response 属性的 OutputStream 中。

(8) 卸载：完全呈现页并已发送至客户端，准备丢弃该页时，将调用卸载，触发 Page_UnLoad 事件。将卸载页属性(如 Response 和 Request)并执行清理操作。

在生命周期过程中，会自动调用多个事件，如 Page_Init、Page_Load、Page_PreRender、Page_Unload 等，Page_Load 事件是在页面加载过程中自动触发这个事件，开发人员可以在事件中编写控件属性设置的代码。可以在代码文件中编写如实例 2-3 所示的代码，来测试各个事件的执行顺序，运行效果如图 2.3 所示。

【实例 2-3】 生命周期测试。

(1) 打开文件系统网站 chapter2,新建一个代码分离模式的 Web 窗体 2-3. aspx,在 2-3. aspx. cs 中编写如下代码。

```
protected void Page_PreInit(object sender, EventArgs e)
{
    Label1.Text +="Page_PreInit<hr>";
}
protected void Page_Init(object sender, EventArgs e)
{
    Label1.Text +="Page_Init<hr>";
}
protected void Page_Load(object sender, EventArgs e)
{
    Label1.Text +="Page_Load<hr>";
}
protected void Page_PreLoad(object sender, EventArgs e)
{
    Label1.Text +="Page_PreLoad<hr>";
}
protected void Page_UnLoad(object sender, EventArgs e)
{
    Label1.Text +="Page_UnLoad<hr>";
}
protected void Page_PreRender(object sender, EventArgs e)
{
    Label1.Text +="Page_PreRender<hr>";
}
```

(2) 运行 2-3. aspx,效果如图 2. 8 所示。说明事件按照 Page_PreInit、Page_Init、Page_PreLoad、Page_Load 和 Page_PreRender 的顺序执行。

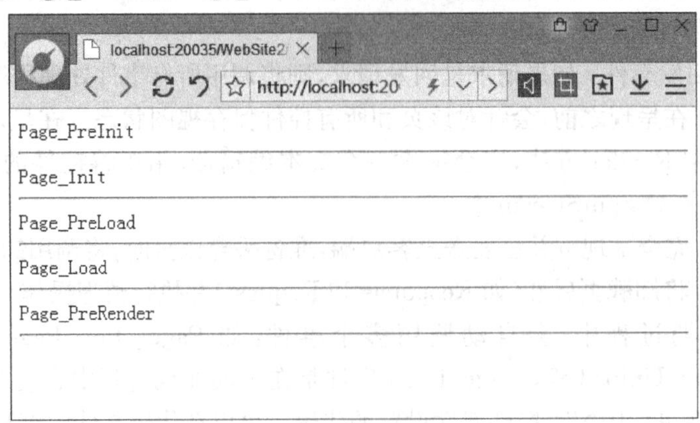

图 2. 8 测试事件执行顺序的运行效果

2.4 网页的事件模型

ASP.NET是基于服务器的事件驱动模型。当事件（鼠标或键盘操作及引起的页面变化等）发生时，将会执行对应的代码，否则不执行。事件包括MouseOver、MouseDown、Click、TextChanged、CheckChanged等。ASP.NET主要基于服务器的处理模型，同时也支持浏览器事件处理，尤其是一些发生频率特别高的事件，如鼠标离开(MouseMove)、鼠标移到控件的上方(MouseOver)，没有必要也不允许传送到服务器去处理，这些事件只能在浏览器端进行处理。服务器事件将在第3章中讲解。

【实例2-4】 浏览器事件在aspx网页中的使用。

(1) 打开Visual Studio 2012，选择【文件】→【打开】→【网站】→弹出【打开网站】窗口→选中网站根目录D:\chapter2→单击【打开】按钮，即可打开chapter2网站。

(2) 在网站【解决方案资源管理器】中，右击根目录chapter2→【添加】→【新加文件夹】（如图2.9所示），并命名为images，并在images文件夹中放入三个图像文件：1.jpg、2.jpg和3.jpg。

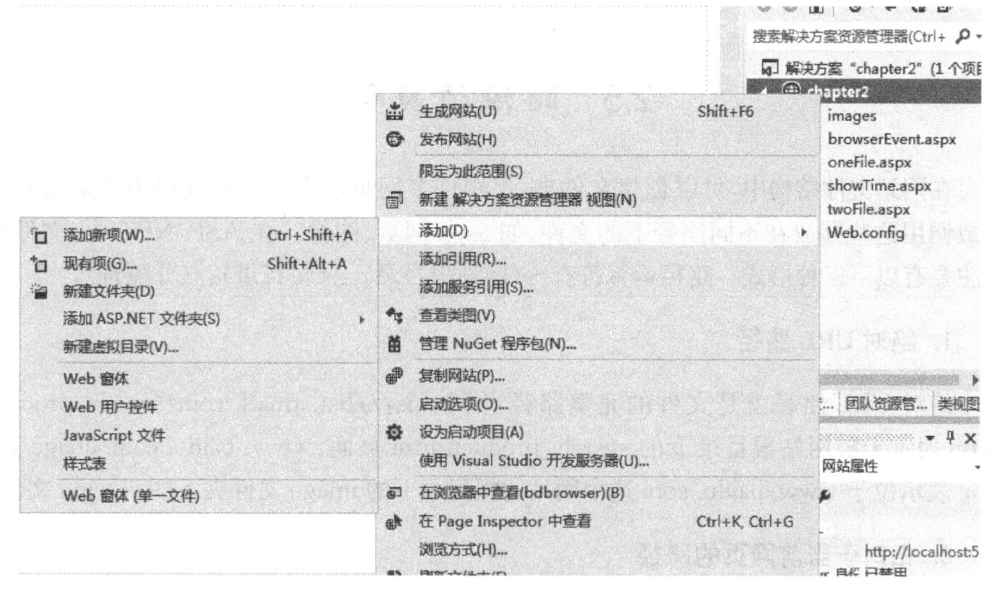

图2.9 新建文件夹操作

(3) 在根目录下再添加一个Web页面2-4.aspx。打开【设计】视图，从【工具箱】的HTML选项卡中，拖放一个Image控件，并在【属性】窗口中设置src属性为images/1.jpg，alt属性为no picture，将自动生成对应的HTML代码。在源视图中添加代码：onmouseover="this.src='images/2.jpg'" onmouseout="this.src='images/3.jpg'"。最终代码如下。

```
<img id="tt" src="images/1.jpg" onmouseover="this.src='images/2.jpg'"
```

```
onmouseout="this.src='images/3.jpg'" alt="no picture"/>
```

注意：不同属性之间用空格隔开。

(4) 运行页面2-4.aspx，查看效果(如图2.10所示)。当鼠标移动到图片上方时和离开时将分别显示2.jpg和3.jpg。

图2.10　browserEvent.aspx运行的初始状态

2.5　路径运算符

在网站文件结构中，可以创建文件夹，组织许多网页等文件。在代码中常常需要访问或调用这些存放在不同路径下的文件，如aspx网页、图像。在ASP.NET中，文件路径主要有以下三种形式。路径运算符有～(网站根目录)、..(父目录)、/(分隔符)。

1. 绝对URL路径

绝对URL路径就是文件的完整路径，如https://list.tmall.com/search_product.htm表示天猫网站根目录下的search_product.htm页面、www.baidu.com/image/cat.jpg表示位于www.baidu.com这个网站的根目录下的image文件夹下的cat.jpg文件。

2. 相对于当前网页的路径

当前网页即为写当前路径代码的文件或当前被浏览的网页，有两种表达方式。这种表达方式代码简短，不受域名或网站位置的影响，仅与网站内部文件结构有关。

如image/cat.jpg表示和当前被浏览的网页同级的image文件夹下的cat.jpg文件。

../image/cat.jpg表示和当前页面的父目录同级的image文件夹下的cat.jpg文件。

3. 相对于网站根目录的路径

如果移动绝对路径指向的应用程序，则链接将会中断。如果将含有相对路径的资源或页面移动到不同的文件夹，也将出错。为克服这些缺点，ASP.NET提供了Web应用程序根目录运算符(～),在服务器控件中指定路径时可以使用该运算符。ASP. NET 会将～运算符解析为当前应用程序的根目录。网站根目录即网站根文件夹(如图 2.11 所示),如～/image/cat. jpg 表示网站根目录下的 image 文件夹下的 cat. jpg 文件。

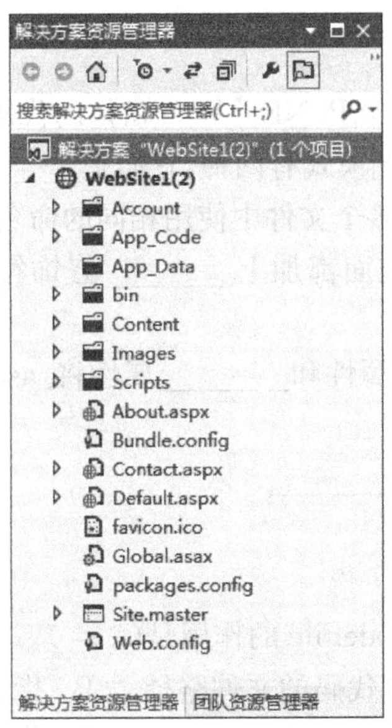

图 2.11 网站根目录

小 结

ASP. NET 提供的 Web 窗体实际上是一个运行在服务器端的表单,其扩展名是 . aspx,又叫作 ASPX 网页。

本章首先介绍了 ASPX 网页的代码存储模式：代码分离模式和单一文件模式。显示代码文件(. aspx)都有一个@Page 页面指令,使用相应属性与逻辑代码文件. aspx. cs (C#)或. aspx. vb(VB)相关联。逻辑代码文件都自动继承了 System. Web. UI. Page 基类,具备了基类已经定义好的一些属性,可以调用基类已经定义好的对象和事件等。关于代码模式的选择,建议对于那些逻辑代码不太复杂的网页,最好采用单一文件模式;代码分离模式的好处在于,页面样式代码和逻辑处理代码分离使维护变得简单高效,对于逻辑代码比较复杂的网页来说,最好采用代码分离模式。

然后,介绍了 ASP. NET 页面从开始运行到结束的过程,称为页面的生命周期。页面会经历初始化、实例化控件、还原和维护状态、运行事件处理程序代码以及呈现给用户。

指定页面等文件路径时经常用到路径运算符。每个网页实际上是一个 Web 表单,是一个运行在服务器端的表单。介绍了用 Response 对象和 Request 对象实现页面间的转向及用 Request 接收 HTML 表单提交的数据。

课后习题

1. 填空题

(1) 使用C#编程语言的ASP.NET Web窗体的代码文件扩展名是________。

(2) ASPX网页的代码存储模式有两种,它们是________和________。

(3) 所谓分布式类就是在多个文件中使用相同的命名空间,相同的________,相同的________,而且每个类的定义前面都加上________修饰符,编译时编译器就会自动将这些文件编译成一个完整的类。

(4) @Page中的________属性和________属性将.aspx文件和.aspx.cs文件关联起来了。

(5) runat="server"表示________。

2. 选择题

(1) @Page指令中属性CodeFile的作用是(　　)。

A. 指定页引用的隐藏代码的文件路径　　B. 指定继承的类
C. 指定是否是代码分离模式　　D. 指定页的事件是否自动绑定

(2) aspx网页的基类是(　　)。

A. System.Web.UI.WebPage　　B. System.Web.UI.Page
C. System.Web.Page　　D. System.Page

(3) 下面(　　)方法不能跳转到另一个页面。

A. Response.Redirect()　　B. Server.Transfer()
C. <a></a>　　D. Response.Write()

(4) Request对象中获取Get方式提交的数据的方法是(　　)。

A. Form　　B. QueryString　　C. Cookies　　D. Post

3. 简答题

(1) 代码分离模式和单一文件模式有何异同?如何选择?

(2) IsPostBack的值是false表示什么?

(3) 列出本章讲到的HTML页面和ASPX页面之间跳转的方法。

4. 上机操作题

上机目的:

理解ASP.NET网页的存储模式;

能够在不同的存储模式下编写相应代码;

熟悉Page_Load事件的使用。

上机内容:

(1) 任务：在网站中添加代码分离的 Web 窗体 TwoFile. aspx，并在 Page_Load 时和单击 Button 时显示当前时间。

操作提示：

① 新建一个网站 chapter2，在【解决方案资源管理器】中，右击→【添加新项】→【Web 窗体】→勾选【将代码放在单独的文件中】→修改名称为 TwoFile. aspx→确定。

② 在【解决方案资源管理器】中，双击 TwoFile. aspx 窗体，打开设计视图，从工具箱(工具箱→标准选项卡)中拖放(双击)一个 Button，一个 Label，查看 HTML 视图中生成的代码。

③ 在 TwoFile. aspx 窗体空白处，右击选择【查看代码】，即打开 TwoFile. aspx. cs，在 Page_Load 事件中，编写以下代码：

```
Label1.Text="Loaded at:"+DateTime.Now.ToString()+"<br>";
```

④ 在 TwoFile. aspx 的设计视图中，双击 Button1，自动添加一个 Button1_Click 事件，并在 Button1_Click 事件中填写代码：

```
Label1.Text +="Clicked at:"+DateTime.Now.ToString();
```

⑤ 单击工具栏中的【运行】按钮，查看结果。

(2) 任务：在网站 chapter2 中添加单文件模式的 Web 窗体 OneFile. aspx，并在 Page_Load 时和单击 Button 时显示当前时间。

操作提示：

① 【文件】→【打开】→【网站】→aspxPage。

② 在【解决方案资源管理器】中，右击网站根目录→【添加新项】→【Web 窗体】→不勾选【将代码放在单独的文件中】→修改名称 OneFile. aspx→确定。

③ 在【解决方案资源管理器】中，双击 OneFile. aspx 窗体，打开设计视图，从工具箱(工具箱→标准选项卡)中拖放(双击)一个 Button，一个 Label，查看 HTML 视图中生成的代码。

④ 在 OneFile. aspx 窗体空白处，右击选择【查看代码】，即打开源视图，在 Page_Load 事件中，编写代码：

```
Label1.Text="Loaded at:"+DateTime.Now.ToString()+"<br>";
```

⑤ 在 OneFile. aspx 的设计视图中，双击 Button1，自动添加一个 Button1_Click 事件，并在 Button1_Click 事件中填写代码：

```
Label1.Text +="Clicked at:"+DateTime.Now.ToString();
```

⑥ 单击工具栏中的【运行】按钮，查看结果。

(3) 任务：在 Web 窗体页面显示浏览器时间和服务器时间。

操作提示：

① 在 chapter2 中添加一个代码分离模式的页面 showTime. aspx。

② 在源视图的 head 标记中添加下面<script>标记部分的代码，以显示浏览器端的

时间。

```
<html xmlns="http://www.w3.org/1999/xhtml">
<head runat="server">
    <title>无标题页</title>
    <script type="text/javascript">
    var now=new Date();
    var tt1 =now.getHours();;

    if ((tt1>=6) && (tt1<=12))
        {
            document.write("browser:上午好!");
        }
    else if ((tt1>12) && (tt1<=18))
        {
            document.write("browser:下午好!");
        }
    else
        document.write("browser:晚上好!");
    </script>
</head>
<body>
    <form id="form1" runat="server">
    <div>
        <asp:Button ID="Button1" runat="server" OnClick="Button1_Click"
        Text="Button" Width="127px" /></div>
    </form>
</body>
</html>
```

③ 在 showTime. aspx. cs 的 Page_Load 中添加如下代码，以显示服务器端时间。

```
protected void Page_Load(object sender, EventArgs e)
{
    int tt1 =int.Parse(DateTime.Now.Hour.ToString());
    if ((tt1>=6) && (tt1<=12))
    {
        Response.Write("Server:上午好!ketty");
    }
    else if ((tt1>12) && (tt1<=18))
    {
        Response.Write("Server:下午好!ketty");
    }
    else
```

```
        Response.Write("Server:晚上好!ketty");
    }
```

④ 运行页面，查看效果。

(4) 要求实现功能：有两个动态页面：product.aspx和detail.aspx，在product.aspx页面中添加一个TextBox1(用于输入商品编号)控件和一个Button1按钮(查看详情)。单击product页面中的【查看详情】按钮，跳转到detail页面，并传递product.aspx页面上输入的“商品编号”。

第3章 ASP.NET网页标准控件

chapter 3

ASP.NET提供了数十种控件，这些控件不仅增强了ASP.NET的功能，同时将许多重复工作都交由控件完成，大大提高了开发人员的工作效率。

网页标准控件是ASP.NET提供的基本Web服务器控件，是开发人员常用的Web服务器控件。本章将详细介绍这些控件的常用属性、事件的作用和使用方法，并用实例演示。

本章学习目标：

- 了解Web控件的种类和服务器控件的含义；
- 掌握网页标准控件的常用属性、事件和使用方法；
- 理解Web服务器控件的事件模型。

3.1 服务器控件概述

控件是可重复使用的组件或对象，每种不同的控件都有自己独特的属性和方法，可以响应相应事件。

3.1.1 控件类型

如第1章中的图1.21所示的工具箱，可以看到根据功能将控件分为多种类型，工具箱以选项卡的形式呈现，每个选项卡中有多个可用的控件。具体类型如下。

(1) 标准控件：包括日常开发中经常使用的基本控件，如使用频率非常高的文本框、按钮、标签控件等。

(2) 数据控件：包括数据源控件和复杂数据绑定控件两种，极大地方便了数据库编程操作。

(3) 验证控件：包括各种验证控件。用于对标准控件的数据内容进行校验，根据验证结果来判断页面可以提交还是提示用户检验失败信息，继续等待输入。

(4) 导航控件：包括树状导航、菜单导航等导航控件，用于实现网站或各个应用的导航功能，还可以方便地实现站点地图的设置。

(5) 登录控件：登录控件由多个标准控件组合而成，也可以叫组合控件。用于辅助完成网站用户的注册、登录、修改密码等认证功能，通过该组控件开发人员可以轻松构建出复杂的用户认证功能。

(6) WebParts 控件：又叫 Web 部件控件，是用来实现定义和布局 Web 部件的相关控件。

(7) AJAX 扩展控件：包括实现 AJAX 功能的各种控件，实现页面无刷新处理等效果，提高客户端的工作效率。

(8) 动态数据控件：用于动态数据 Web 站点。动态数据站点允许在数据库中快速创建用户界面来管理数据。

(9) 报表控件：包括制作报表的各种控件，提高开发报表功能的效率。

(10) HTML 控件：每个 HTML 控件都能直接映射到 HTML 元素上，属于浏览器端控件(Browser Control)，可转换为服务器端控件(Server Control)。

除此之外，ASP. NET 还支持用户自定义控件，即由用户自行设计定义的控件。

上面提到的浏览器端控件由浏览器负责解释和执行。服务器端控件在服务器端运行时创建服务器控件的对象，由服务器控件对象来完成用户的请求以及各种处理。浏览器无法直接解释执行服务器端控件，因此，服务器控件需要在服务器端创建、处理、最终生成 HTML 代码和 JavaScript 代码，发送给浏览器执行。

3.1.2 控件定义格式

在 ASP. NET 中，定义控件需要符合一定的格式：

```
<命名空间:控件类型 属性列表></命名空间:控件类型>
```

例如代码：

```
<asp:Label id="Label1" runat="server"></asp:Label>
```

定义了 Label 控件 Label1，Web 服务器控件的命名空间都是 asp；id 表示控件的标识，用于区分不同的控件，每个控件都会有一个 id 属性；runat="server"表示是服务器控件，所有服务器端控件都需要有 runat 属性。

定义控件有两种方式。通常，开发人员先打开【设计】视图，将光标定位在需要放置控件的位置，通过在【工具箱】中双击控件或直接拖动控件到相应位置的方式将其添加到页面上。在页面的 HTML 视图中，将自动增加相应控件定义的代码。

另外，每种控件都是一个封装的类，可以通过类的实例化创建控件对象。开发人员还可以根据需要编程动态添加控件。下面的实例将演示如何动态添加一个 Label 控件，后面章节讲到的用户控件也可以通过该方式动态显示到页面上。

【实例 3-1】 动态创建一个 Label 控件并显示到页面中的 Panel1 容器中。

(1) 新建一个网站 chapter3，添加一个 Web 窗体 3-1. aspx，在页面中添加一个 Panel1 控件。生成的代码如下。

```
<%@Page Language="C#" AutoEventWireup="true" CodeFile="3-1.aspx.cs"
```

```
Inherits="_Default" %>
<!DOCTYPE html>
<html xmlns="http://www.w3.org/1999/xhtml">
<head runat="server">
<meta http-equiv="Content-Type" content="text/html; charset=utf-8"/>
    <title></title>
</head>
<body>
    <form id="form1" runat="server">
    <div>
        <asp:Panel ID="Panel1" runat="server">
        </asp:Panel>
    </div>
    </form>
</body>
</html>
```

(2) 打开 3-1. aspx. cs,在 Page_Load 中添加如下代码。

```
//创建一个新的 Label 对象 myLabel
Label myLabel=new Label();
//设置 myLabel 控件的显示文本属性 Text 为"简单的动态 Label"
myLabel.Text="简单的动态 Label";
//将 myLabel 控件放入一个已存在的 Panel1 中
Panel1.Controls.Add(myLabel);
```

代码中的 Panel 控件可以作为其他控件的容器。

(3) 运行页面 3-1. aspx,效果如图 3. 1 所示,显示动态产生的 Label 控件。

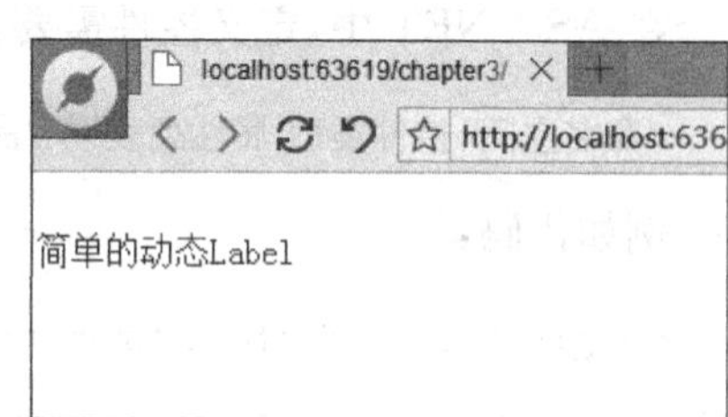

图 3. 1　3-1. aspx 的运行效果

3.1.3　控件属性

控件属性用来描述控件的外观特性或行为,如控件的显示文本内容(Text)、控件文本颜色(ForeColor)、控件背景颜色(BackColor)等。属性有属性名和属性值之分,一个控件的属性名是固定的,而属性值是不定的,由开发人员或用户进行设置。代码的格式如下: 属性="属性值",不同属性之间用空格隔开。

在开发过程中设置控件属性有三种方式: 在页面设计阶段通过【属性】窗口控制页面的初始状态;在 HTML 源视图中手动修改代码控制页面的初始状态;在逻辑代码文件中通过代码进行动态设置,控制程序运行过程不同阶段的控件外观。

需要注意的是,控件属性区分大小写。可以利用开发环境的智能提示避免书写错误。

3.2 Label(标签)控件

Label控件主要是在页面上的指定位置显示文本。实际上,在Web页面中添加静态文本时,最简单的办法就是直接将文本添加到页面,而用Label控件显示文本可以通过编程设置Text属性来灵活控制文本内容。

Label控件的典型属性如表3.1所示。

表3.1 Label控件的典型属性

属　性	作　用
ID	获取或设置控件的服务器端的编程标识
Runat	指定这是一个服务器控件,必须设置为server
Text	显示(获取)文本
ForeColor	设置文本颜色
Font	设置显示字体
BackColor	设置背景颜色
BorderColor	设置边界颜色
Visible	是否可见(true/false)

Label最重要的属性是Text。如果同时在【属性】窗口中直接赋值(如图3.2所示)和Page_Load代码中赋值,那么最终在页面上显示的文本将会是Page_Load中所赋的值。实例3-2用来演示Label控件的属性设置方法。

图3.2 在【属性】窗口中设置Label的属性

【实例3-2】 Label控件的属性设置及其运行效果。

(1) 打开网站chapter3,新建一个Web窗体3-2.aspx,在页面中添加一个Label控件Label1,并在【属性】窗口中设置其ForeColor为绿色(Green)。生成的代码如下。

```
<%@Page Language="C#" AutoEventWireup
="true" CodeFile="3-2.aspx.cs" Inherits="_2_Label" %>
<!DOCTYPE html>
<html xmlns="http://www.w3.org/1999/xhtml">
<head runat="server">
<meta http-equiv="Content-Type" content="text/html; charset=utf-8"/>
    <title></title>
</head>
```

```
<body>
    <form id="form1" runat="server">
    <div>
        <asp:Label ID="Label1" runat="server" Text="设置显示文本" ForeColor=
        "#009933"></asp:Label>
    </div>
    </form>
</body>
</html>
```

(2) 打开 3-2. aspx. cs,在 Page_Load 中编写如下代码。

```
protected void Page_Load(object sender, EventArgs e)
{
    Label1.Text="Page_Load 中设置显示文本<br>还设置了漂亮的文本颜色哦";
    Label1.ForeColor=System.Drawing.Color.Red;
}
```

(3) 运行页面 3-2. aspx,效果如图 3.3 所示,最终显示效果为 Page_Load 中的属性设置。

图 3.3　3-2. aspx 的运行效果

3.3　TextBox(文本框)控件

TextBox 控件主要用于输入或显示文本。它的主要属性如表 3.2 所示。

表 3.2　TextBox 控件的典型属性

属性	ID	获取或设置控件的服务器端的编程标识
	AutoPostBack	当文本框内容发生改变,是否立即提交包括此文本框的表单(true/false)
	MaxLength	可输入文本的最大长度
	ReadOnly	文本框是否为只读状态(true/false)
	Text	显示(获取)输入/输出的文本内容
	TextMode	选择显示模式
	TabIndex	设置按下 Tab 键时得到焦点的顺序

续表

属性	Rows	设置多行文本的行数
	Columns	设置多行文本的列数
	Wrap	设置多行文本框是否回绕(true/false)
事件	TextChanged	当文本框的内容发生改变时触发该事件

通过设置 TextMode 属性,可以控制 TextBox 的显示模式,Visual Studio 2012 中有多个属性值可选(如图 3.4 所示)。各个属性值的含义如下。

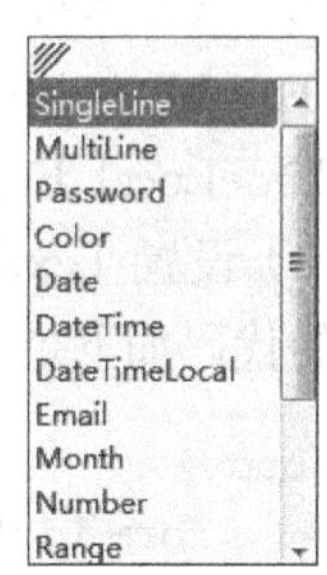

图 3.4 TextMode 的可选属性值

(1) SingleLine:单行输入框。

(2) MultiLine:带滚动条的多行文本框。

(3) Password:密码输入框。所有输入字符以"·"显示,他人无法看到用户输入的文本内容,但文本并没有加密。

(4) Color:颜色选择器图标,运行时单击 TextBox 控件可弹出颜色选择窗口(如图 3.5 所示)。

(5) Date:日期选择功能。格式为年月日,如 2017 年 4 月 1 日。单击黑色三角块可弹出日期选择窗口(如图 3.6 所示)。

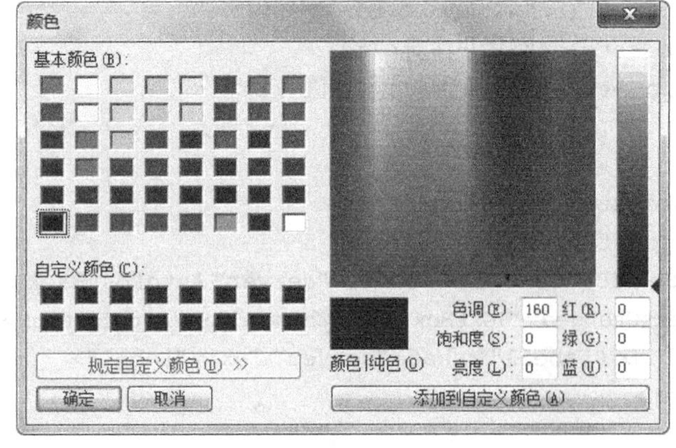

图 3.5 颜色选择窗口

图 3.6 日期选择窗口

(6) DateTime:日期输入框。格式为年月日时间,如 2017 年 4 月 1 日 12:30。

(7) DateTimeLocal:日期时间选择功能。格式为年月日时间,如 2017 年 4 月 1 日 12:30。单击黑色三角块可弹出日期选择窗口(如图 3.6 所示)。

(8) Email:邮箱地址输入框,一旦输入内容,格式需要符合邮件地址的格式,如 Email_Format@163.com。

(9) Month:日期选择功能。格式为年月,不包括日,如 2017 年 4 月。

(10) Number:数字调节器,单击上下箭头可调整框内显示的数字。

(11) Range:显示为范围调节的滑块,拖动滑块,可以调节范围(0～100)。

TextChanged 是 TextBox 控件的常用事件,当文本内容改变时,触发该控件,常与 AutoPostBack 属性一起使用。当 AutoPostBack 属性设为 true 时,TextBox 控件内的文本内容发生改变时,立即提交给服务器,执行 TextChanged 事件。

【实例 3-3】 TextBox 控件的 TextMode 属性和 TextChanged 事件练习。

(1) 在 chapter3 网站中,新建 Web 窗体 3-3. aspx,在页面上添加一个 14 行 2 列的 Table 表格。

(2) 在 Table 的第一行和第一列分别输入图 3.7 中的文字,第二列中放入控件 TextBox1,TextBox2,…,TextBox11,在 TextBox1 后面放一个 Label1 控件。第三列用于显示本行 TextBox 的 TextMode 的属性值。最后一行放一个 Button。

(3) 修改多行文本框的 Text 属性值为"MultiLine MultiLine"。将所有 TextBox 控件的 TextMode 属性分别设为 SingleLine、MultiLine、Password、Color、Date、DateTime、DateTimeLocal、Email、Month、Number、Range。

(4) 设置 TextBox1 的 AutoPostBack 值为 true。以上 4 步生成的【源】视图 body 标记中的代码如下。

```
<body>
    <form id="form1" runat="server">
    <div>
        <table style="width:100%;">
            <tr>
                <td class="auto-style6"> </td>
                <td class="auto-style4">用户注册</td>
                <td class="auto-style1">TextMode 属性值</td>
            </tr>
            <tr>
                <td class="auto-style6">用户名：</td>
                <td class="auto-style4">
                    <asp:TextBox ID="TextBox1" runat="server" AutoPostBack=
                    "True" OnTextChanged="TextBox1_TextChanged"></asp:TextBox>
                    <asp:Label ID="Label1" runat="server" Text="Label">
                    </asp:Label>
                </td>
                <td class="auto-style2">SingleLine</td>
            </tr>
            <tr>
                <td class="auto-style7"></td>
                <td class="auto-style5">
                    <asp:TextBox ID="TextBox3" runat="server" Height="56px"
                    TextMode="MultiLine">MultiLine
                    MultiLine</asp:TextBox>
                </td>
                <td class="auto-style3">MultiLine </td>
            </tr>
            <tr>
                <td class="auto-style7">密码：</td>
                <td class="auto-style5">
```

```
        <asp:TextBox ID="TextBox4" runat="server" TextMode=
        "Password">Password</asp:TextBox>
    </td>
    <td class="auto-style3">Password</td>
</tr>
<tr>
    <td class="auto-style7">你喜欢的颜色是：</td>
    <td class="auto-style5">
        <asp:TextBox ID="TextBox2" runat="server" TextMode=
        "Color"></asp:TextBox>
    </td>
    <td class="auto-style3">Color</td>
</tr>
<tr>
    <td class="auto-style7">你的生日是：</td>
    <td class="auto-style5">
        <asp:TextBox ID="TextBox5" runat="server" TextMode=
        "Date"></asp:TextBox>
    </td>
    <td class="auto-style3">Date</td>
</tr>
<tr>
    <td class="auto-style7">你最幸福的时间是：</td>
    <td class="auto-style5">
        <asp:TextBox ID="TextBox6" runat="server" TextMode=
        "DateTime"></asp:TextBox>
    </td>
    <td class="auto-style3">DateTime</td>
</tr>
<tr>
    <td class="auto-style7"></td>
    <td class="auto-style5">
        <asp:TextBox ID="TextBox7" runat="server" TextMode=
        "DateTimeLocal"></asp:TextBox>
    </td>
    <td class="auto-style3">DateTimeLocal</td>
</tr>
<tr>
    <td class="auto-style7">你的Email是：</td>
    <td class="auto-style5">
      <asp:TextBox ID="TextBox8" runat="server" TextMode="Email">
      </asp:TextBox>
    </td>
    <td class="auto-style3">Email</td>
</tr>
<tr>
```

```
                <td class="auto-style7">你的出生年月是：</td>
                <td class="auto-style5">
                    <asp:TextBox ID="TextBox9" runat="server" TextMode=
                    "Month"></asp:TextBox>
                </td>
                <td class="auto-style3">Month</td>
            </tr>
            <tr>
                <td class="auto-style7">你的幸运数字是：</td>
                <td class="auto-style5">
                    <asp:TextBox ID="TextBox10" runat="server" TextMode=
                    "Number"></asp:TextBox>
                </td>
                <td class="auto-style3">Number</td>
            </tr>
            <tr>
                <td class="auto-style7">你的抗压能力：</td>
                <td class="auto-style5">
                    <asp:TextBox ID="TextBox11" runat="server" TextMode=
                    "Range"></asp:TextBox>
                </td>
                <td class="auto-style3">Range</td>
            </tr>
        </table>
    </div>
    </form>
</body>
```

特别说明，在 Visual Studio 2012 中根据开发人员的设计操作，自动生成对应的 CSS 样式。在上面的代码中，有多个 class 属性，如 class="auto-style3"，用于指定所属标记，如 table 或 td 的样式为 auto-style3，这是在设计页面上的 table 标记时 VS.NET 自动生成的使用样式的代码。对应样式代码放在当前页面的 head 标记中。这里没有列出。它只是设置显示样式，与本实例演示的 TextBox 控件的功能无关。

(5) 双击该控件添加一个 TextBox1_TextChanged 事件，并在该事件中填写以下代码。

```
protected void TextBox1_TextChanged(object sender, EventArgs e)
{
    Label1.Text="你输入的用户名是："+TextBox1.Text;
}
```

(6) 运行 3-3.aspx 页面，效果如图 3.7 所示。在【用户名】文本框内输入不同的内容，如“SingleLine”，按 Enter 键，在 Label1 中显示“你输入的用户名是：SingleLine”。如果输入内容不符合 TextMode 设置的规则，控件将突出显示。

初学者经常遇到类似如下的错误信息。

图 3.7 3-3. aspx 的运行效果

“ASP. _3_3_aspx”不包含“TextBox1_TextChanged”的定义，并且找不到可接受类型为“ASP. _3_3_aspx”的第一个参数的扩展方法“TextBox1_TextChanged”(是否缺少 using 指令或程序集引用?)。

错误提示在页面 3_3_aspx 中存在错误，找不到事件 TextBox1_TextChanged 的定义。双击错误信息可定位到错误行。错误指向的行如下所示。

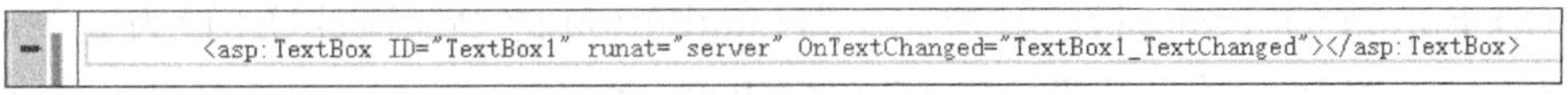

```
<asp:TextBox ID="TextBox1" runat="server" OnTextChanged="TextBox1_TextChanged"></asp:TextBox>
```

发生该类错误的原因大多数是因为双击了 TextBox1 控件，添加了 TextBox1_TextChanged 事件，后因无用，将. cs 文件中的如下事件代码：

```
protected void TextBox1_TextChanged(object sender, EventArgs e){}
```

删除而造成的。

改正方法是将错误行的代码 OnTextChanged="TextBox1_TextChanged"删除，或双击 TextBox1 控件，重新添加 TextBox1_TextChanged 事件继续使用。

3.4 Button(按钮)控件

Web 标准控件有三种类型的按钮：标准命令按钮(Button)、图形化按钮(ImageButton)和超级链接样式按钮(LinkButton)。这三种按钮具有相同的提交功能，只是具有不同的外观。每当按钮被单击(Click)时，就将缓冲区中的事件信息一并提交给服务器。

Button 按钮是常用的按钮形式，它的典型属性如表 3.3 所示。LinkButton 控件显示为超级链接形式,外观与超链接控件 HyperLink 相同,但功能却与 Button 控件相同。可以设置 PostBackUrl 属性实现超级链接功能,也可以添加 Click 事件执行代码功能。ImageButton 控件通过设置 ImageUrl 属性,显示成图片的形式(如图 3.8 所示)。

表 3.3 Button 控件的典型属性和事件

属性	ID	获取或设置控件的服务器端编程标识
	AutoPostBack	当文本框内容发生改变,是否立即提交包括此文本框的表单(true/false)
	Text	显示(获取)文本内容
	Enabled	可用性设置: True/False
	ToolTip	设置鼠标在该控件上方时显示的工具提示信息
	PostBackUrl	设置返回的网页路径。可设置成某个网页的 URL,如~/sample/a.aspx、http://www.sohu.com。单击按钮时即转向该网页
	CommandName	获取或设置与 Button 控件关联的命令名称。此值与 CommandArgument 属性一起传递到 Command 事件处理程序
	CommandArgument	获取或设置与 Button 相关联的可选参数。此值与 CommandName 属性一起传递到 Command 事件处理程序
	OnClick	指定 Click 按钮时执行的事件的名称
事件	Click	单击按钮时,触发该事件,执行一定的功能

【实例 3-4】 Button 按钮的 Click 事件实现 TextBox 输入(选择)内容的显示。

(1) 新建一个 3-4.aspx 页面,在 3-3.aspx 页面设计的基础上,在最后两行增加一个 Button 按钮,一个 LinkButton 按钮,一个 ImageButton 按钮,还有一个用于显示信息的 Label 控件。

(2) Button 的 Text 属性是"填完了",LinkButton 的 PostBackUrl 设为 3-2.aspx, ImageButton 的 ImageUrl 属性设置为"xiaotubiao.png"。

(3) 双击 Button 添加 Button1_Click 事件,填写如下代码。

```
protected void Button1_Click(object sender, EventArgs e)
{
    Label1.Text="你喜欢的用户名: " +TextBox2.Text;
    Label1.Text +="<br>你的特长: " +TextBox3.Text;
    Label1.Text +="<br>你喜欢的颜色: " +TextBox1.Text;
    Label1.Text +="<br>你的生日: " +TextBox5.Text;
    Label1.Text +="<br>你最幸福的时间: " +TextBox6.Text;
    Label1.Text +="<br>你的 Email: " +TextBox8.Text;
    Label1.Text +="<br>你的出生年月: " +TextBox9.Text;
    Label1.Text +="<br>你的幸运数字: " +TextBox10.Text;
    Label1.Text +="<br>你的抗压能力: " +TextBox11.Text;
}
```

(4) 双击 ImageButton 添加 ImageButton1_Click 事件,填写如下代码。

```
protected void ImageButton1_Click(object sender, ImageClickEventArgs e)
```

```
{
    Label1.Text="ImageButton 也可以执行 Click 事件哦";
}
```

(5) 在页面的 Page_Load 事件中为 Button1 按钮添加 JavaScript 代码，确认提交。

```
protected void Page_Load(object sender, EventArgs e)
{
    Button1.Attributes.Add("onclick","javascript:return confirm('确定填完了?')");
}
```

(6) 运行 3-4. aspx，单击【填完了】按钮效果如图 3.8 所示。单击 LinkButton 将打开 3-2. aspx 页面。单击 ImageButton1 将执行相应代码。

图 3.8　3-4. aspx 的运行效果

3.5　Image(图像)控件

Image 控件主要用于在 Web 窗体中显示图像。与 ImageButton 不同的是，它不支持单击事件。它的典型属性如表 3.4 所示。

表 3.4 Image控件的典型属性

属 性	作 用
ImageAlign	设置图像的对齐方式
ImageUrl	获取或设置图像的 URL
AlternateText	设置图像无法正常显示时显示的文字
ToolTip	设置浏览器显示在工具提示中的文本

设置 ImageUrl 的语法格式如下。

```
Image1.ImageUrl="images/myimage.jpg"
Image1.ImageUrl="~/images/myimage.jpg"
```

在【属性】窗口中，单击 Image 控件的 ImageUrl 属性中的【浏览】按钮[...]，将弹出【选择图像】对话框(如图 3.9 所示)，选择需要的图像并确定。

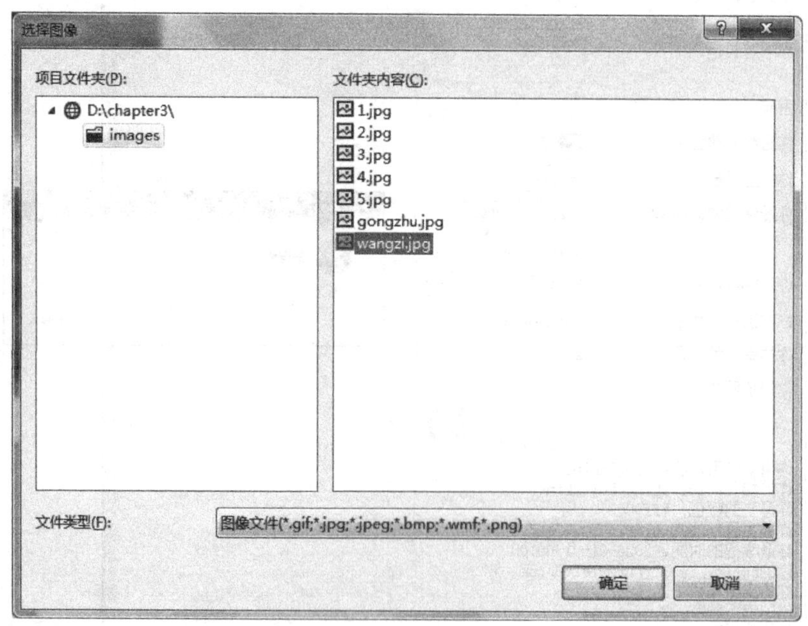

图 3.9 选择图像

3.6 DropDownList(下拉列表)控件

DropDownList 控件即下拉列表框，提供用户可能的输入，用户只需选择某一项即可，这样既让用户的输入变得简单，又避免了输入错误。DropDownList 控件的典型属性和事件如表 3.5 所示。

表 3.5 DropDownList 控件的典型属性和事件

属性	ID	获取或设置控件时的服务器端的编程标识
	Items	获取或设置列表框内容的集合
	Items[i]. Text	获取或设置列表框中索引 i 选项的 Text 值
	Items[i]. Value	获取或设置列表框中索引 i 选项的 Value 值
	Items[i]. Selected	获取或设置列表框中索引 i 选项是否选中(true/false)
	Items. Count	获取列表框中选项的数目
	SelectedValue	获取列表框当前选择项的 Value 值
	SelectedItem. Text	获取列表框当前选择项的 Text 值
	SelectedIndex	获取或设置 DropDownList 控件的选择项
	ClearSelection	清除列表框的选择，并将所有项的 Selected 属性设为 false
	AutoPostBack	当下拉列表的选择项发生改变时，是否立即提交包括此文本框的表单(true/false)
方法	Items. Clear()	清空列表框的集合
	Items. Add()	为列表框添加一条选项
事件	SelectedIndexChanged	当选择项发生变化时触发该事件，执行事件中的代码

下面的代码表示 DropDownList 控件定义的语法格式。

```
<asp:DropDownList ID="DropDownList1" runat="server">
    <asp:ListItem Selected="True" Value="01">北京市</asp:ListItem>
    <asp:ListItem Value="02">天津市</asp:ListItem>
    <asp:ListItem Value="03">辽宁省</asp:ListItem>
</asp:DropDownList>
```

【实例 3-5】 利用 DropDownList 控件和 TextBox 控件填写配送地址。

(1) 在 chapter3 网站中添加一个 3-5. aspx 页面，放入三个 DropDownList 控件 DropDownList1、DropDownList2、DropDownList3 分别用来选择省市、区、街道，一个 TextBox 控件用来写具体的小区楼号信息。一个 Label 控件用来显示配送地址。

图 3.10 DropDownList 任务

(2) 每个 DropDownList 控件的编辑项(如图 3.10 所示)或者单击【属性】窗口中 Items 属性的按钮，弹出 ListItem 集合编辑器(如图 3.11 所示)，单击【添加】按钮添加一项(ListItem)，Index 值默认从 0 开始。添加内容如图 3.11 所示。

以上操作在【源】视图中生成的代码如下。

```
<%@Page Language="C#" AutoEventWireup="true" CodeFile="3-5.aspx.cs"
Inherits="_3_5" %>
```

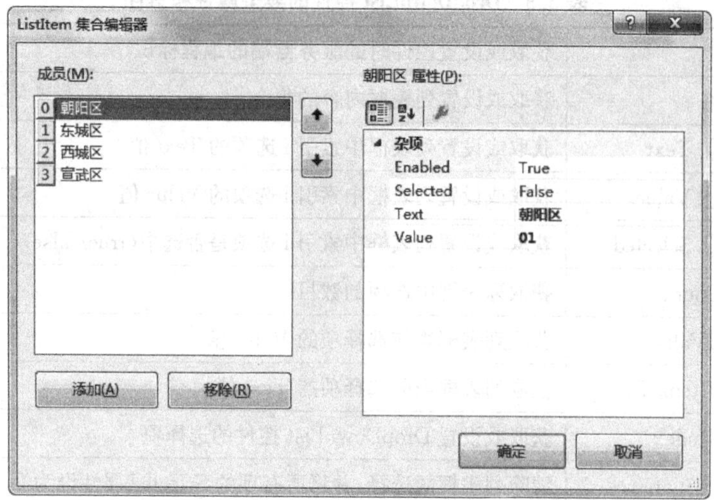

图 3.11　ListItem 集合编辑器

```
<!DOCTYPE html>
<html xmlns="http://www.w3.org/1999/xhtml">
<head runat="server">
<meta http-equiv="Content-Type" content="text/html; charset=utf-8"/>
    <title></title>
</head>
<body>
    <form id="form1" runat="server">
    <div>
        请选择您的配送地址：<br />
        <asp:DropDownList ID="DropDownList1" runat="server" AutoPostBack=
        "True" OnSelectedIndexChanged="DropDownList1_SelectedIndexChanged">
            <asp:ListItem Selected="True" Value="01">北京市</asp:ListItem>
            <asp:ListItem Value="02">天津市</asp:ListItem>
            <asp:ListItem Value="03">辽宁省</asp:ListItem>
        </asp:DropDownList>
        <asp:DropDownList ID="DropDownList2" runat="server" AutoPostBack=
        "True" OnSelectedIndexChanged="DropDownList2_SelectedIndexChanged">
            <asp:ListItem Value="01">朝阳区</asp:ListItem>
            <asp:ListItem Value="02">东城区</asp:ListItem>
            <asp:ListItem Value="03">西城区</asp:ListItem>
            <asp:ListItem Value="04">宣武区</asp:ListItem>
        </asp:DropDownList>
        <asp:DropDownList ID="DropDownList3" runat="server">
            <asp:ListItem Value="01">x 街道</asp:ListItem>
            <asp:ListItem Value="02">y 街道</asp:ListItem>
        </asp:DropDownList>
        <asp:TextBox ID="TextBox1" runat="server" Width="183px"></asp:
        TextBox>
```

```
            <br />
            <asp:Button ID="Button1" runat="server" OnClick="Button1_Click"
            Text="确定" />
            <br />
            <asp:Label ID="Label1" runat="server"></asp:Label>
        </div>
        </form>
    </body>
    </html>
```

从以上代码可以看到每个 DropDownList 控件对应一个<asp:DropDownList>标记，每个又包含多个<asp:ListItem>标记。

(3) 设置 DropDownList1 的 AutoPostBack 为 true，并双击 DropDownList1 控件添加 DropDownList1_SelectedIndexChanged 事件，添加如下代码。

```
protected void DropDownList1_SelectedIndexChanged(object sender, EventArgs e)
{
    DropDownList2.Items.Clear();
    //根据 DropDownList1 选择的 value 值判断是哪个省
    if (DropDownList1.SelectedValue =="01")   //图 3.11 所示'01'为朝阳区的 value 值
    {
        //使用 Add 方法向 DropDownList2 的集合项中添加项
        DropDownList2.Items.Add(new ListItem("西城区", "1"));
        DropDownList2.Items.Add(new ListItem("东城区", "2"));
        DropDownList2.Items.Add(new ListItem("朝阳区", "3"));
        DropDownList2.Items.Add(new ListItem("宣武区", "4"));
    }
    else
    {
        DropDownList2.Items.Add(new ListItem("西城区", "1"));
        DropDownList2.Items.Add(new ListItem("东城区", "2"));
        DropDownList2.Items.Add(new ListItem("塘沽区", "3"));
    }
}
```

(4) 设置 DropDownList2 的 AutoPostBack 为 true，并双击 DropDownList2 控件添加 DropDownList2_SelectedIndexChanged 事件，及以下代码。

```
protected void DropDownList2_SelectedIndexChanged(object sender, EventArgs e)
{
    //先清空 DropDownList3
    DropDownList3.Items.Clear();
    //根据 DropDownList2 的选择向 DropDownList3 中添加项
    if (DropDownList2.SelectedValue =="01")
    {
```

```
        DropDownList3.Items.Add(new ListItem("x街道","1"));
        DropDownList3.Items.Add(new ListItem("y街道","2"));
    }
}
```

(5) 为【确定】按钮添加 Click 事件及代码。

```
//在 Label1 中显示三个 DropDownList 的选择项内容和 TextBox1 的填写内容
Label1.Text =DropDownList1.SelectedItem.Text;
Label1.Text +=DropDownList2.SelectedItem.Text;
Label1.Text +=DropDownList3.SelectedItem.Text;
Label1.Text +=TextBox1.Text;
```

(6) 运行 3-5.aspx 页面，效果如图 3.12 所示。单击【确定】按钮显示用户选择的配送地址。

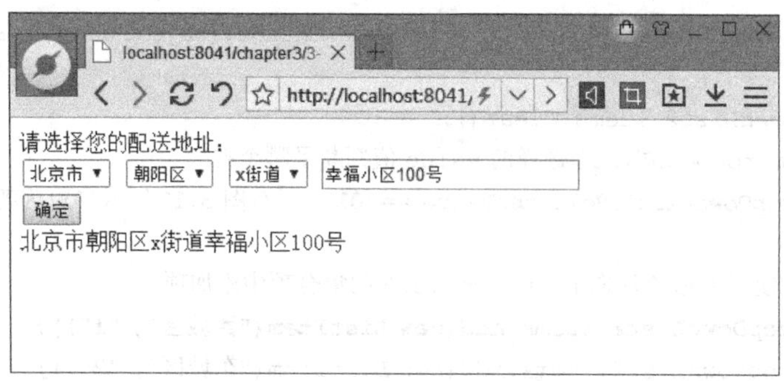

图 3.12　实例 3-5 的运行效果

3.7　CheckBox(复选框)和 CheckBoxList 控件

ASP.NET 提供了两种复选框功能的控件，CheckBox 控件和 CheckBoxList 控件分别用于向用户提供选项和选项列表(如图 3.13 所示)。CheckBox 适合用在选项不多且比较固定的情况。当选项较多或者需要在运行时动态决定有哪些选项显示时，使用 CheckBoxList 控件则比较方便。两个控件的典型属性和事件如表 3.6 和表 3.7 所示。

表 3.6　CheckBox 控件的典型属性和事件

属性	ID	获取或设置控件时的服务器端的编程标识
	Text	获取或设置显示的文本内容
	Checked	表示是否(true,false)选中
	AutoPostBack	当选择状态发生改变时，是否立即提交(true/false)
	OnCheckChanged	指定单击事件触发的事件的名称
事件	CheckChanged	选择内容改变触发该事件(单击事件)

表 3.7 CheckBoxList 控件的典型属性和事件

属性	ID	获取或设置控件时的服务器端的编程标识
	Items	数据项集合(Text,Value)
	RepeatColumns	控件列表布局的列数
	RepeatDirection	项的布局方向：垂直、水平
	RepeatLayout	Table、Flow
	AutoPostBack	当选择状态发生改变时，是否立即提交(true/false)
	OnSelectedIndexChanged	设置选择项发生变化时触发的事件
事件	SelectedIndexChanged	当选择项发生变化时触发该事件，执行事件中的代码

【实例 3-6】 CheckBox 控件和 CheckBoxList 控件的使用。

(1) 在网站 chapter3 中，添加一个 Web 页面 3-6. aspx，在页面上添加一个 Table，文字提示信息直接写。放入 4 个 CheckBox 控件，分别为 CheckBox1、CheckBox2、CheckBox3、CheckBox4，一个 CheckBoxList 控件，一个 Button1，一个 Label1。

(2) 设置 4 个 CheckBox 控件的 Text 属性分别为：唱歌、跳舞、旅游、读书。CheckBoxList1 的 Items 属性集合内容为：看新闻、看视频、刷微博、发评论，RepeatColumns 属性的值为 2。Button1 的 Text 为"提交"。Label1 的 Text 属性为空。

以上操作生成的代码如下。

```
<%@Page Language="C#" AutoEventWireup="true" CodeFile="3-6.aspx.cs"
Inherits="_3_6" %>
<!DOCTYPE html>
<html xmlns="http://www.w3.org/1999/xhtml">
<head runat="server">
<meta http-equiv="Content-Type" content="text/html; charset=utf-8"/>
    <title></title>
    <style type="text/css">
        .auto-style1 {
            width: 100%;
        }
    </style>
</head>
<body>
    <form id="form1" runat="server">
    <div>
        <table class="auto-style1">
            <tr>
                <td>请选择你的兴趣爱好：</td>
            </tr>
            <tr>
```

```
                    <td>
                        <asp:CheckBox ID="CheckBox1" runat="server" Text="唱歌" />
                        <asp:CheckBox ID="CheckBox2" runat="server" Text="跳舞" />
                        <asp:CheckBox ID="CheckBox3" runat="server" Text="旅游" />
                        <asp:CheckBox ID="CheckBox4" runat="server" Text="读书" />
                    </td>
                </tr>
                <tr>
                    <td> </td>
                </tr>
                <tr>
                    <td>请选择你上网最常做的事情: </td>
                </tr>
                <tr>
                    <td>
                        <asp:CheckBoxList ID="CheckBoxList1" runat="server"
                        RepeatColumns="2">
                        <asp:ListItem>看新闻</asp:ListItem>
                        <asp:ListItem>看视频</asp:ListItem>
                        <asp:ListItem>刷微博 </asp:ListItem>
                        <asp:ListItem>发评论</asp:ListItem>
                        </asp:CheckBoxList>
                    </td>
                </tr>
                <tr>
                    <td>
                        <asp:Button ID="Button1" runat="server" Text="提交"
                        OnClick="Button1_Click" />
                        <br />
                        <asp:Label ID="Label1" runat="server"></asp:Label>
                    </td>
                </tr>
            </table>
        </div>
        </form>
    </body>
    </html>
```

(3) 双击 Button1,添加 Button1_Click 事件,并编写如下代码。

```
protected void Button1_Click(object sender, EventArgs e)
{
    int i=0;
    if (CheckBox1.Checked==true)              //如果选择了 CheckBox1 控件
```

```
        Label1.Text ="你爱好" +CheckBox1.Text;
    if (CheckBox2.Checked ==true)          //如果选择了 CheckBox2 控件
        Label1.Text +="<br>你爱好" +CheckBox2.Text;
    if(CheckBox3.Checked==true)            //如果选择了 CheckBox3 控件
        Label1.Text +="<br>你爱好" +CheckBox3.Text;
    if (CheckBox4.Checked==true)           //如果选择了 CheckBox4 控件
        Label1.Text +="<br>你爱好" +CheckBox4.Text;

    Label1.Text +="<br><br>你上网经常做这些事: <br>";
    //循环判断 CheckBoxList1 中的项
    for (i=0;i<CheckBoxList1.Items.Count; i++)   //循环次数由 CheckBoxList1 的项数决定
    {
        if (CheckBoxList1.Items[i].Selected==true)
            Label1.Text +=CheckBoxList1.Items[i].Text+"<br>";
    }
}
```

上述代码中,CheckBox 控件使用 Checked 判断是否选中,CheckBoxList 控件需要使用 Items[i]. Selected 判断集合中的第 i 条是否选中。

(4) 运行 3-6. aspx,单击 Button,效果如图 3.13 所示。

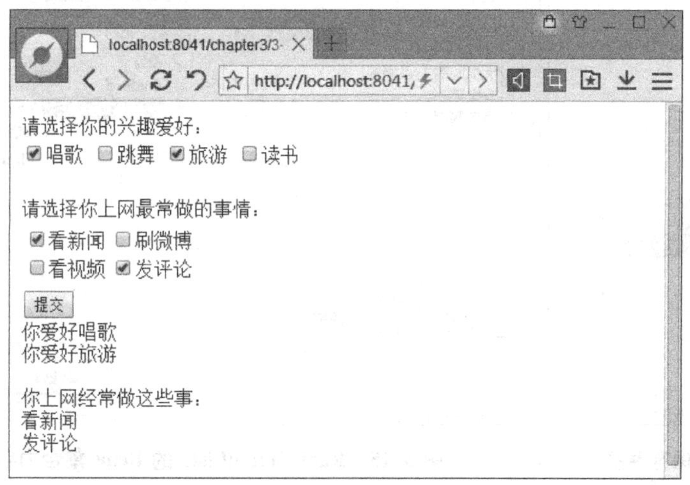

图 3.13 3-6. aspx 的运行效果

从上面的例子可以看出,当有多个复选框时,CheckBoxList 可以使用循环简化代码,提高开发效率和运行效率。

3.8 RadioButton(单选按钮)和 RadioButtonList 控件

ASP. NET 提供了两种单选按钮功能的控件,RadioButton 控件是一个单选按钮,RadioButtonList 是一个单选按钮的集合,可以根据需要设置多个,这些单选按钮的显示外观可以统一设置。

在使用中，一组 RadioButton 控件只能选择一个，具有相同 GroupName 属性值的 RadioButton 控件即为一个组；而 CheckBox 可以选择多个，不需要分组。RadioButtonList 控件中的单选按钮选项即为一个组，不需要设置 GroupName 属性。

这两个控件的常用属性与 CheckBox 和 CheckBoxList 的大部分属性相同（如表 3.5 和表 3.6 所示）。只是 RadioButton 控件具有 GroupName 属性，用来分组。

【实例 3-7】 RadioButton 和 RadioButtonList 的使用。

(1) 在网站 chapter3 中添加一个 Web 窗体 3-7.aspx，在页面上放两个 Label 控件、一个 RadioButtonList、两个 Image 控件（标准控件选项卡中提供，用来显示图像）、一个 Button 控件、两个 RadioButton 控件。

(2) 在网站根目录下添加一个文件夹 Images，在其中存放图片 1.jpg、2.jpg、3.jpg、4.jpg、5.jpg、wangzi.jpg、gongzhu.jpg（如图 3.14 所示）。

(3) 属性的初始设置具体如表 3.8 所示。RadioButtonList1 控件的 Items 属性设置如图 3.15 所示，将每一项的 Value 值设为要显示的图像的文件名，并将第一项的 Selected 设为 true，以实现默认选择第一项。

图 3.14 图像保存路径

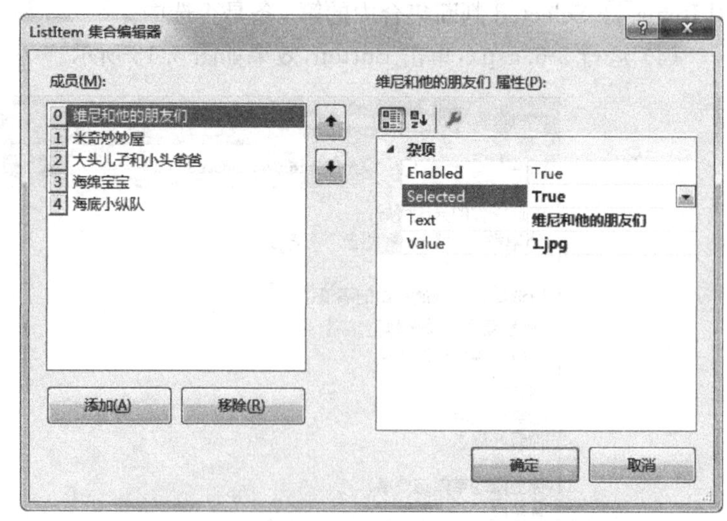

图 3.15 RadioButtonList1 的 Items 集合内容设置

表 3.8 实例 3-7 中的控件设计说明

控件类型	控件名	Text	AutoPostBack	ImageUrl	其他说明
Label	Label1	请选择你最喜欢的动画片			
RadioButton-List	RadioButton-List1	"如图 3.15 所示"			SelectedIndexChanged 默认选第一项
Button	Button1	显示图片			Click
Label	Label2	选择你的头像			

续表

控件类型	控件名	Text	AutoPostBack	ImageUrl	其他说明
RadioButton	RadioButton1	王子	true		CheckChanged
RadioButton	RadioButton2	公主	true		CheckChanged 与 RadioButton1 为一组
Image	Image1			~/images/1.jpg	默认为选中状态
Image	Image2			~/images/wangzi.jpg	

RadioButtonList 控件的对应代码如下。

```
<asp:RadioButtonList ID="RadioButtonList1" runat="server" Height="242px"
OnSelectedIndexChanged="RadioButtonList1_SelectedIndexChanged" Width=
"203px" RepeatColumns="1" AutoPostBack="True">
    <asp:ListItem Value="1.jpg" Selected="True">维尼和他的朋友们</asp:ListItem>
    <asp:ListItem Value="2.jpg">米奇妙妙屋</asp:ListItem>
    <asp:ListItem Value="3.jpg">大头儿子和小头爸爸</asp:ListItem>
    <asp:ListItem Value="4.jpg">海绵宝宝</asp:ListItem>
    <asp:ListItem Value="5.jpg">海底小纵队</asp:ListItem>
</asp:RadioButtonList>
```

Image1 的代码如下。

```
<asp:Image ID="Image1" runat="server" Height="237px" ImageUrl=
"~/images/1.jpg" Width="195px" AlternateText="图片无法显示" />
```

RadioButton1 的代码如下。

```
<asp:RadioButton ID="RadioButton1" runat="server" AutoPostBack="True"
Checked="True" GroupName="gender" OnCheckedChanged="RadioButton1_
CheckedChanged" Text="王子" />
```

(4) 在 Button1 的 Click 事件中，设置 Image1 控件的图片来源，代码如下。

```
Image1.ImageUrl="images/" +RadioButtonList1.SelectedValue;
```

(5) 在 RadioButton 控件的 CheckChange 事件中，根据选择的改变来改变 Image2 控件的图片来源，代码如下。

```
protected void RadioButton1_CheckedChanged(object sender, EventArgs e)
{
    Image2.ImageUrl="~/images/wangzi.jpg";
}
protected void RadioButton2_CheckedChanged(object sender, EventArgs e)
{
    Image2.ImageUrl="~/images/gongzhu.jpg";
```

```
}
```

(6) 运行 3-7. aspx,效果如图 3. 16 所示。单击【显示图片】按钮时显示选择的动画片的图片,选择不同的头像时显示对应的头像图片。

图 3. 16 实例 3-7 的运行效果

在本例中,单击 RadioButtonList 也可以实现选择不同的动画片时,立即显示对应的图片,在此不再说明。

上面讲到的 CheckBoxList、RadioButtonList 与 DropDownList 都属于列表类型的控件,因此与 DropDownList 具有一些相同的属性,在 RadioButtonList 的属性列中没有列出的可以参考 DropDownList 的属性列表。如为 RadioButtonList1 添加项的代码如下。

```
RadioButtonList1.Items.Add(new ListItem("text", "value"));
```

3.9 ListBox 控件

ListBox 控件即允许单项或多项选择的列表框,它的常见功能如图 3. 17 所示,选择左侧 ListBox 控件中的一项或多项,单击【添加】按钮将添加到右侧 ListBox 中。单击【删

除】按钮将把右侧 ListBox 控件的选中项删除。

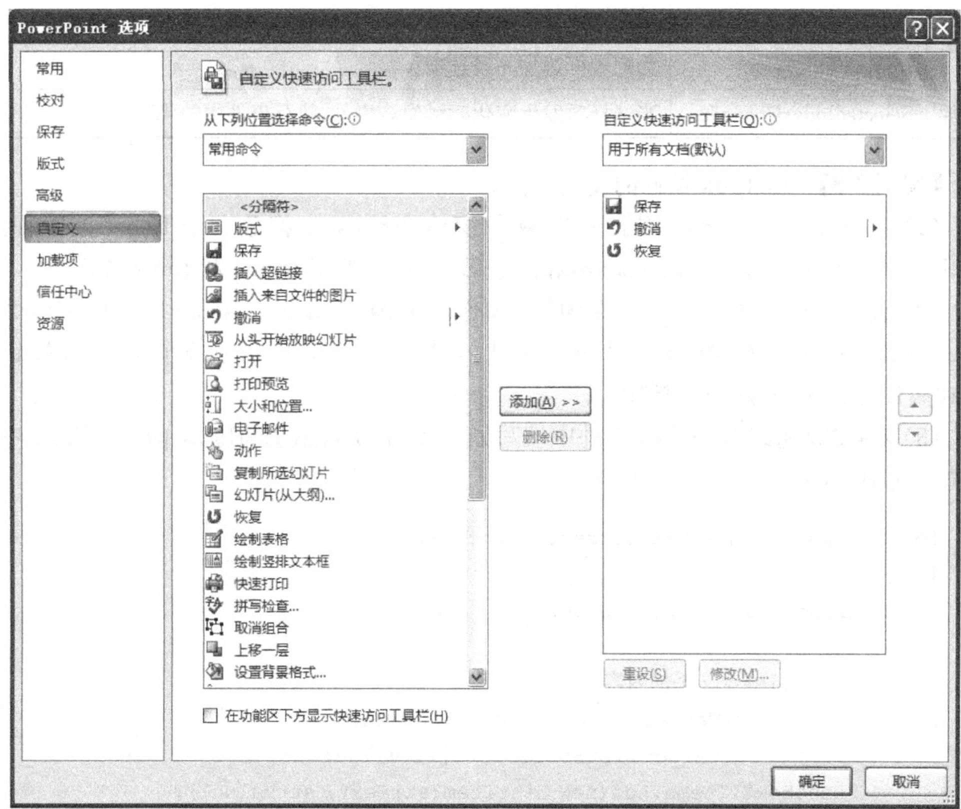

图 3.17　ListBox 在 PowerPoint 软件的选项功能中的应用

它与 DropDownList 一样都属于列表控件，它的主要属性和事件如表 3.9 所示。添加项的代码为：

```
控件名.Items.Add(new ListItem(Text,Value));
```

表 3.9　ListBox 控件的典型属性和事件

属性	ID	获取或设置控件时的服务器端的编程标识
	Items	获取或设置列表框内容的集合
	Items[i]. Text	获取或设置列表框中索引 i 选项的 Text 值
	Items[i]. Value	获取或设置列表框中索引 i 选项的 Value 值
	Items[i]. Selected	获取或设置列表框中索引 i 选项是否选中(true/false)
	Items. Count	获取列表框中选项的数目
	SelectionMode	设置可选择项数(Single/Multiple)
	AutoPostBack	当下拉列表的选择项发生改变时，是否立即提交包括此文本框的表单(true/false)

续表

方法	Items. Clear()	清空列表框的集合
	Items. Add()	为列表框添加一条选项
事件	SelectedIndexChanged	当选择项发生变化时触发该事件，执行事件中的代码

【实例 3-8】 ListBox 控件的使用方法。

(1) 在网站 chapter3 中添加一个 Web 窗体 3-8. aspx，拖放一个 Label 控件、两个 ListBox 控件(ListBox1 和 ListBox2)和两个 Button 按钮(Button1 和 Button2)。

(2) 设置 Label1 的 Text 属性为“填满你的书橱”。设置 ListBox1 和 ListBox2 的 SelectionMode 属性为 Multiple，Items 属性内容如图 3. 18 所示。两个 Button 按钮的 Text 属性分别为“添加”和“删除”。

(3) 在【添加】按钮的 Click 事件中填写如下代码，实现从 ListBox1 向 ListBox2 中添加选中的项目，并在 ListBox1 中删除。

```
for (int i=0; i<ListBox1.Items.Count; i++)
{
    if (ListBox1.Items[i].Selected)
    {
        //向 listbox 添加内容
        string strText=ListBox1.Items[i].Text;
        string strValue=ListBox1.Items[i].Value;
        ListBox2.Items.Add(new ListItem(strText, strValue));
        ListBox1.Items.RemoveAt(i);
    }
}
```

(4) 在【删除】按钮的 Click 事件中填写如下代码，实现从 ListBox2 向 ListBox1 中添加选中的项目，并在 ListBox2 中删除。

```
for (int i=0; i<ListBox2.Items.Count; i++)
{
    if (ListBox2.Items[i].Selected)
    {
        //向 listbox 添加项
        string strText=ListBox2.Items[i].Text;
        string strValue=ListBox2.Items[i].Value;
        ListBox1.Items.Add(new ListItem(strText, strValue));
        //从 ListBox2 的集合中删除第 i 项
        ListBox2.Items.RemoveAt(i);
    }
}
```

(5) 运行 3-8. aspx 页面，效果如图 3. 18 所示。

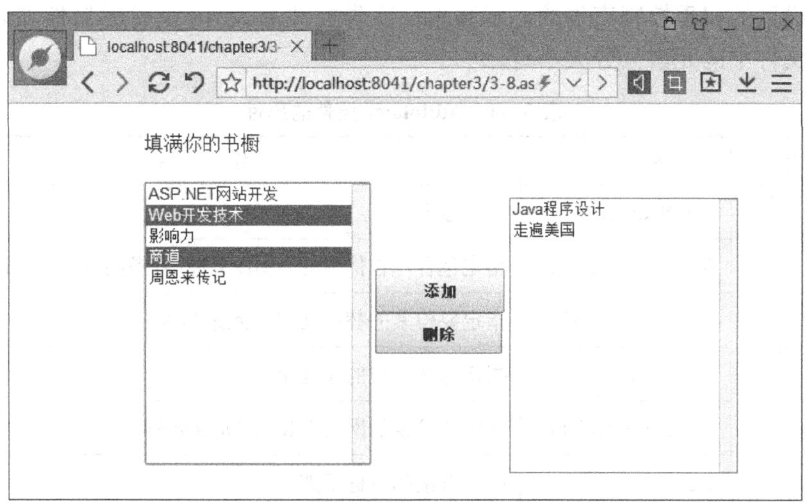

图 3.18 实例 3-8.aspx 的运行效果

3.10 HyperLink 控件

HyperLink 控件用于在 Web 页面上创建超级链接。它的主要属性如表 3.10 所示。

表 3.10 HyperLink 控件的典型属性

属　性	作　用
Text	设置显示的文本
NavigateUrl	设置链接到的 URL
ImageUrl	设置显示图像的 URL
Target	设置打开链接的目标框架(frame)，默认为本窗口打开。 _blank 表示在新空白窗口打开链接地址； _self 表示在本窗口打开链接； _top 表示在 top 窗口打开链接； _parent 表示在当前框架的上一层里打开链接； _search 表示在浏览器的搜索区打开链接

当同时设置 HyperLink 控件的 ImageUrl 和 Text 属性时，将显示图像，不显示文本。

3.11 AdRotator 控件

AdRotator 控件提供一种在网页上显示广告的方法。该控件可以显示.gif 文件、.jpg 等格式的图像，单击图像可以打开指定的广告页面。AdRotator 控件可以从数据源(DataSourceID)或包含广告信息的 XML 文件(AdvertisementFile)中读取广告信息。AdRotator 控件会随机显示广告信息中的广告，每次刷新页面时都将更改显示的广告。

根据广告设置的权重控制广告的显示频率。广告控件及 XML 文件的属性如表 3.11 所示。广告文件中的元素区分大小写。

表 3.11 AdRotator 控件的属性

类　别	属　性	作　用
AdRotator 控件	DataSourceID	指定数据源
	AdvertisementFile	指定包含广告信息的 XML 文件(需提供该配置文件)
	AlternateTextField	指定要检索的替换文字的元素名称
	KeywordFilter	指定筛选广告的关键字
	NavigateUrlField	指定要检索的网页 URL 的元素名称
	Target	指定链接的目标框架
XML 文件	ImageUrl	要显示的图像的 URL
	AlternateText	图像无法正常显示的替换文字
	NavigateUrl	单击广告控件时要转到的网页的 URL
	Keyword	广告的关键字,可用于筛选特定广告
	Impressions	指示广告显示频率的数值。在 XML 文件中,Impressions 值的总和不能超过 2 048 000 000－1

【实例 3-9】 广告控件的使用。

(1) 在网站 chapter3 中新建 3-9AdFile.xml 文件,编写如下代码。

```
<?xml version="1.0" encoding="utf-8"?>
<Advertisements>
   <Ad>
      <ImageUrl>images/0001.jpg</ImageUrl>
      <Keyword>艺术</Keyword>
      <Impressions>20</Impressions>
      <NavigateUrl>3-1.aspx</NavigateUrl>
   </Ad>
   <Ad>
      <ImageUrl>images/0002.jpg</ImageUrl>
      <Keyword>雪人</Keyword>
      <Impressions>40</Impressions>
      <NavigateUrl>3-2.aspx</NavigateUrl>
   </Ad>
   <Ad>
      <ImageUrl>images/0003.jpg</ImageUrl>
      <Keyword>卡通</Keyword>
```

```
        <Impressions>20</Impressions>
        <NavigateUrl>3-3.aspx</NavigateUrl>
    </Ad>
</Advertisements>
```

(2) 在网站 chapter3 中，添加一个 3-9. aspx 页面，拖放一个 AdRotator 控件，将其属性 AdvertimentFile 设置为 3-9AdFile. xml。

(3) 运行 3-9. aspx 页面，如图 3. 19 所示。按 F5 键或单击浏览器中的【刷新】按钮，刷新页面，可显示不同的广告信息，Impression 值较大的广告显示频率也较大。

图 3. 19　3-9. aspx 的运行效果

3.12　Calender 控件

Calender 控件用于在 Web 页面上显示日历。它的属性如表 3. 12 所示。

表 3. 12　Calender 控件的属性说明

属　　性	作　　用
NextPrevFormat	月导航的显示格式。使用“>”表示“>”；使用“<”表示“<”
SelectionMode	指定日、周、月是否可以选择(None、Day、DayWeek、DayWeekMonth)
Style	设置样式：背景色、前景色、边界等
SelectedDay	当前选定的日期(默认为当天)
SelectionChanged	选择内容改变时触发该事件

开发人员可以设置 Calender 控件不同部位的显示风格(Style，见表 3. 12)，图 3. 20 表明了 Calender 控件不同部位的名称。可以使用下面的代码获得控件选定的日期，如 2012-1-1。

```
Calendar1.SelectedDate.ToShortDateString();
```

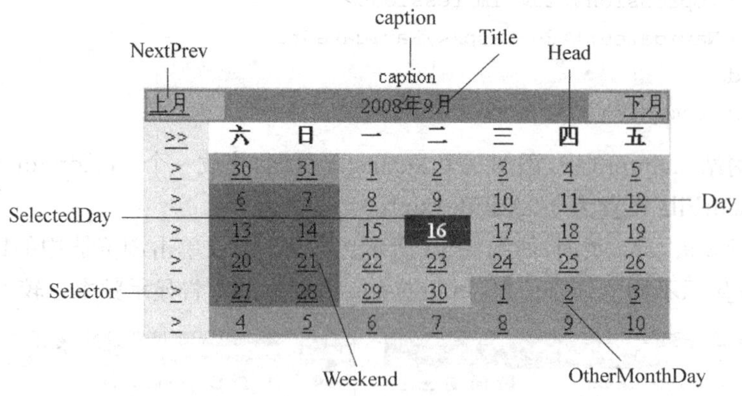

图 3.20 Calender 控件的不同部位

3.13 ImageMap 控件

ImageMap 控件可以用来显示图像，也可以实现图像的超链接。该控件的最大特点是可以将 ImageMap 中的图像按照(*X*,*Y*)坐标划分成不同的区域，分别链接到不同的网页。该控件的 ImageUrl 属性用来指定链接的图像源文件的 URL，HotSpot 属性用来划分链接区域。单击 HotSpot 属性右边的省略号按钮，将弹出如图 3.21 所示的对话框。

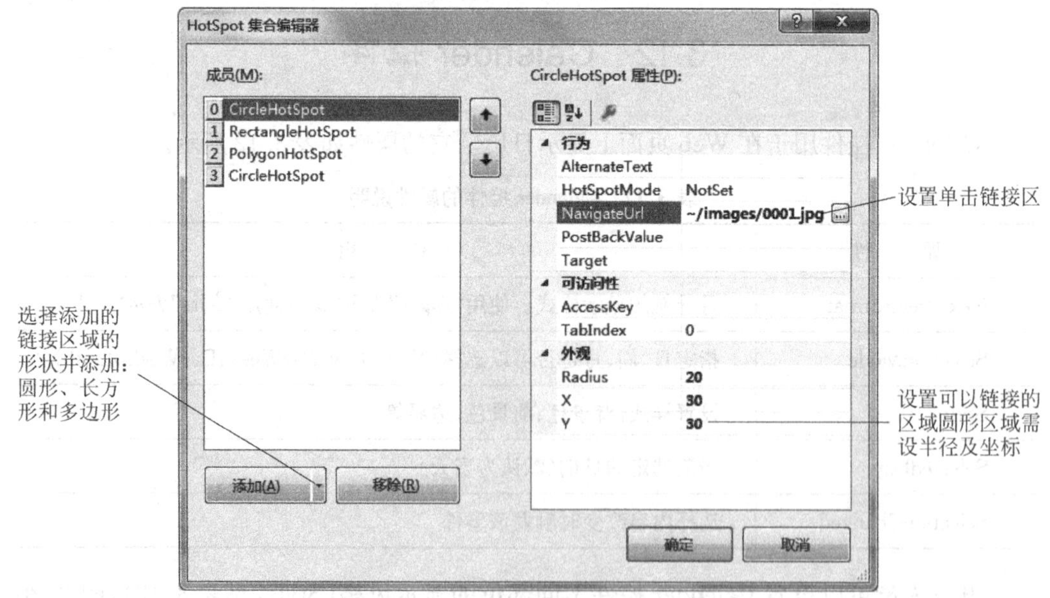

图 3.21 HotSpot 属性设置的对话框

当运行时，单击设置的区域，如图 3.22 中，图像中的黑色圆圈内的区域即可打开 0001.jpg。

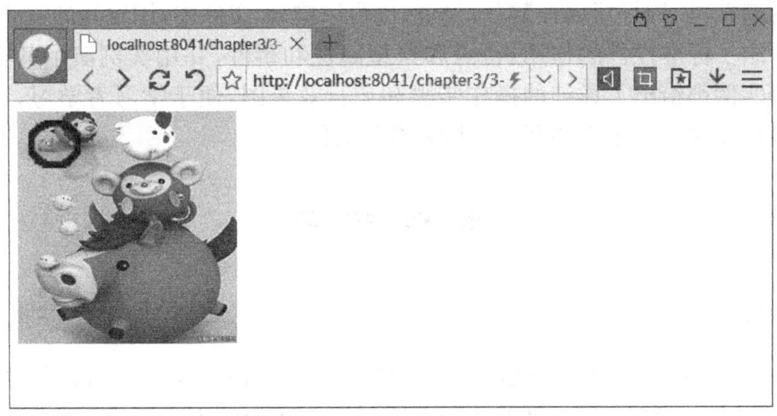

图 3.22　ImageMap 运行效果

3.14　MultiView 和 View 控件

MultiView 和 View 控件主要用于其他控件和标记的容器，以可替换视图的方式制作出选项卡的效果。MultiView 控件是一个或多个 View 控件的外部容器，每个 MultiView 可以添加多个 View 控件。每个 View 控件又可以包含其他标记和控件的页面设计组合。

MultiView 控件的活动视图只能有一个，由 ActiveViewIndex 设置。MultiView 和 View 控件的主要属性如表 3.13 所示。

表 3.13　Calender 控件的属性说明

控　件	属　　性	作　　用
MultiView	ActiveViewIndex	获取或设置 MultiView 控件的活动 View 控件的索引，从 0 开始
	Views	获取 MultiView 控件的 View 控件的集合
	EnableTheming	获取或设置是否向 MultiView 控件应用主题的值(true/false)
View	Visible	获取或设置该控件是否可见(true/false)
	EnableTheming	获取或设置是否向 View 控件应用主题的值(true/false)

小　　结

每种控件都是一个封装的类，是可重复使用的组件或对象，每种不同的控件都有自己独特的属性和方法，可以响应相应事件。ASP.NET 提供了多种类型的控件。添加控件有两种方式：在【工具箱】中双击控件或直接拖动控件到相应位置的方式将添加到页面上；可以通过类的实例化创建控件对象。

控件的属性可以通过【属性】窗口设置，也可以在cs文件中，用编程的方式动态设置。本章主要介绍了标准控件的作用、特点和典型属性和事件，并用实例演示其实际用法和用处。每个实例都给出了详细的操作步骤和运行效果图，便于学习者学习，可操作性较强。学习者可以在实例中掌握开发环境和控件的使用。

课后习题

1. 填空题

(1) ________默认属于浏览器端控件(Browser Control)，每个HTML控件都能直接映射到HTML元素上，它可转换为服务器端控件(Server Control)。

(2) 属性有________和________之分。

(3) 在________中通过代码进行动态设置，控制程序运行过程不同阶段的控件外观。

(4) 设置TextBox控件的________属性为________，可使它成为密码输入框。

(5) 当下拉列表框内容发生改变，立即提交包括此下拉列表框的表单，应设置________属性和在________事件中填写要处理的代码。

(6) DropDownList控件的Items集合中的________(Text/Value)属性值是用户可见的。

(7) 一组RadioButton控件只能选择一个，具有相同________属性值的RadioButton控件即为一个组。

(8) ImageMap的________属性用来划分链接区域。

2. 选择题

(1) 下面几个控件中，不能执行鼠标单击事件的控件是(　　)。

A. ImageButton　B. Image　C. ImageMap　D. LinkButton

(2) 下列按钮(　　)不能被同时选中多个。

A. CheckBox　B. CheckBoxList　C. ListBox　D. RadioButton

(3) 当判断CheckBox控件的某个选项是否选中时，应使用(　　)属性。

A. Checked　B. Selected　C. Text　D. AutoPostBack

(4) 当设置ListBox控件的可选项数为多项时，应使用(　　)属性。

A. Count　B. Selected　C. SelectionMode　D. Items

3. 简答题

(1) 简述RadioButton控件和CheckBox控件有何异同。

(2) 简述DropDownList控件和ListBox控件有何异同。

(3) 如何为id是Label3的控件设置字体颜色为Green?

4. 上机操作题

上机目的：

掌握标准控件的常用属性和事件的作用及其使用方法；

能够用标准控件制作简单的网页，实现具有一定意义的功能。

上机内容：

(1) 在实现实例3-5的基础上，添加一个CheckBookList1控件，用于显示常用地址。添加一个CheckBox控件【将该地址添加为常用地址】，若选中，单击【确定】按钮时，将用户填写的配送地址显示在CheckBookList1控件中。

(2) 在实现实例3-7的基础上，实现选择RadioButtonList中的不同动画片时，立即显示对应的图片。

(3) 在实现实例3-8的基础上，添加一个DropDownList控件，用于显示图书的种类，当选择不同的图书时，即在ListBox1中显示该种类的书。

(4) 新建一个网站standardControl，完成以下功能。

① 添加一个course.aspx页面，添加控件及功能如下。

四个Label控件：用于显示提示信息和输出信息。

两个TextBox控件：用于输入学号和希望的上课时间。

一个DropDownListBox控件：用于显示用户可选择的课程名(课程号隐藏)。

一个Button控件：用于提交。首先判断是否输入学号。如果没有输入给出提示信息；如果有输入则显示用户填写的学号和希望的上课时间、课程名和课程号，以及该门课程的上课时间、地点、学时、教师等。显示信息在不同的行。

② 添加一个computer.aspx页面，添加控件及功能如下。

三个Label控件：用于显示提示信息和输出价格。

两个RadioButtonList控件：用于显示内存的大小(如1GB、2GB、3GB)及硬盘的大小(如100GB、250GB、500GB)，供用户单项选择，默认选中第一项。

事件：当用户选择的内存和硬盘改变时，立即提交，在Label控件中显示内存和硬盘的价格之和。

③ 添加一个characterTest.aspx，添加控件及功能如下。

一个Label控件：用于显示问题。

五个RadioButton：用于显示问题的不同答案。设为一组，用户只可以选一项。

一个ImageButton：根据用户的输入给出不同的性格特征。

第4章 chapter 4

数据验证

在交互式页面中，经常需要使用输入控件来收集用户输入的信息。为了确保提交到服务器的信息内容和格式是有效的，就必须编写代码来验证用户输入数据的有效性，即数据验证。用户输入信息错误时验证失败，将在页面上显示错误信息（如图 4.1 所示的信息）。验证实际上就是对所收集的数据应用一系列的规则。数据验证的方式有两种：一种是在客户端写 JavaScript 脚本进行验证；另一种是提交到服务器后再验证。客户端验证的优点是响应速度快，但是如果用户浏览器不支持 JavaScript 或者禁用了该脚本功能，那么检验工作就不能顺利进行了，而且信息安全性较低。服务器端验证刚好弥补了在客户端验证的缺点，但同时却牺牲了一定的信息回传和反馈时间。

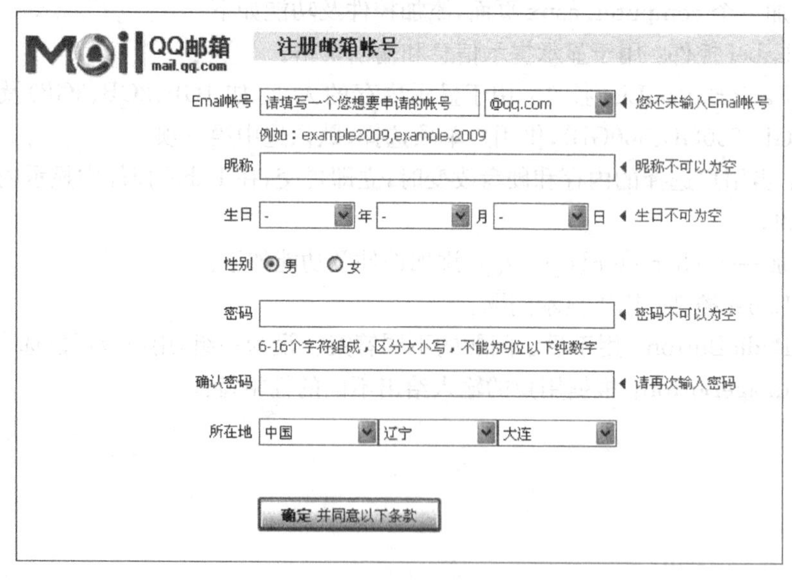

图 4.1　注册邮箱时的数据验证功能

本章学习目标：

- 理解数据验证的含义和过程；
- 掌握数据验证控件的使用方法；
- 能够制作简单的数据验证页面。

4.1 认识验证控件

ASP.NET 提供了 6 个验证控件(如表 4.1 所示),能够实现常见的验证功能,也可以自定义验证功能。它们直接或间接派生于类 System.Web.UI.WebControls.BaseValidator。这些控件用于验证在服务器控件中的输入,不通过时将给出自定义的错误信息。一个输入控件可以同时被多个验证控件验证,验证条件之间是逻辑与的关系。比如,Email 地址既不能为空,又要格式正确。只有输入的 Email 地址同时满足两个条件时才能通过验证。

表 4.1 ASP.NET 的验证控件列表

验证类型	控件名称	功能描述
非空验证	RequiredFieldValidator	用于确保被验证的控件中有输入值,如用户名不能为空等
比较验证	CompareValidator	该控件使用比较运算符(<,>等)将用户输入与一个常量值或另一个控件的属性值进行比较
范围验证	RangeValidator	该控件用于检查用户的输入是否在特定的范围内,如年龄范围、时间范围等
模式匹配	RegularExpressionValidator	用于验证用户输入与正则表达式定义的模式是否匹配,如身份证号码、电子邮件地址等字符序列
自定义	CustomValidator	编写代码自定义验证功能。验证比较灵活,使用范围比较广泛
验证汇总	ValidationSummary	不执行验证。仅收集本页面上所有验证控件的错误信息,并显示

需要注意的是,在 Visual Studio 2012 中,需要在 Web.config 文件中配置如下信息,否则无法运行含有验证控件的页面。

```
<appSettings>
    <add key="ValidationSettings:UnobtrusiveValidationMode" value="None" />
</appSettings>
```

4.2 RequiredFieldValidator 控件实现非空验证

RequiredFieldValidator 控件用于在用户输入时,对必选字段进行验证。未输入信息时,验证失败,给出错误信息。它的主要属性如表 4.2 所示,这些属性,除 ValidationSummary 控件外的验证控件也具有,后面描述中不再列出。

所有验证控件的 ControlToValidate 属性都是必须指定的,否则会提示错误。

Display 属性的值有三个,含义如下。

(1) Static:不管验证是否通过,都会占有预留位置。

表 4.2 RequiredFieldValidator 控件的主要属性

属性	ControlToValidate	设置验证的目标控件的 ID
	ErrorMessage	设置验证不通过时显示的错误信息
	Display	设置验证控件的显示行为
	EnableClientScript	设置是否启用客户端验证(true/false),默认为 true
	Enabled	设置是否启用验证功能(true/false)
	IsValid	设置或获取验证结果是否有效(true/false)
	ForeColor	设置验证失败时错误信息的文本颜色
	Text	若设置此属性,验证失败时显示此属性值。否则显示 ErrorMessage 的值
方法	Validate	执行验证的相关功能,并更新 IsValid 属性

(2) Dynamic:若验证通过,则不占有预留位置。

(3) None:即使没有通过也不会显示错误,但是可以在 ValidatorSummary 中显示。

通过将 EnableClientScript 属性设为 true,来实现允许支持 DHTML 的浏览器(如 IE 4.0 及更高版本)在客户端执行验证。在向服务器发送用户输入前,由客户端验证用户输入来增强验证过程。在提交窗体前就可以在客户端检测到错误,从而减少了服务器端验证信息的传递次数。

每个验证控件以及 Page 对象本身,都有一个 IsValid 属性,利用该属性可以进行页面有效性的验证,只有当页面上的所有验证都通过时,Page.IsValid 属性才为真。

默认情况下,在单击按钮控件(如 Button、ImageButton)时执行验证。如果要禁止单击按钮时执行验证,可设置按钮控件的 CausesValidation 属性为 false。下面用实例演示 RequiredFieldValidator 控件的功能。

【实例 4-1】 RequiredFieldValidator 控件实现必填字段验证。

(1) 新建一个空网站 chapter4,添加一个页面 4-1.aspx。在该页面上放三个 Label 控件,三个 TextBox 控件(TextBox1、TextBox2、TextBox3)、三个 RequiredFieldValidator 控件和三个 Button 按钮。

(2) 设置三个 RequiredFieldValidator 控件的 ControlToValidate 属性分别为 TextBox1、TextBox2、TextBox3;ErrorMessage 分别设为“昵称不能为空”“密码不能为空”和“Email 不能为空”;ForeColor 为 Red(红色);Display 分别为 Static、Dynamic、Dynamic。生成的代码如下。

```
<form id="form1" runat="server">
    <div>
        <asp:Label ID="Label1" runat="server" Text="昵称: "></asp:Label>
        <asp:TextBox ID="TextBox1" runat="server"></asp:TextBox>
        <asp:RequiredFieldValidator ID="RequiredFieldValidator1" runat=
        "server" ControlToValidate="TextBox1" ErrorMessage="昵称不能为空"
        ForeColor="Red"></asp:RequiredFieldValidator>
```

```
        <asp:Button ID="Button1" runat="server" Text="确定" />
        <br />
        <br />
        <asp:Label ID="Label2" runat="server" Text="密码: "></asp:Label>
        <asp:TextBox ID="TextBox2" runat="server"></asp:TextBox>
        <asp:RequiredFieldValidator ID="RequiredFieldValidator2" runat=
        "server" ControlToValidate="TextBox2" Display="Dynamic" ErrorMessage=
        "密码不能为空" ForeColor="Red"></asp:RequiredFieldValidator>
        <asp:Button ID="Button2" runat="server" Text="确定" />
        <br />
        <asp:Label ID="Label3" runat="server" Text="Email: "></asp:Label>
        <asp:TextBox ID="TextBox3" runat="server"></asp:TextBox>
        <asp:RequiredFieldValidator ID="RequiredFieldValidator3" runat=
        "server" ControlToValidate="TextBox3" Display="Dynamic" ErrorMessage=
        "Email 不能为空" ForeColor="Red"></asp:RequiredFieldValidator>
        <asp:Button ID="Button3" runat="server" Text="确定" />
    </div>
</form>
```

(3) 运行 4-1.aspx,查看效果(如图 4.2 所示)。当 TextBox 不为空时,不显示错误信息。Display 为 Static 的验证控件始终占位,如昵称行。Display 为 Dynamic 的验证控件验证通过时不占位,如密码行。当 TextBox 为空时,验证失败,显示红色的错误信息,如 Email 行。

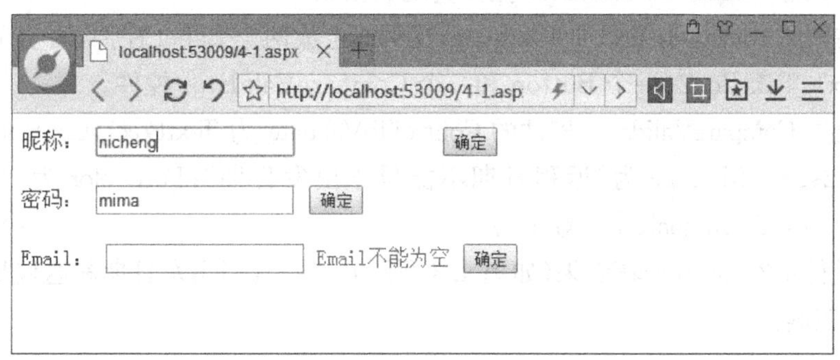

图 4.2 页面 4-1.aspx 的运行效果

除了 RequiredFieldValidator 控件,其他所有的验证控件都会将空白视为正确,即通过验证。因此,RequiredFieldValidator 控件经常与其他验证控件搭配使用。例如在后面的实例 4-3 中,不输入年龄为验证通过,如果要求输入数据不可以为空,则必须再使用一个 RequiredFieldValidator 控件。

4.3 CompareValidator 控件实现数据比较验证

CompareValidator 控件用于比较两个控件的输入是否符合程序设定,将用户输入的数据与常数值、其他输入数据或数据类型比较。控件属性除表 4.2 列出的以外,还有一些属性如表 4.3 所示。

表 4.3　CompareValidator 控件的部分典型属性

属　性	作　用
ControlToCompare	与 CompareValidator 指定的控件输入进行比较的目标控件 ID
ValueToCompare	与 CompareValidator 指定的控件输入进行比较的常数
Operator	CompareValidator、ControlToCompare 进行比较的运算符，有 Equal（相等）、NotEqual（不相等）、GreaterThan（大于）、GreaterThanEqual（大于等于）、LessThan(小于)、LessThanEqual(小于等于)、DataTypeCheck(数据类型检查)，满足条件为验证通过
type	进行比较的类型(String\Integer\Date\Double\Currency)

Operator 属性如果设置为 DataTypeCheck，则 CompareValidator 控件将忽略 ControlToCompare 和 ValueToCompare 属性，并且仅指示验证的输入控件中的值是否可以转换为 BaseCompareValidator. Type 属性指定的数据类型。

4.3.1　CompareValidator 控件实现数据大小比较

CompareValidator 控件可以实现数据大小的比较，下面以实例演示。

【实例 4-2】 CompareValidator 控件实现数据比较。

(1) 在网站 chapter4 中添加 4-2. aspx，在页面上放两个 Label 控件，两个 TextBox 控件 TextBox1、TextBox2、一个 Button 和一个 CompareValidator 控件。

(2) 设置 CompareValidator 控件的 ControlToValidate 为 TextBox1，ControlToCompare 为 TextBox2；ErrorMessage 为“返程日期不能早于出发日期”；ForeColor 为 Red(红色)；Operator 为 LessThanEqual(小于等于)。

(3) 运行 4-2. aspx，查看效果(如图 4.3 所示)。注意，当出发日期和返程日期都不输入时，视为正确。

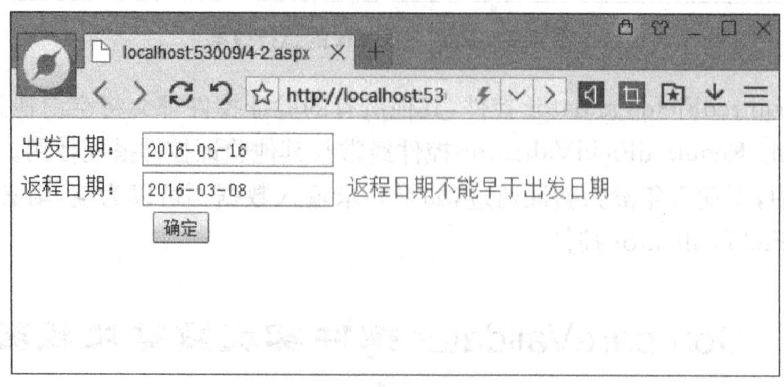

图 4.3　实例 4-2 的运行效果

4.3.2 CompareValidator 控件实现数据类型检查

在实际开发过程中，会经常需要对表单项中的数据类型进行检查。CompareValidator 控件可以实现数据类型检查的功能。

Operator 属性值 DataTypeCheck 即为数据类型检查。如果用户输入数据的类型与 Type 属性值一致，则通过验证，否则显示错误信息。

【实例 4-3】 CompareValidator 控件实现数据类型检查。

(1) 在网站 chapter4 中添加 4-3. aspx，在页面上放一个 Label 控件，一个 TextBox 控件 TextBox1 和一个 CompareValidator 控件。

(2) 设置 CompareValidator 控件的 ControlToValidate 为 TextBox1；ErrorMessage 为"请输入一个整数"；ForeColor 为 Red（红色）；Operator 为 DataTypeCheck；type 为 Integer。

(3) 运行 4-3. aspx，查看效果（如图 4.4 所示）。当输入数据不是 Integer 类型时，显示错误信息。

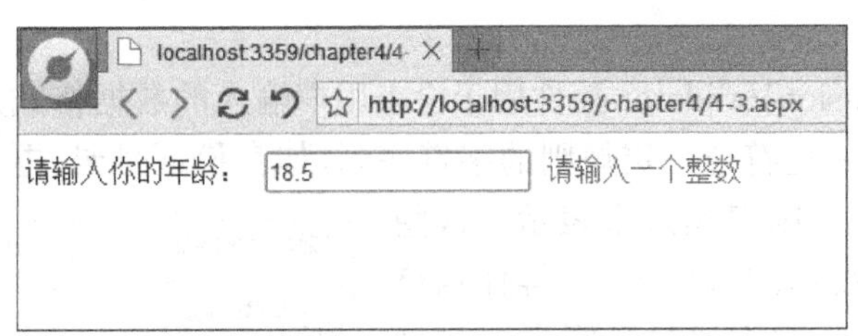

图 4.4 页面 4-3. aspx 的运行效果

4.4 RangeValidator 控件实现输入范围验证

RangeValidator 控件用于检查用户输入的值是否在指定的合法范围内。它的属性除表 4.1 中列出的，还有以下两个属性。

(1) MaximumValue 属性：用来设置范围最大值。

(2) MinimumValue 属性：用来设置范围最小值。

下面用实例演示 RangeValidator 控件实现范围验证的方法。

【实例 4-4】 RangeValidator 控件实现范围验证。

(1) 在网站 chapter4 中添加 4-4. aspx，在页面上放一个 Label 控件，一个 TextBox 控件 TextBox1 和一个 RangeValidator 控件。

(2) 设置 RangeValidator 控件的 ControlToValidate 为 TextBox1，MaximumValue 为 100；MinimumValue 为 0；ErrorMessage 为"请输入 0～100 之间的数字"；ForeColor 为 Red（红色）；type 为 Double。RangeValidator 控件生成的代码如下。

```
<asp:RangeValidator ID="RangeValidator1" runat="server" ControlToValidate=
"TextBox1" ErrorMessage="请输入 0~100 之间的数字" ForeColor="Red" MaximumValue=
```

```
"100" MinimumValue="0" Type="Double"></asp:RangeValidator>
```

(3) 运行 4-4. aspx,查看效果(如图 4.5 所示)。

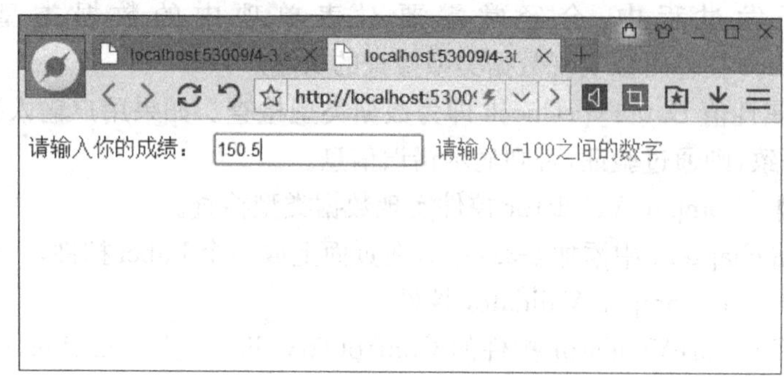

图 4.5 范围验证的运行效果

4.5 RegularExpressionValidator 控件实现模式匹配

RegularExpressionValidator 控件用于检查用户输入的数据格式是否匹配某种特定的模式。可以检查一些符合一定规则的字符序列,如身份证号码、电子邮件地址、邮编、密码等这种模式用正则表达式来表示。这些字符序列是字母、数字、下划线(_)等任意符号的一个集合。这种规则通过正则表达式来实现。

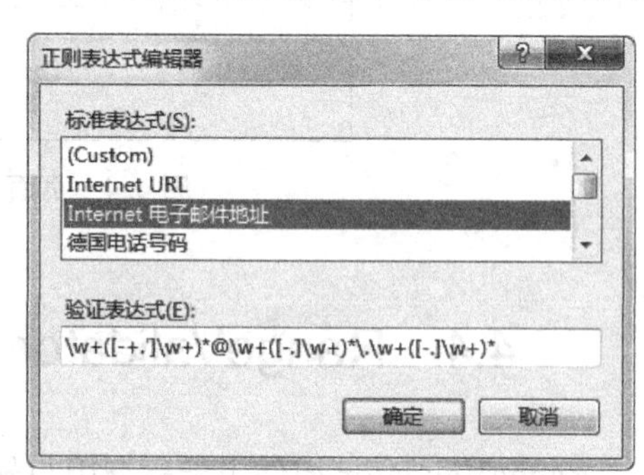

图 4.6 正则表达式编辑器

RegularExpressionValidator 控件的 ValidationExpression 属性用于设置正则表达式,确定验证控件的输入要满足的模式。单击属性右边的省略号按钮时弹出【正则表达式编辑器】(如图 4.6 所示),它提供了一系列常用的正则表达式,可以直接选择,也可以修改后使用,或直接自定义(Custom)正则表达式。

由图 4.6 可以看出,正则表达式由一系列有特殊含义的字符组成,常用符号及含义如表 4.4 所示。

表 4.4 正则表达式的常用符号及含义

符　号	含　义
字母和数字	匹配自身
[……]	匹配括号中的任何一个字符
[^……]	匹配不在括号中的任何一个字符

续表

符　号	含　义
\w	匹配任何一个单词字符(a～z、A～Z、0～9、_(下画线))
\W	匹配任何一个非单词字符
\s	匹配任何一个空白字符,如空格,制表符,换行符等
\S	匹配任何一个非空白字符
\d	匹配任何一个数字(0～9)
\D	匹配任何一个非数字(^(0～9))
[\b]	匹配一个退格键字符
{n,m}	匹配前一项 n～m 次
{n,}	至少匹配前一项 n 次
{n}	恰恰匹配前一项 n 次
?	匹配前面表达式 0 或 1 次,同{0,1}
+	至少匹配前面表达式一次,同{1,},如 a+匹配一个或多个 a
*	至少匹配前面表达式 0 次,{0,},如 a*匹配 0 个或多个 a
|	匹配前面表达式或后面表达式
(…)	在单元中组合项目
^	匹配字符串的开头
$	匹配字符串的结尾
\b	匹配字符边界
\B	匹配非字符边界的某个位置

常用的正则表达式有以下几种。

我国的邮政编码：\d{6}

Internet 电子邮件：\w+([-+.']\w+)*@\w+([-.]\w+)*\.\w+([-.]\w+)*

Internet URL：http(s)?://([\w-]+\.)+[\w-]+(/[\w- ./?%&=]*)?

下面用实例演示 RegularExpressionValidator 控件的使用方法。

【实例 4-5】 RegularExpressionValidator 控件验证 Email 格式的有效性。

(1) 打开网站 chapter4，添加页面 4-5.aspx。向页面中添加一个 Label，一个 TextBox 控件(ID 设为 txtEmail)和一个 RegularExpressionValidator 控件。

(2) 设置 RegularExpressionValidator 控件的 ControlToValidate 属性为 txtEmail；ErrorMessage 为“请输入正确的 Email 地址”；ForeColor 为 Red（红色）；

ValidationExpression 为 Internet 电子邮件。验证控件生成的代码如下。

```
<asp:RegularExpressionValidator ID="RegularExpressionValidator1" runat=
"server" ControlToValidate="txtEmail" EnableTheming="True" ErrorMessage=
"请输入正确的 Email 地址" ForeColor="Red" ValidationExpression="\w+([-+.']\
w+)*@\w+([-.]\w+)*\.\w+([-.]\w+)*"></asp:RegularExpressionValidator>
```

(3) 运行 4-5. aspx，效果如图 4.7 所示。因为“abc@163.”中的“.”后面没有任何字符，匹配不成功，显示 ErrorMessage 设置的验证错误信息。

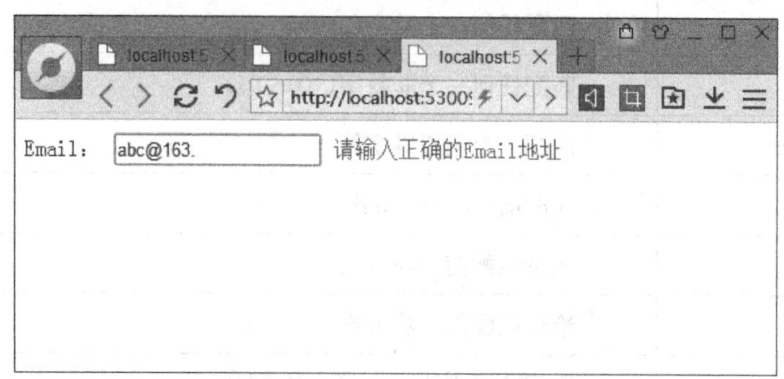

图 4.7 正则表达式验证控件的运行效果

4.6 CustomValidator 控件实现自定义验证

除了使用正则表达式验证控件验证较为复杂的模式外，还可以使用 CustomValidator 控件自定义验证函数功能，实现标准验证控件无法实现的功能。CustomValidator 控件的属性说明如下。

(1) OnServerValidate：指定触发的验证满足的事件。

(2) ValidateEmptyText：被验证控件的文本为空时，是否验证控件。false：文本为空，不显示验证错误信息；true：文本为空，显示验证错误信息。

【实例 4-6】 CustomValidator 控件实现输入不能被 2 或 3 整除的整数。

(1) 打开网站 chapter4，添加 4-6. aspx，添加一个 Label，一个 TextBox 和一个 CustomValidator 控件。

(2) 将 CustomValidator 控件的 ControlToValidate 设置为 TextBox1；ForeColor 为 Red(红色)。

(3) 双击 CustomValidator 控件，添加一个 ServerValidate 事件，并在事件中编写如下代码。

```
protected void CustomValidator1_ServerValidate(object source,
ServerValidateEventArgs args)
{
    int number=int.Parse(args.Value);
    if ((number %2)==0)
```

```
    {
        args.IsValid=false;          //是 2 的倍数的数字,设置验证不通过
        CustomValidator1.ErrorMessage="不能输入 2 的倍数的数字哦";
    }
    else if ((number %3)==0)
    {
        args.IsValid=false;          //是 3 的倍数的数字,设置验证不通过
        CustomValidator1.ErrorMessage="不能输入 3 的倍数的数字哦";
    }
    else
        args.IsValid=true;           //为 true 时不显示错误信息
}
```

上述代码中,args. Value 通过事件参数 args 获取用户输入的值。

(4) 运行 4-6. aspx,效果如图 4. 8 和图 4. 9 所示。当输入 2 的倍数或 3 的倍数的数字时都会提示错误信息。

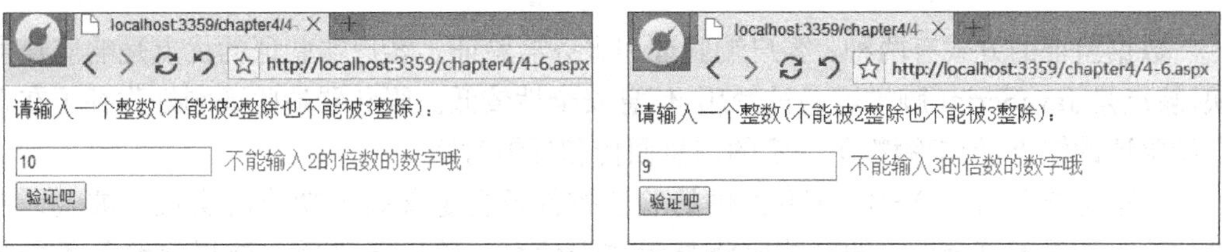

图 4. 8 实例 4-6 的验证错误效果

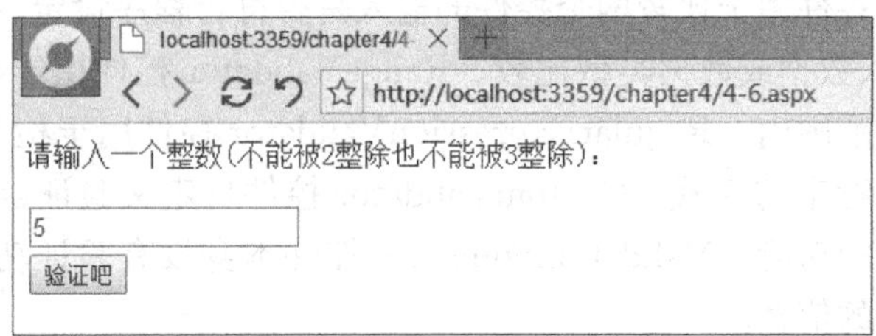

图 4. 9 实例 4-6 验证成功的效果

4.7 ValidationSummary 控件汇总显示页面错误

ValidationSummary 控件本身没有验证功能,仅用于收集并显示所有验证错误的信息(ErrorMessage 的属性值)。属性如下。

(1) DisplayMode: 设置错误信息的显示模式(List/BulletList/SingleParagraph)。

(2) ShowMessageBox: 是否弹出消息框(true/false)。

(3) ShowSummary: 是否显示错误总结(true/false)。

当页面放入 ValidationSummary 控件时,页面出现错误,它也将显示页面上所有的

错误信息，如图 4.10 所示。

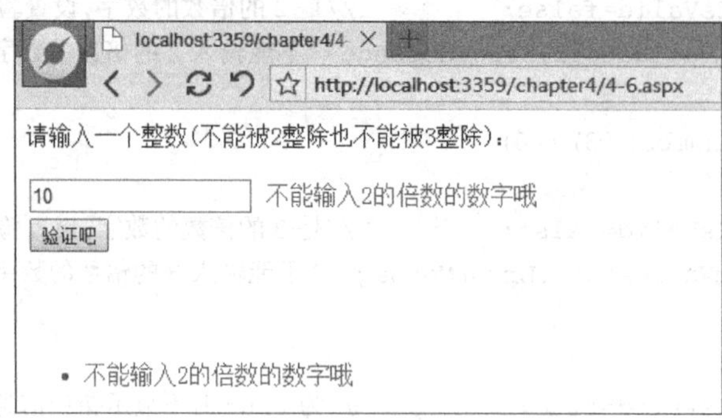

图 4.10　验证汇总控件汇总页面错误

小　　结

数据验证的方式有两种：客户端验证和服务器验证。客户端验证的优点是响应速度快，缺点是 JavaScript 脚本容易被禁用，信息安全性较低。服务器端验证刚好弥补了在客户端验证的缺点，但却牺牲了一定的信息回传和反馈时间。

本章主要介绍了 ASP. NET 提供的验证控件及自定义验证功能的实现。被验证控件的输入如果不符合设定的模式时将显示错误信息。验证通过后才能提交给服务器继续执行。RequiredFieldValidator 控件用于在用户输入时，对必选字段进行验证。CompareValidator 控件用于比较两个控件的输入是否符合程序设定，将用户输入的数据与常数值、其他输入数据或数据类型比较。RangeValidator 控件用于检查用户输入的值是否在指定的合法范围内。RegularExpressionValidator 控件用于检查用户输入的数据格式是否匹配某种特定的模式。CustomValidator 控件自定义验证函数功能，实现标准验证控件无法实现的功能。ValidationSummary 控件本身没有验证功能，仅用于收集并显示所有验证错误的信息。

课后习题

1. 填空题

(1) ASP. NET 提供的验证控件中，________控件本身并不执行数据验证功能。

(2) ________控件可以用来验证年龄是否在 18～60 岁之间。

(3) 将________控件的________属性设为________可以用来检查用户输入的数据是否与________属性设置的数据类型一致。

(4) 验证控件的________属性用来设置是否启用客户端验证。

(5) ValidationSummary 控件的________属性用来设置是否弹出消息框。

2. 判断是非题

(1) 一个输入控件不可以同时被两个验证控件验证。

(2) Page.IsValid 是页面的验证结果，只有页面上的验证结果都通过时，它的值才为 true。

(3) 被验证控件的输入值为空时，所有验证控件都为验证失败。

3. 上机操作题

上机目的：

掌握验证控件的使用机理；

灵活运用验证控件完成常见的验证功能。

上机内容：

完成一个邮箱注册页面的设计和验证功能(如图 4.1 所示)。具体要求如下。

(1) 数据验证功能：空验证、输入一致验证功能(如密码)、电子邮件地址格式、输入长度限制(如 6～16 位字符)。

(2) 尽量使用可选择数据的控件，避免出错。

(3) 事件：选择不同的省份时，显示不同的省所属的市，区。

事件：选择不同的月份时显示不同的可选日期，如 1 月可选日为 1—31 日，2 月根据是否闰年可选 1—29 或 1—28，4 月可选日为 1—30 日。

事件：单击【确定】按钮时，执行验证，验证通过即显示用户输入的所有数据。

第5章 chapter 5

ASP. NET 状态对象

在 Web 开发中，浏览器和服务器之间的数据都是用 HTTP 来传输的。但 HTTP 是一个无状态的通信协议，不会保留数据的状态和信息，每次浏览器和服务器之间的连接都是暂时的。然而，有些状态是需要保留的。为了解决上述问题，ASP. NET 提供了 4 个状态管理对象来实现状态管理功能。这 4 个对象分别是 Cookie、Session、Application、ViewState。

本章学习目标：

- 了解什么是状态管理；
- 掌握 Cookie、Session、Application 对象的基本使用方法。

5.1 认识状态管理

当提交网页后输入的数据有时候还在，有时候已经清空。这些保留的输入数据就是已经进行了状态管理，保存了用户填写的数据。状态管理是在同一页或不同页的多个请求发生时，维护状态和页面信息的过程。

ASP. NET 提供了状态管理的 4 个状态对象，来管理网站的会话状态、应用程序状态、视图状态。

(1) 应用程序状态(Application)：用于保存整个应用程序的状态，状态存储在服务器端。

(2) 会话状态(Session)：用于保存单一用户的状态，状态存储在服务器端。

(3) Cookie 状态：用于保存单一用户的状态，状态存储在浏览器端。

(4) 视图状态(ViewState)：保存本窗体页的状态。用于在请求和返回之间保留页和控件属性值的默认方法。ViewState 提供一个字典对象，用于在多个请求之间保留值。

5.2 Cookie 状态

1. 什么是 Cookie

Cookie 是一小段被加密的文本信息，保存在客户端。Cookie 一般用来保存少量的数据。伴随着用户请求和页面在 Web 服务器和浏览器之间传递。用户每次访问站点时，Web 应用程序都可以读取 Cookie 包含的信息。Cookie 是与 Web 站点而不是与具体页面关联的。Cookie 能够帮助 Web 站点保存有关访问者的信息。

Cookie 保存在客户端机器上，Windows 7 操作系统默认地址是：[系统盘]:\Users\[登录用户名]\AppData\Local\Microsoft\Windows\Temporary Internet Files\。不同的操作系统的路径稍有不同，可以打开 IE 浏览器，选择【工具】菜单→【Internet 选项】，在弹出的对话框中，单击【常规】选项卡中的浏览历史的【设置】按钮，即可打开如图 5.1 所示的对话框，显示 Cookie 保存的路径。再单击【查看文件】按钮，可以打开文件夹，看到里面已经保存的 Cookie 文件(如图 5.2 所示)。

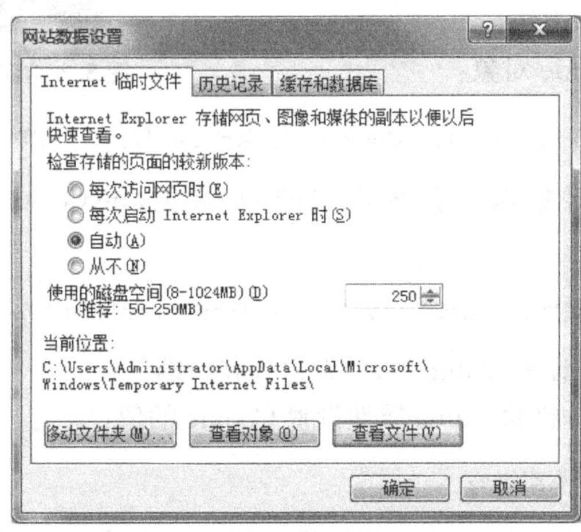

图 5.1 【网站数据设置】对话框

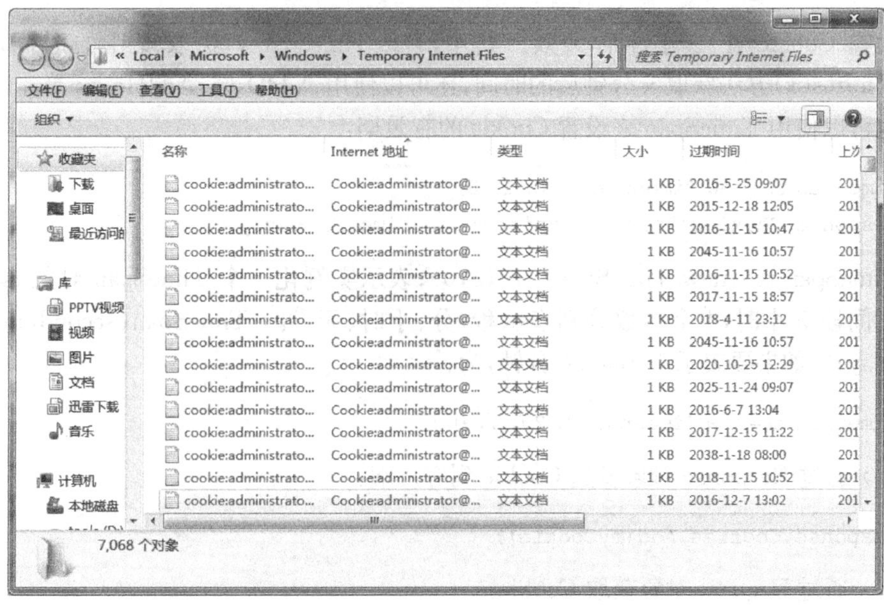

图 5.2 Cookie 文件的保存路径

网站可以将识别客户的信息保存在浏览器端，以备客户下次登录时使用。如图5.3所示，在登录邮箱时，如果勾选了【十天内免登录】复选框，就将登录信息保存在本地的Cookie中了。用户名和密码保存后，下次再打开这个邮箱网站输入用户名后，密码会自动出现，减少了用户的重复操作。

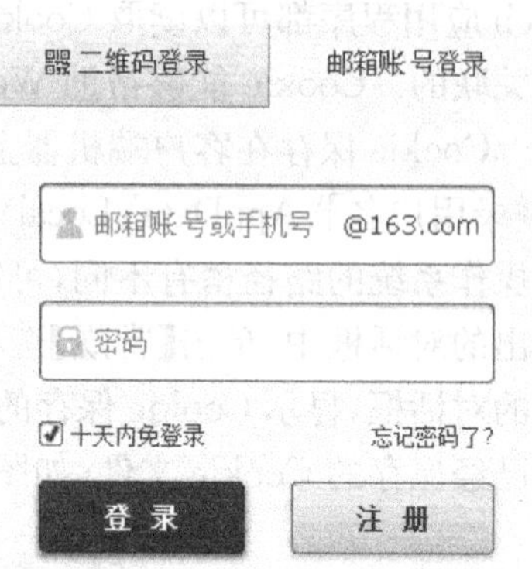

图5.3 邮箱登录中的免登录功能

2. Cookie对象的使用

Cookie对象是HttpCookie类的一个实例，其包含设置、修改和创建Cookie的一系列方法和属性。下面介绍它的常用属性和方法。

(1) 创建一个Cookie对象：

```
HttpCookie myCookie=new HttpCookie("userName");      //对象的实例化
```

其中，user是Cookie对象保存在客户端的name值，myCookie是编程时用的对象名。或

```
Response.Cookies["userName"].Value=RadioButtonList1.SelectedItem.Text;
```

创建Cookie对象，设置Value值，并发送到客户端。

(2) 使用Cookie对象的Value属性设置Cookie的值：

```
myCookie.Value="小甜饼";
```

(3) 使用Cookie对象的Expires属性设置Cookie的有效时间：

```
myCookie.Expires=DateTime.Now.AddMinutes(1);
```

设置Cookie在一分钟后失效。其中，DateTime.Now获取现在的时间，它的AddMinutes(x)方法获取x分钟后的时间，还可以使用AddDays、AddHours等。

也可以使用TimeSpan来设置Cookie的有效期：

```
TimeSpan ts=new TimeSpan(0, 0, 5, 0);
Response.Cookies["name"].Expires=DateTime.Now+ts;
```

TimeSpan ts=new TimeSpan(0,0,5,0);表示实例化一个TimeSpan对象ts，代表一个时间段5小时，4个参数分别表示秒、分、小时、天，即：TimeSpan(second,minute,hour,day)。如果要表示1小时20分钟，为：

```
TimeSpan ts=new TimeSpan(0, 20, 1, 0);
```

(4) 通过Response对象发送Cookie到客户端：

```
Response.Cookies.Add(myCookie);
```

(5) 通过Request对象获取Cookie：

```
string myCook=Request.Cookies["userName "].Value;
```

获取名为 userName 的 Cookie。

使用 Request. Cookies. AllKeys 将获取客户端所有的 Cookie。

下面通过一个实例来演示用 Cookie 保存投票信息的功能。

【实例 5-1】 用 Cookie 保存投票信息的功能。

(1) 新建一个空网站 chapter5,添加一个页面 5-1. aspx。设计如图 5.4 所示,从【工具箱】拖放一个 RadioButtonList 控件、两个 Button 和两个 Label 控件。通过 RadioButtonList 控件的【编辑项】窗口添加可供投票的歌手名称。修改 Button 控件的 Text 属性分别为"投票"和"查看我的投票"。Label 的 Text 值设为空。

(2) 双击【投票】按钮,在 Click 事件中填写保存 Cookie 的代码如下。

```
protected void Button1_Click(object sender, EventArgs e)
{
    if (Request.Cookies["no"]==null)
    {
        Label1.Text="您的投票已经收到,谢谢参与!";
        //方式 1
        HttpCookie myCookie=new HttpCookie("no");  //实例化 myCookie 对象
        myCookie.Value=RadioButtonList1.SelectedValue;
        myCookie.Expires=DateTime.Now.AddDays(1); //设置一天后过期
        Response.Cookies.Add(myCookie);            //投票结果发送到浏览器
        //方式 2
        Response.Cookies["name"].Value=RadioButtonList1.SelectedItem.Text;
        TimeSpan ts=new TimeSpan(0, 0, 0, 1);       //设置 Cookie 的过期时间
        Response.Cookies["name"].Expires=DateTime.Now+ts;
    }
    else
        Label1.Text="对不起,您已经投过票了";
}
```

在代码中使用了两种方式分别创建了两个 Cookie 对象 no 和 name,并分别使用了 AddDays 方法和 TimeSpan 对象设置了 Cookie 对象的有效期。

(3) 双击【查看我的投票】按钮,在 Click 事件中,填写以下代码。

```
protected void Button2_Click(object sender, EventArgs e)
{
    Label1.Text="";
    //遍历浏览器端的所有 Cookie
    foreach(string strKey in Request.Cookies.AllKeys)
    {
        if (strKey=="no")
            Label1.Text +="你投的是: "+Request.Cookies[strKey].Value+"号";
        if (strKey=="name")
            Label1.Text +=Request.Cookies[strKey].Value;
    }
}
```

(4) 运行5-1.aspx，效果如图5.4～图5.6所示。

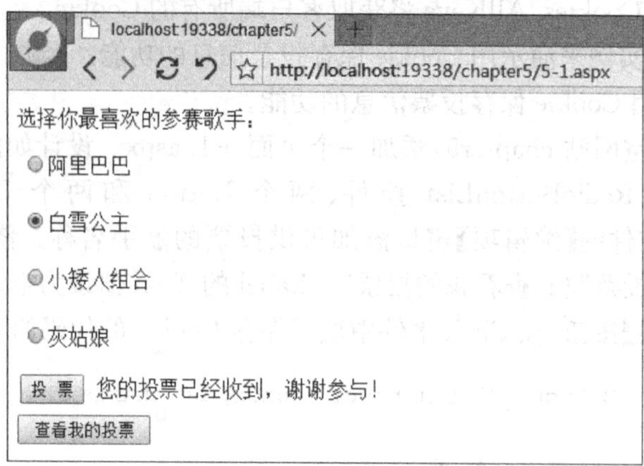

图5.4　投票成功的效果

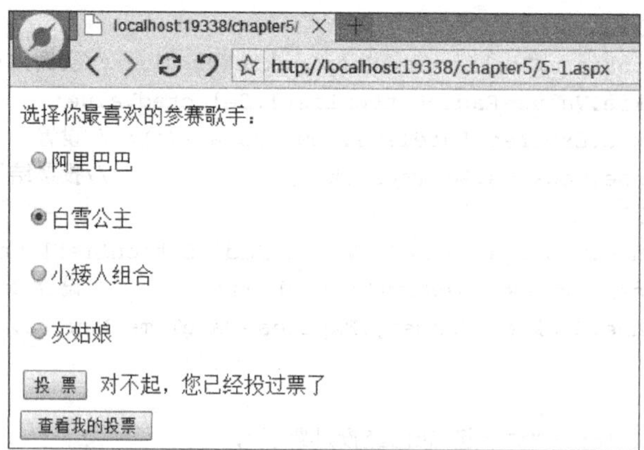

图5.5　投票失败的效果

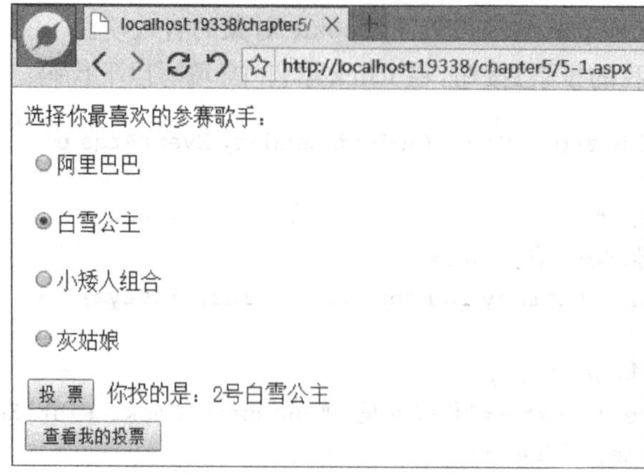

图5.6　查看投票信息的效果

注意：在本例中，可以将有效时间改为一分钟，一分钟后 Cookie 失效后可以继续投票。方便调试程序及体验重复投票。

5.3 会话状态

Session 是 Web 技术中很常用的一种状态管理。Session 对象存储特定(单个)用户会话所需的信息。它存在于一个会话中，会话结束后，Session 就失去了作用。与 Cookie 不同的是它将信息保存在服务器端，比 Cookie 安全；而且在使用时也不需要实例化。相同的是它们都是保存单个用户的状态。Session 的常用属性和方法如表 5.1 所示。

表 5.1　Session 对象的属性和方法

类别	名　称	作　用
属性	SessionId	用户登录时，自动分配，唯一
	["****"]	自定义属性，可存储任何数据类型
	TimeOut	设置 Session 的失效时间
	Count	获取会话状态集合中的项数
	Mode	获取当前会话状态的模式
	Keys	获取存储在会话中的所有值的键的集合
方法	Abandon()	显式地结束一个会话
	Add	将新的项添加到会话状态中
	Clear	清除会话状态中的所有值
	Remove	删除会话状态集合中的项

每个用户访问服务器时都必须为其维护一个会话状态。SessionID 是 ASP. NET 为每个新用户创建的一个唯一的 120 位标识符。

可以在 Session 中存储会话特定的值或对象，该状态对象由服务器进行管理，并可用于浏览器或客户端设备。一般地，在 Session 中保存短期的、敏感的数据。为避免影响服务器的性能，它不适宜存放大量的数据。

1. 启动会话状态

应用程序状态在网站中总是可用的，而会话状态需要先启动。只是在机器配置文件 Machine. config 中已经设置为启动会话状态。但仍然可以在 Web. config 和页面中启动或禁止 Session。在 Page 指令中添加启动会话状态的属性 EnableSessionState：EnableSessionState＝True/false。

在 Web. config 的＜system. web＞节中可以添加＜sessionState＞，表示 Session 的配置，代码如下。

```
<system.web>
```

```
<sessionState mode="InProc"
        timeout="1"
        cookieless="true"
        regenerateExpiredSessionId="true">
    </sessionState>
</system.web>
```

上面代码中各个参数的含义如下。

(1) mode：会话状态的存储方式。包括 5 种值：Customer、InProc、Off、SQLServer 和 StateServer。

(2) cookieless：指定是否需要 Cookie 的支持。

(3) timeout：指定会话的有效时间(min)。

(4) regenerateExpiredSessionId：当客户端指定了过期的会话 ID 时，设置是否重新发出会话 ID。

2. 创建和获取会话状态

创建会话的方法采用键-值对的方式：

```
Session["userName"]="myUserName";
```

创建一个 Session 对象 userName，并保存字符串 myUserName。

获取已经存在的 Session 对象的方法：

```
string str=(string)Session["userName"];
```

获取 userName 的值，并保存到 str 变量中。

3. 管理会话

会话对象的有效时间默认是 20min，可以通过 TimeOut 属性设置会话对象的有效时间：

```
Session.TimeOut=12;          //有效时间为 12min
```

当会话状态较多或不再使用时可以清除所有会话状态：

```
Session.Clear();
```

也可以只删除某个会话：

```
Session.Remove("userName");
```

下面通过一个实例来演示 Session 的用法。

【实例 5-2】 设计邮箱登录界面，具体要求如下。

(1) 当单击【登录】按钮时判断用户输入的地址和密码是否正确(假设用户名为 12345@163.com、密码是 67890)。

(2) 若输入正确，则登录成功，进入主页面，并显示登录邮箱的名字；若不正确，显示登录失败。

操作步骤如下。

(1) 打开网站 chapter5，添加页面 5-2-login. aspx 和 5-2-index. aspx。页面 5-2-login. aspx 的设计如图 5.7 所示。通过【表】菜单→【插入表】插入一个 5 行 2 列的 Table，并在 Table 中放入 Label、TextBox 和 Button 控件，修改其 Text 属性。5-2-index. aspx 中仅放置一个 Label。

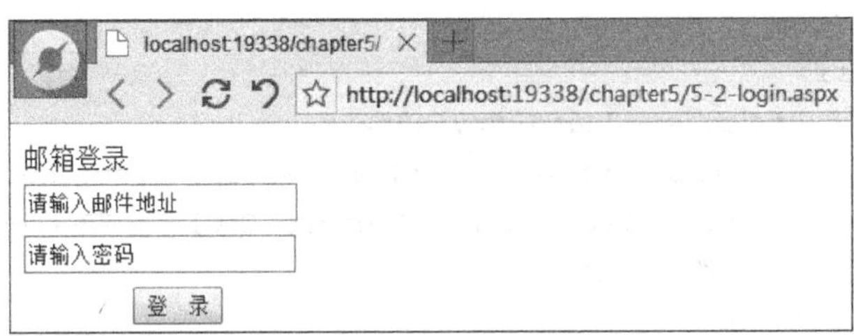

图 5.7　5-2-login. aspx 的初始界面

生成的代码如下。

```
<head runat="server">
<meta http-equiv="Content-Type" content="text/html; charset=utf-8"/>
    <title></title>
    <style type="text/css">
        .auto-style1 {
            width: 100%;
        }
        .auto-style3 {
        }
    </style>
</head>
<body>
    <form id="form2" runat="server">
    <div>
        <table class="auto-style1">
            <tr>
                <td class="auto-style2" colspan="2"><asp:Label ID="Label1"
                runat="server" Text="邮箱登录"></asp:Label>
                </td>
            </tr>
            <tr>
                <td class="auto-style3">
                    <asp:TextBox ID="TextBox1" runat="server" Width="161px">
                    请输入邮件地址</asp:TextBox>
                </td>
                <td> </td>
```

```
            </tr>
            <tr>
                <td class="auto-style3">
                    <asp:TextBox ID="TextBox2" runat="server" Width="160px">
                    请输入密码</asp:TextBox>
                </td>
                <td> </td>
            </tr>
            <tr>
                <td class="auto-style3">
                            <asp:Button
                    ID="Button1" runat="server" OnClick="Button1_Click" Text=
                    "登    录" />
                </td>
                <td> </td>
            </tr>
            <tr>
                <td class="auto-style3" colspan="2">
                    <asp:Label ID="Label2" runat="server"></asp:Label>
                </td>
            </tr>
        </table>
    </div>
    </form>
</body>
</html>
```

通过设计会在代码中自动添加样式，使用 class 指定，如<table class="auto-style1">指定 table 的样式采用 auto-style1 中的定义。

(2) 在 5-2-login. aspx 页面的【登录】按钮的 Click 事件中，填写代码如下。

```
protected void Button1_Click(object sender, EventArgs e)
{
    if (TextBox1.Text=="12345@163.com" && TextBox2.Text=="67890")
    {
        Label2.ForeColor=System.Drawing.Color.Black;  //设置字体为黑色
        Label2.Text="";                               //清空 Label2
        Session["pass"]="right";                      //标记登录成功
        Session["userName"]=TextBox1.Text;            //保存登录的用户名
        Response.Redirect("5-2-index.aspx");
    }
    else
    {
        Session["pass"]=null;                         //标记未登录状态
        Label2.ForeColor=System.Drawing.Color.Red;    //设置字体颜色为红色
```

```
        Label2.Text="用户名或密码错误,请重新登录.";
    }
}
```

(3) 在 5-2-index. aspx 页面的 Page_Load 事件中,填写代码如下。

```
protected void Page_Load(object sender, EventArgs e)
{
    if (Session["pass"]==null)                          //判断登录状态
    {
        Response.Redirect("5-2-login.aspx");
    }
    else
    {
        Label1.Text="欢迎" +Session["userName"].ToString();    //获取登录的用户名
    }
}
```

(4) 运行 5-2-login. aspx,效果如图 5.7 所示,如果输入正确的用户名和密码则跳转到 5-2-index. aspx(如图 5.8 所示)。如果输入错误将显示错误性信息(如图 5.9 所示)。如果直接运行 5-2-index. aspx 页面,将直接重定向到 5-2-login. aspx(如图 5.7 所示)。

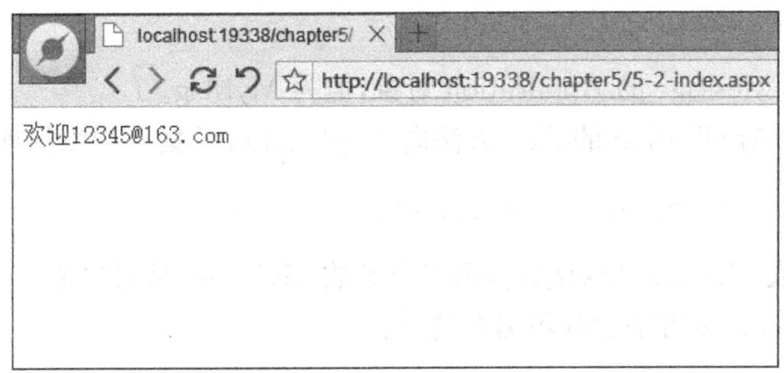

图 5.8 登录成功的效果

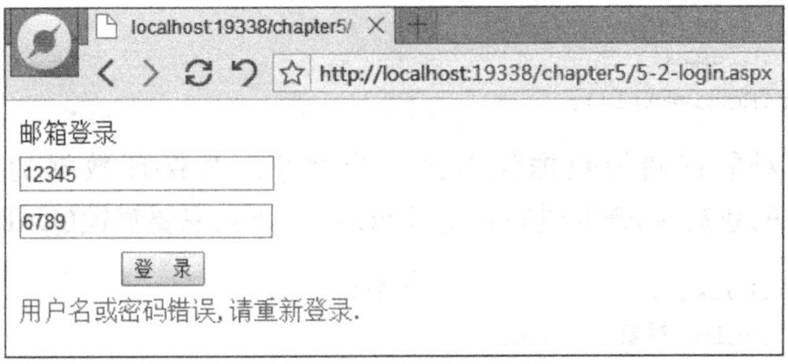

图 5.9 登录失败的效果

从实例 5-2 可以看出,Session 对象保存了登录用户名,在其他页面可以获取 Session 对象的值,也可以起到页面间传递数据的作用。比使用 URL 传参的安全性高,而且多个页面都可以获取。代码 if(Session["pass"]==null)还起到保护页面的作用,未登录用户无法访问被保护的页面。

5.4 应用程序状态

1. 什么是 Application 对象

Application 对象是 System. Web. HttpApplicationState 类的一个实例。Application 对象用于保存整个应用程序的状态,功能类似于配置文件 Web. config。但在 Web . config 中的值基本上都是固定不变的,Application 存储的都是易变的全局型变量。

Application 用于存放应用程序中多个用户共享的信息,保存在服务器上。在整个应用程序范围内都可以访问 Application 对象。

当客户第一次访问某虚拟目录的资源时被创建,退出应用程序或关闭服务器时被撤销。

2. Application 对象的使用方法

使用"键-值"对的方式创建 Application 对象,如:

```
Application["Message"]="MyMsg";
```

创建了一个 Message 的 Application 对象,值为 MyMsg。

也可以利用 Application 的 Add 方法向 Application 的集合中添加项:

```
Application.Add("Message","MyValue");
```

其中,第一个参数 Message 是对象名,第二个参数 MyValue 是对象值。

可以利用 Remove 方法删除不需要的项:

```
Application.Remove("Message");
```

使用 Clear 方法或 RemoveAll()都可以清除 Application 集合中的内容:

```
Application.Clear();
Application.RemoveAll();
```

Application 对象存储的数据供多个用户共享。为保证数据的正确性,当修改 Application 对象的数据时,需要进行锁定(Lock()),访问完要解锁(UnLock())。如:

```
Application.Lock();                    //锁定
//修改 Application 对象 counter
Application["counter"]=(int)Application["counter"]+1;
Application.UnLock();                  //解锁
```

下面通过实例演示用 Application 对象实现动态在线人数统计,需要结合 Session 对象、站点配置文件 Web. config、全局配置文件 Global. ascx 文件一起完成。在 1.4.1 节中已经介绍过 Global. asax 文件的基本特点。Global. ascx 文件默认已经包含如下代码。

```
<%@Application Language="C#" %>
<script runat="server">
    void Application_Start(object sender, EventArgs e)
    {
        //在应用程序启动时运行的代码


    }
    void Application_End(object sender, EventArgs e)
    {
        //在应用程序关闭时运行的代码
    }
    void Application_Error(object sender, EventArgs e)
    {
        //在出现未处理的错误时运行的代码
    }
    void Session_Start(object sender, EventArgs e)
    {
        //在新会话启动时运行的代码
    }
    void Session_End(object sender, EventArgs e)
    {
        //在会话结束时运行的代码。
        //注意：只有在 Web.config 文件中的 sessionstate 模式设置为
        //InProc 时，才会引发 Session_End 事件。如果会话模式设置为 StateServer
        //或 SQLServer，则不引发该事件。
    }
</script>
```

代码第一行为页面指令行，表示这是一个应用程序全局类文件，使用 C# 代码。第二行代码表明这是一段运行在服务器上(runat="server")的脚本。它包含 5 个事件：Application_Start、Application_End、Application_Error、Session_Start、Session_End。在应用程序启动时自动运行 Application_Start 中的代码；在应用程序关闭时自动运行 Application_End 的代码；在出现未处理的错误时自动运行 Application_Error 的代码；在新会话启动时自动运行 Session_Start 的代码；在会话结束时自动运行 Session_End 的代码。只有在 Web. config 文件中的 sessionstate 的模式(mode)设置为 InProc 时，才会引发 Session_End 事件。

【实例 5-3】 用 Application 对象实现动态在线人数统计。

(1) 打开网站 chapter5，右击网站根目录→【添加】→【添加新项】→添加 5-3. aspx 和 Global. ascx(如图 5. 10 所示)。

(2) 在 Global. ascx 中添加以下相关代码。

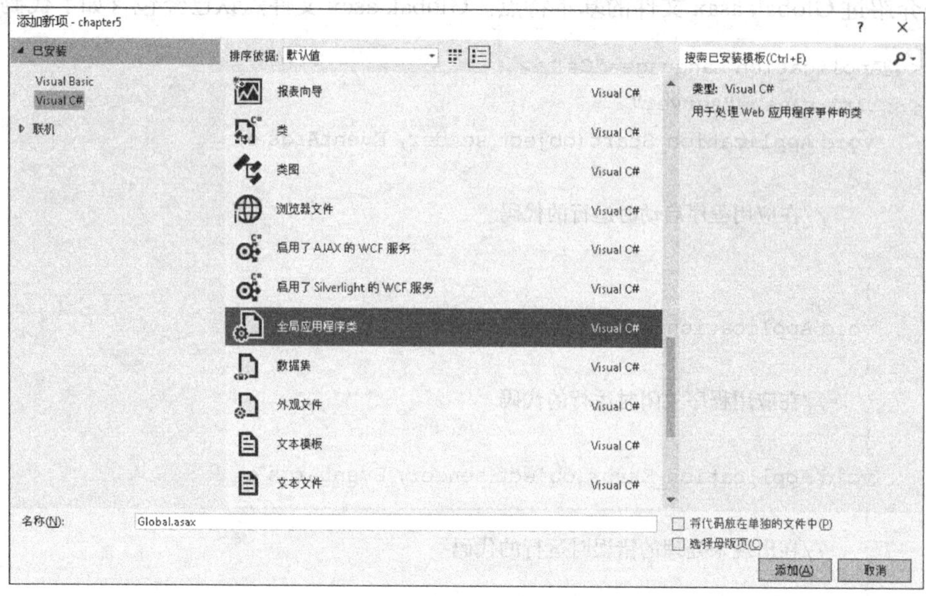

图 5.10　添加 Global.ascx

```
<%@Application Language="C#" %>
<script runat="server">
    void Application_Start(object sender, EventArgs e)
    {
        //在应用程序启动时运行的代码
        //定义 Application 对象 userCount,并初始化为 0
        Application["userCount"]=0;
    }

    void Application_End(object sender, EventArgs e)
    {
        //在应用程序关闭时运行的代码
    }

    void Application_Error(object sender, EventArgs e)
    {
        //在出现未处理的错误时运行的代码
    }

    void Session_Start(object sender, EventArgs e)
    {
        //在新会话启动时运行的代码
        Application.Lock();                    //锁定
        //修改在线人数 userCount 的值
        Application["userCount"]=(int)Application["userCount"]+1;
```

```
        Application.UnLock();              //解锁
    }

    void Session_End(object sender, EventArgs e)
    {
        //在会话结束时运行的代码。
        //注意：只有在 Web.config 文件中的 sessionstate 模式设置为
        //InProc 时,才会引发 Session_End 事件。如果会话模式设置为 StateServer
        //或 SQLServer,则不引发该事件。

        Application.Lock();                //锁定
        //修改在线人数 userCount 的值
        Application["userCount"]=(int)Application["userCount"]-1;
        Application.UnLock();              //解锁
    }
</script>
```

(3) 在 Web. config 的<system. web>节中添加以下代码。

```
<sessionState mode="InProc" timeout="1" cookieless="false"></sessionState>
```

(4) 在 5-3. aspx 页面中添加一个 Label1,在 5-3. aspx. cs 文件中编写如下代码,用于显示在线人数。

```
protected void Page_Load(object sender, EventArgs e)
{
    Label1.Text="当前在线人数："+Application["userCount"].ToString();
}
```

(5) 运行 5-3. aspx,效果如图 5. 11 所示,当多次运行程序时,人数将增加。

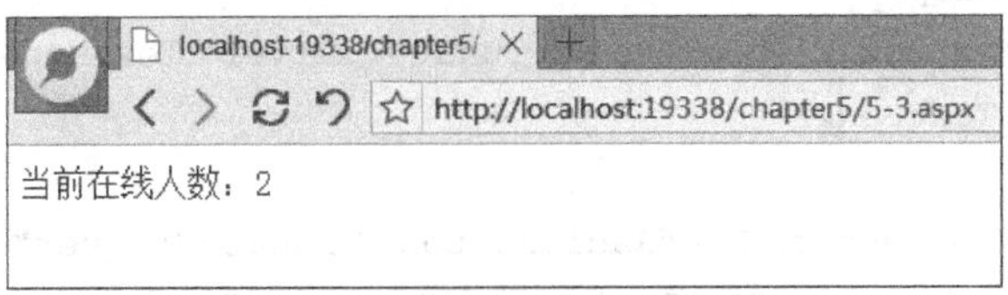

图 5. 11　当前在线人数的效果

5.5 视图状态

视图状态是本窗体的状态,与其他窗体无关。保持视图状态就是在反复访问本窗体页的情况下,能够保持状态的连续性。服务器处理完事件后通常再次返回到本窗体以便继续后续的操作。HTML 控件不保存视图状态。在默认情况下几乎所有服务器控件都具有保持视图状态的功能,但密码框不保持状态。视图状态只能在本网页与服务器的往返中保持，而不能在不同网页之间传递。它可能存在的问题是：数据量很大时，延长网页往返时需要的时间；会有潜在的安全问题，数据有可能被篡改。

现在用一个实例来说明。如图 5.12 所示，在页面中放三个 HTML 控件：一个 Input(Text)，一个 Input(Password)控件和一个 Input(Submit)控件，再放入 4 个.NET 标准控件。生成的代码如下。

```
<%@Page Language="C#" AutoEventWireup="true" CodeFile="5-4.aspx.cs"
Inherits="_5_4" %>
<!DOCTYPE html>
<html xmlns="http://www.w3.org/1999/xhtml">
<head runat="server">
<meta http-equiv="Content-Type" content="text/html; charset=utf-8"/>
    <title></title>
</head>
<body>
    <form id="form1" runat="server">
    <div>
        <strong>HTML 控件: </strong><br />
        用户名: <input id="Text1" type="text" /><br />
        密码:  
        <input id="Password1" type="password" /><br />
                 
        <input id="Submit1" type="submit" value="submit" /><br />
        <br />
        <strong>标准控件: </strong><br />
        用户名: <asp:TextBox ID="TextBox1" runat="server"></asp:TextBox>
        <br />
        密码:  
        <asp:TextBox ID="TextBox2" runat="server" TextMode="Password">
        </asp:TextBox>
        <br />
        <asp:RadioButton ID="RadioButton1" runat="server" Text="管理员" />
        <asp:RadioButton ID="RadioButton2" runat="server" Text="普通会员" />
        <br />
        <br />
                  
        <asp:Button ID="Button1" runat="server" Text="确定" />
    </div>
    </form>
</body>
</html>
```

首先都输入内容或选中的情况(如图 5.12 所示)，单击 submit 按钮或【确定】按钮，HTML 控件中的内容将清空，而.NET 标准控件中的内容依然还在，保持了提交前的窗体状态(如图 5.13 所示)。

图 5.12　提交前

图 5.13　提交后

为什么.NET 标准控件可以保持视图状态呢? 实际上是使用一种隐藏(type=hidden)的控件保存了控件中的数据。在浏览器页面空白处右击,在弹出的快捷菜单中选择【查看源文件】,在页面生成的 HTML 代码中已经自动添加了如下代码。

```
<div class="aspNetHidden">
<input type="hidden" name="__VIEWSTATE" id="__VIEWSTATE " value="DwWsopFFGkHg
DlCzgLoomd3VOfz//3RvpwgH0ztkIxSKoPjFOjKIybQPCkrQ9yfE8oHRsCmdkjsuBLY3dnUmPwJ
3HujLwyeIlvQ9HdsH+FsM81yKaYJZne/8v0n/K+qbn+lrXdl1szsF4k7ed20f94x+1VfCGUY8ZE
dOGYVXF4uLZA7avfggZuDYJybJFJXg" />
</div>

<div class="aspNetHidden">
    <input type="hidden" name="__VIEWSTATEGENERATOR" id="__VIEWSTATEGENERATOR"
    value="DF6BF993" />
    <input type="hidden" name="__EVENTVALIDATION" id="__EVENTVALIDATION"
    value="wEeD2fiZ4iAPilKH+xcxwbw0evwrqETzDnU21+mVOw7EPrl+Bw6PQsE2S18
    PVyxxwnzN4odhW532LbZtCi0Y9wXqGhjNdmI/5BH3qH12WtCkoUOXIc/nu9FQZIM7wp
    bJe1Yt+dhSsZiFAaeYHz03YldS8rVxPNuvHIXSf/AnjIRu2SEdUGLL6XOxBYnpnWYlE
    LSVYPlF9Mvk9Ulpwp0h3g==" />
</div>
```

说明在网页中已经自动增加了隐藏控件,value 属性就是窗体页中控件以及控件的数据。为了安全,这些数据经过哈希函数加密,无法直接识别。当网页提交时,浏览器端将当前网页中的各种状态保留到这个字段中,当网页再次返回到本窗体时,再自动把这些状态反馈给窗体页,就恢复了窗体页中各控件的状态。隐藏控件是不显示的,不会改变界面的布局。

小　　结

HTTP是一种不保持状态的通信协议。ASP.NET提供了4个状态管理对象来实现状态管理功能。这4个对象分别是Cookie、Session、Application、ViewState。Cookie是一小段被加密的文本信息，保存在客户端，为保护隐私，很多用户会在浏览器中禁用Cookie。Session对象存储特定(单个)用户会话所需的信息，保存在服务器端。使用Session可以在页面之间传递参数，也可以起到保护页面的作用。应用程序状态(Application)用于保存整个网站共享的数据，可以用于统计网站的在线人数。视图状态(ViewState)是保持本窗体的状态。

课后习题

1. 填空题

(1) ________是在同一页或不同页的多个请求发生时，维护状态和页面信息的过程。

(2) ASP.NET提供了4个状态管理对象：________、________、________、________。

(3) Session和Cookie都是用来保存单个客户数据的，分别保存在________和________。

(4) 要保存整个应用程序的状态数据，可以用________对象。

(5) ________是ASP.NET为每个新用户创建的一个唯一的120位标识符。

2. 选择题

(1) Cookie对象是(　　)类的一个实例。

A. HttpCookie　B. Cookie　C. Http　D. System

(2) Session会话的属性TimeOut默认是(　　)。

A. 10min　B. 20min　C. 30min　D. 60min

(3) 下面说法不正确的是(　　)。

A. HTML控件可以保存视图状态

B. Cookie是一小段被加密的文本信息，保存在客户端

C. SessionID是ASP.NET为每个新用户创建的一个唯一的120位标识符

D. Application用于存放应用程序中多个用户共享的信息

(4) 在Web.config文件中的sessionstate的模式(mode)设置为(　　)时，才会引发Session_End事件。

A. StateServer　B. SQLServer　C. InProc　D. Cookie

3. 简答题

简述Session和Cookie的异同。

4. 上机操作题

上机目的：

理解 ASP. NET 状态管理的意义；

能够运用 ASP. NET 状态的状态对象保存客户状态数据和全局变量数据。

上机内容：

除满足实例 5-2 的要求外，还要求：

(1) 密码框隐藏用户输入。

(2) 用户名或密码为空时，提示不能为空的信息。

(3) 当用户输入正确的地址和密码且选择【十天内免登录】复选框时，用 Cookie 保存邮件地址和密码，实现 10 天内免登录(如图 5.14 所示)。

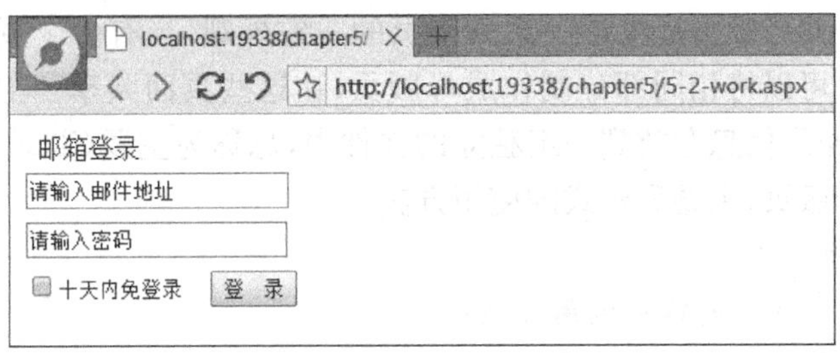

图 5.14 邮箱登录作业效果

第6章 chapter 6

用户控件、母版页和主题

网站包含多个相似外观或功能的网页，用户控件可以实现控件的组合完成一定的功能，以重复使用。而母版页提供了一系列网页的一致外观，当有多个页面拥有相同的结构和显示内容时，可以将相同部分制作成母版页，让这些页面共享。主题和皮肤使开发者能够把样式和布局信息存放到一组独立的文件中，总称为主题(Theme)。本章将主要介绍用户控件、母版页、主题和样式的使用方法。

本章学习目标：

- 掌握用户控件的创建和调用方法；
- 掌握母版页的创建和引用方法；
- 理解主题的作用和使用方法；
- 能够为网页应用样式。

6.1 用户控件

当ASP.NET Web服务器控件没有提供需要的功能时，或者在多个页面中需要实现相同的功能块时，就可以使用用户控件了。像普通Web控件一样，用户控件可以重复使用，可以减少重复代码的编写，提高开发效率。

用户控件的扩展名是.ascx，在结构上与aspx页面相似，功能却与普通Web控件相似。用户控件的功能类似于控件，只能嵌入到aspx页面中或其他用户控件中使用，不能单独作为网页使用。也就是说，它不能像网页一样单独运行，必须嵌套在一个网页中才能显示。

6.1.1 用户控件的创建和调用

创建用户控件的方法和创建Web窗体的方法类似，具体步骤如下。

(1) 在【解决方案资源管理器】中，选择要保存用户控件的目录右击→【添加】→【添加新项】→弹出【添加新项】对话框→选择【Web 用户控件】，并重命名，这里是userControl1，后缀必须为ascx(如图6.1所示)。

(2) 单击【添加】按钮，即可添加一个Web用户控件。它的HTML视图中有如下

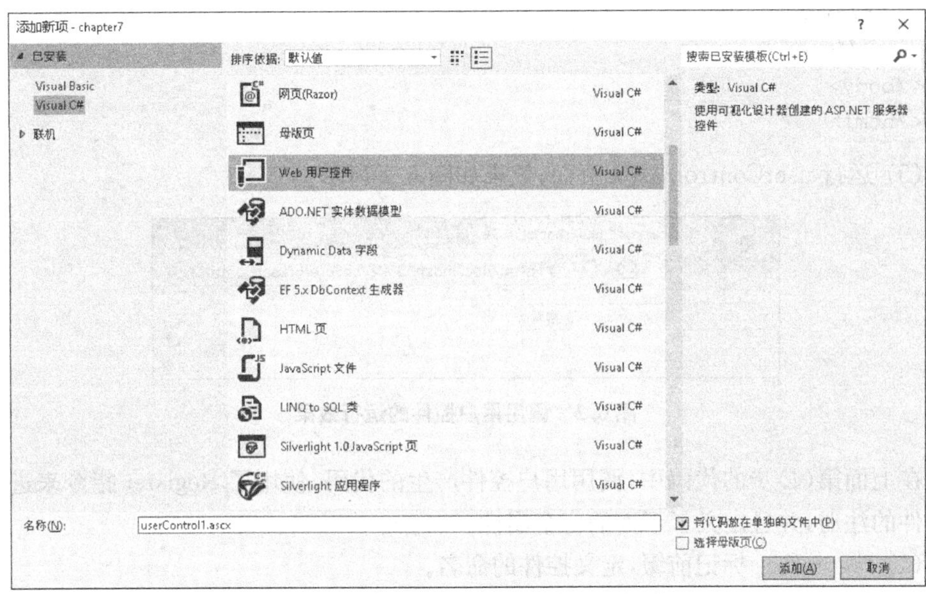

图 6.1 添加新项

代码。

```
<%@Control Language="C#" AutoEventWireup="true" CodeFile="userControl1.
ascx.cs" Inherits="userControl1" %>
```

命令指示符@Control 表明这是一个控件,其他属性均与 Web 窗体中一样。

(3) 打开刚刚新建的用户控件 userControl. ascx,可以像设计 Web 窗体一样设计需要的功能。这里仅放一个 TextBox 控件和一个 Button(搜索)控件。

在创建并设计完用户控件后就可以调用它了。还以刚刚创建的用户控件为例。

(4) 在网站中新建一个页面 userControl1. aspx,将已经建好的用户控件文件 userControl. ascx 从【解决方案资源管理器】中拖放到页面相应的位置,即可实现用户控件的调用。userControl1. aspx 页面生成的代码如下。

```
<%@Page Language="C#" AutoEventWireup="true" CodeFile="userControl.aspx.cs"
Inherits="userControl" %>
<%@Register src="userControl1.ascx" tagname="userControl1" tagprefix="uc1" %>
<!DOCTYPE html>
<html xmlns="http://www.w3.org/1999/xhtml">
<head runat="server">
<meta http-equiv="Content-Type" content="text/html; charset=utf-8"/>
    <title></title>
</head>
<body>
    <form id="form1" runat="server">
    <div>
        <uc1:userControl1 ID="userControl11" runat="server" />
```

```
    </div>
    </form>
</body>
</html>
```

(5) 运行 userControl. aspx 页面，效果如图 6.2 所示。

图 6.2 调用用户控件的运行效果

在上面第(4)步的代码中，调用用户控件产生的代码，使用了 Register 指令来进行用户控件的注册，并且定义了下面的三个属性。

(1) tagprefix：标记前缀，定义控件的命名。

(2) tagname：标记名称，指向所使用控件的名字。

(3) src：指向控件的资源文件，要使用相对路径，如 userControl1. ascx，表示当前路径下的 userControl1. ascx 文件。

用户控件定义语句中的控件类型与 tagprefix 和 tagname 的属性值相对应。如：

```
<uc1:userControl1 ID="userControl11" runat="server" />
```

从上面的例子可以看出，调用用户控件可以有以下两种方法。

(1) 直接将用户控件文件拖放到页面相应位置，非常简单；

(2) 在 HTML 视图中添加注册代码和控件代码。

6.1.2 Web 窗体和用户控件

Web 窗体和用户控件的页面结构和设计方法相似。它们的区别如表 6.1 所示。

表 6.1 Web 窗体和用户控件的比较

文件类型	扩展名	指　　令	html/head/body 等元素	独立运行
Web 窗体	aspx	@Page	有	可以
用户控件	ascx	@Control	没有	不可以

如果已经开发了 ASP. NET 网页并打算在整个应用程序中使用其功能，则可以将该页面改为一个用户控件。

(1) 将单一文件模式的 ASP. NET 网页转换为用户控件时，需要做如下改动。

① 把 ASP. NET 网页文件的扩展名改为. ascx。

② 将@Page 指令改为@Control 指令。

③ 把页面中的 html、head、body 等元素删除。

④ 移除@Control 指令中除 Language、AutoEventWireup 和 Inherits 之外的所有属性。

⑤ 在@Control 指令中包含 ClassName 属性。此属性用来对用户控件进行强类型化处理，可访问到控件的属性和方法。

(2) 将代码分离模式的 ASP. NET 网页转换为用户控件时，需要做如下改动。

① 把 ASP. NET 显示代码文件(. aspx)的扩展名改为. ascx。

② 根据代码隐藏文件的编程语言，把代码隐藏文件的扩展名(. aspx. vb/. aspx. cs)改为. ascx. vb 或 ascx. cs。

③ 在. aspx 文件中，对代码做如下改动：将@Page 指令改为@Control 指令；把页面中的 html、head、body 等元素删除；移除@Control 指令中除 Language、AutoEventWireup、CodeFile 和 Inherits 之外的所有属性；在@Control 指令中，将 CodeFile 属性值改为重命名后代码隐藏文件的扩展名。

④ 打开代码隐藏文件，经该文件继承的类从 Page 更改为 UserControl。

6.1.3 自定义控件

自定义控件就是开发者编写好控件后，生成一个. dll(Dynamic Link Library，动态链接库)文件，将这个 dll 文件添加到【工具箱】中，然后就可以直接在页面上使用的控件。

具体操作步骤如下。

(1) 选择菜单【文件】→【新建】→【项目】→打开【新建项目】对话框，选择 Windows 模板中的【类库】，修改名称和位置，单击【确定】按钮，即可添加一个类库，如图 6.3 所示。

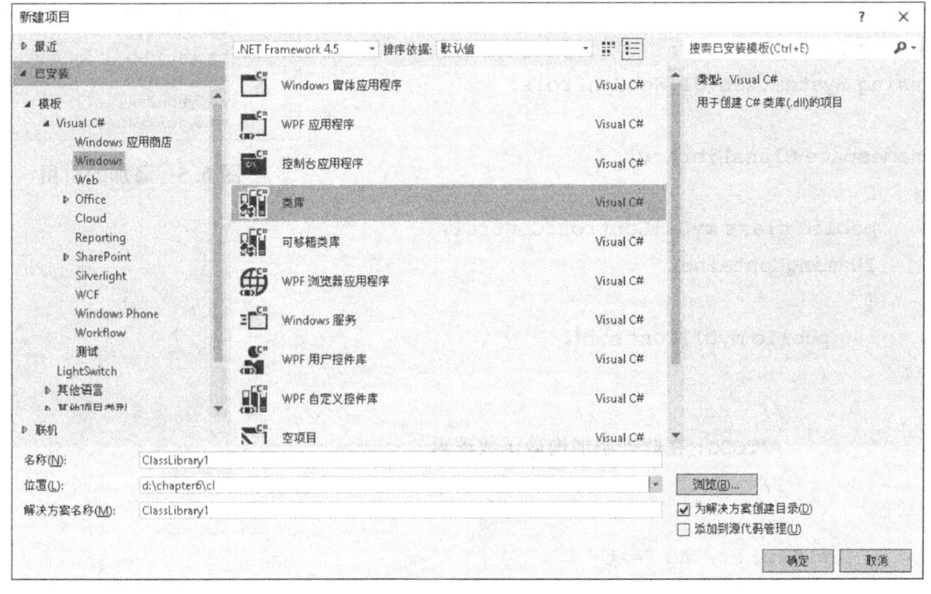

图 6.3 添加类库

(2) 在【解决方案资源管理器】中，右击【引用】，在弹出的【引用管理器】中(如图 6.4 所示)，选择如图 6.5 所示的 7 个引用。将在【解决方案资源管理器】中添加相应的引用。

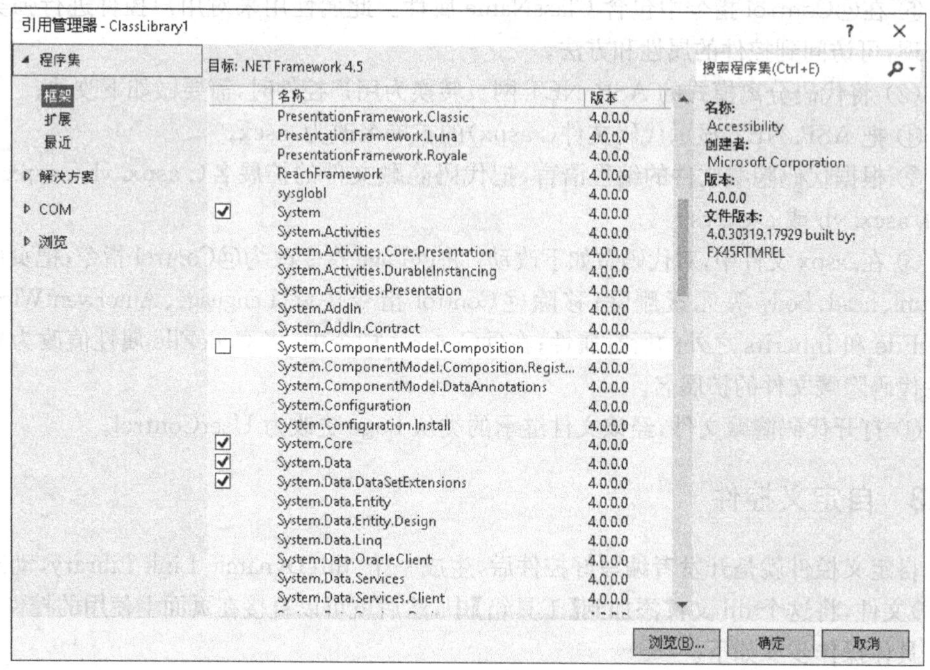

图 6.4　添加引用

(3) 在 Class1. cs 文件中对自定义控件进行设计。完整的程序代码如下。

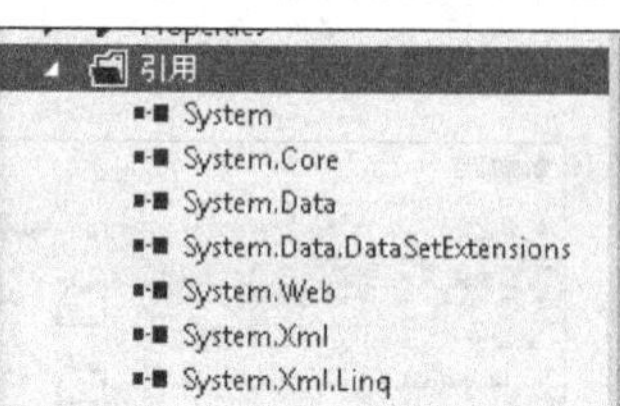

图 6.5　添加的引用

```
using System.Web.UI;
using System.Web.UI.WebControls;

namespace ClassLibrary1
{
    public class myDllControl:Control,
    INamingContainer
    {
        public myDllControl()
        {
            //
            //TODO: 在此处添加构造函数逻辑
            //
        }
        public string Text
        {
            get
            {
```

```
                this.EnsureChildControls();
                return ((TextBox)Controls[3]).Text;
            }
            set
            {
                this.EnsureChildControls();
                ((TextBox)Controls[3]).Text=value;
            }
        }

        protected override void CreateChildControls()
        {
            base.CreateChildControls();
            Label lblName=new Label();
            lblName.Text="这是我的自定义控件";
            this.Controls.Add(lblName);
            this.Controls.Add(new LiteralControl("  "));
            TextBox txtName=new TextBox();
            txtName.Text="";
            this.Controls.Add(txtName);
            this.Controls.Add(new LiteralControl("<br/>"));
        }
    }
}
```

(4) 设计完成后，单击菜单【生成】→选择【生成类库】项 生成 ClassLibrary1 (U) ，在保存类库目录中的 Bin 文件夹下生成了相应的类库 dll 文件(如图 6.6 所示)，可以单击【刷新】按钮显示 dll 文件。

图 6.6 生成的 dll 文件

(5) 在网站 chapter6 中新建一个 dllControl.aspx，在【工具箱】的空白处右击，选择【选择项】，弹出如图 6.7 所示的【选择工具箱项】对话框，单击【浏览】按钮，选择自定义类库 dll 文件，单击【确定】按钮，将 dll 文件添加到【工具箱】中(如图 6.8 所示)。

(6) 在 dllControl.aspx 文件中添加【工具箱】中的控件 myDllControl，在@Page 指令行后面生成@Register 命令用于注册该自定义控件：

```
<%@Register assembly="ClassLibrary1" namespace="ClassLibrary1" tagprefix=
"cc1" %>
```

在 body 元素中相应位置生成添加控件的代码：

```
<cc1:myDllControl ID="myDllControl1" runat="server"></cc1:myDllControl>
```

图 6.7 添加 dll 文件

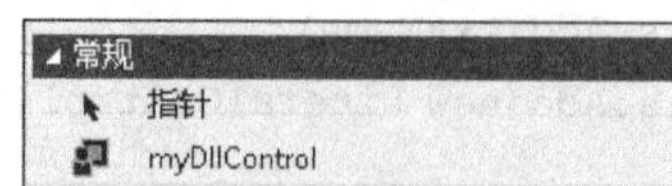

图 6.8 【工具箱】中添加的 dll 控件

(7) 运行 myDllControl.aspx，效果如图 6.9 所示。

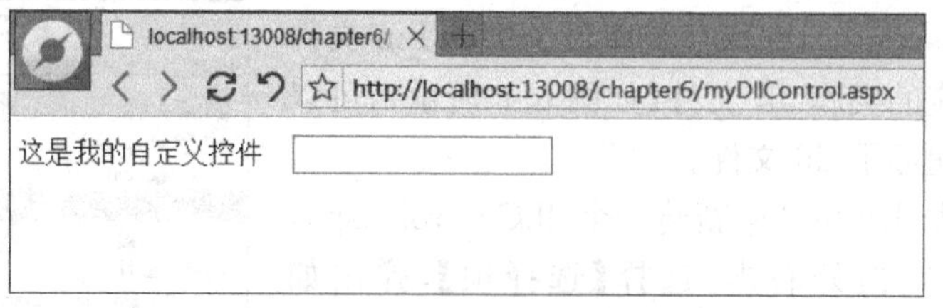

图 6.9 自定义控件的运行效果

可以为这个自定义控件的 Text 属性设置值，如果在该页面中添加一个 Button 和一个 Label，并在 Button1_Click 中添加如下代码：

```
myDllControl1.Text="自定义控件的显示文本";
Label1.Text=myDllControl1.Text;
```

单击 Button 时将为自定义控件设置文本，效果如图 6.10 所示。

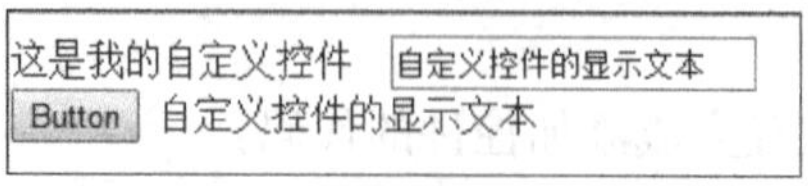

图 6.10 为自定义控件设置属性的效果

6.2 母 版 页

ASP.NET 提供的母版页是用来使同一系列的网页具有一致外观的工具，使用它可以为应用程序中的页创建一致的布局。母版页与用户控件的区别：用户控件是基于局部的界面设计，母版页是基于全局性的界面设计。网站可以设置多种类型的母版页，以满足不同显示风格的需要。在使用母版页制作网页时，网页被分为两类：描述一致外观的网页称作母版页(Master Page)，引用母版页的网页称作内容页(Content Page)。本节将介绍母版页的使用方法。

6.2.1 母版页的创建

母版页是一个以.master 为后缀的文件。在【解决方案资源管理器】中，右击网站根目录→【添加】→【添加新项】→选择【母版页】→修改名称→单击【添加】按钮(如图 6.11 所示)。

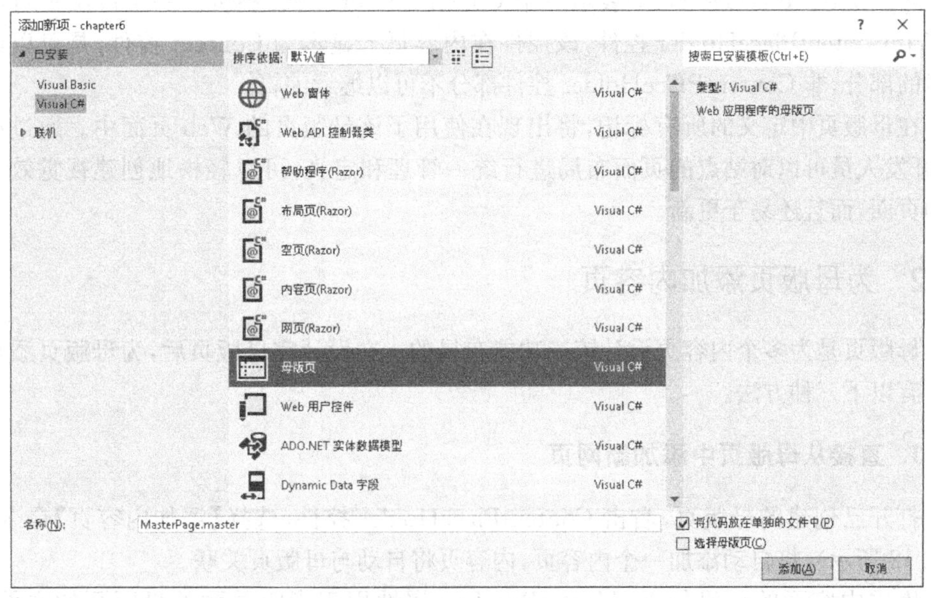

图 6.11 添加母版页

新建的母版页的源视图的代码如下。

```
<%@Master Language="C#" AutoEventWireup="true" CodeFile="MasterPage.master.cs"
Inherits="MasterPage" %>
<!DOCTYPE html>
<html xmlns="http://www.w3.org/1999/xhtml">
<head runat="server">
<meta http-equiv="Content-Type" content="text/html; charset=utf-8"/>
    <title></title>
```

```
        <asp:ContentPlaceHolder id="head" runat="server">
        </asp:ContentPlaceHolder>
    </head>
    <body>
        <form id="form1" runat="server">
        <div>
            <asp:ContentPlaceHolder id="ContentPlaceHolder1" runat="server">
            </asp:ContentPlaceHolder>
        </div>
        </form>
    </body>
    </html>
```

指令@Master 替代了 Web 窗体页的@Page,用于识别母版页,其他属性的含义同@Page 中的。母版页的页面可以分为两种类型的部分,一部分是用于创建统一的站点模板,一部分是用于指定在内容页的可编辑区域。可编辑区域用 ContentPlaceHolder 控件表示,代码中的<asp:ContentPlaceHolder id="ContentPlaceHolder1" runat="server"></asp:ContentPlaceHolder>表示一个 ContentPlaceHolder 控件。一个母版页可以包含多个 ContentPlaceHolder 控件,该控件在内容页上显示为 Content 控件,是可以继续编辑的部分,非 ContentPlaceHolder 控件部分不可以继续编辑。

在母版页中定义的所有标记,将出现在使用了该母版页的 Web 页面中。通过母版页,开发人员可以对站点的页面布局进行统一管理和定义,可以轻松地创建视觉效果统一的页面,而且还易于更新。

6.2.2 为母版页添加内容页

母版页是为多个内容页设计统一功能布局的。在设计完母版页后,为母版页添加内容页有以下三种方法。

1. 直接从母版页中添加新网页

打开已创建的母版页,右击 ContentPlaceHolder 控件,选择【添加内容页】命令(如图 6.12 所示),将自动添加一个内容页,内容页将自动与母版页关联。

生成内容页的代码如下,MasterPageFile 属性用于指定关联的母版页的文件名,Content 控件用于编辑页面。

```
<%@Page Title="" Language="C#" MasterPageFile="~/MasterPage.master"
AutoEventWireup="true" CodeFile="Default.aspx.cs" Inherits="_Default" %>

<asp:Content ID="Content1" ContentPlaceHolderID="head" Runat="Server">
</asp:Content>
<asp:Content ID="Content2" ContentPlaceHolderID="ContentPlaceHolder1"
Runat="Server">
</asp:Content>
```

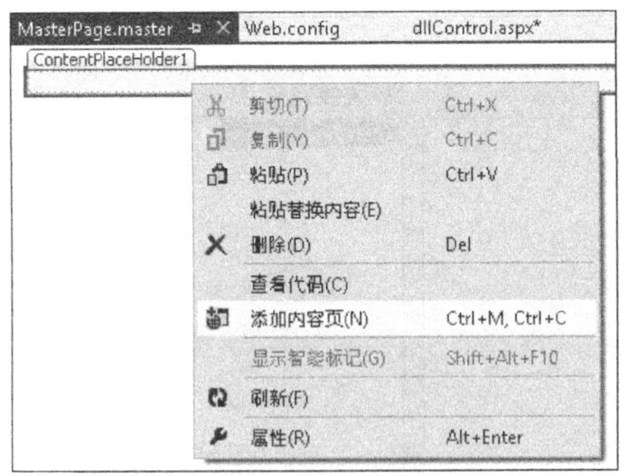

图 6.12 从母版页直接添加内容页的操作

2. 创建新网页时选择母版页

第二种方法是在添加新 Web 窗体时选择使用母版页。具体操作是在【解决方案资源管理器】中，右击网站名，选择【添加】→【添加新项】，在弹出的【添加新项】对话框中选择 Web 窗体，勾选【选择母版页】复选框（如图 6.13 所示），单击【添加】按钮，然后再根据需要选择一个可用的母版页（如图 6.14 所示），单击【确定】按钮，将添加一个母版页。

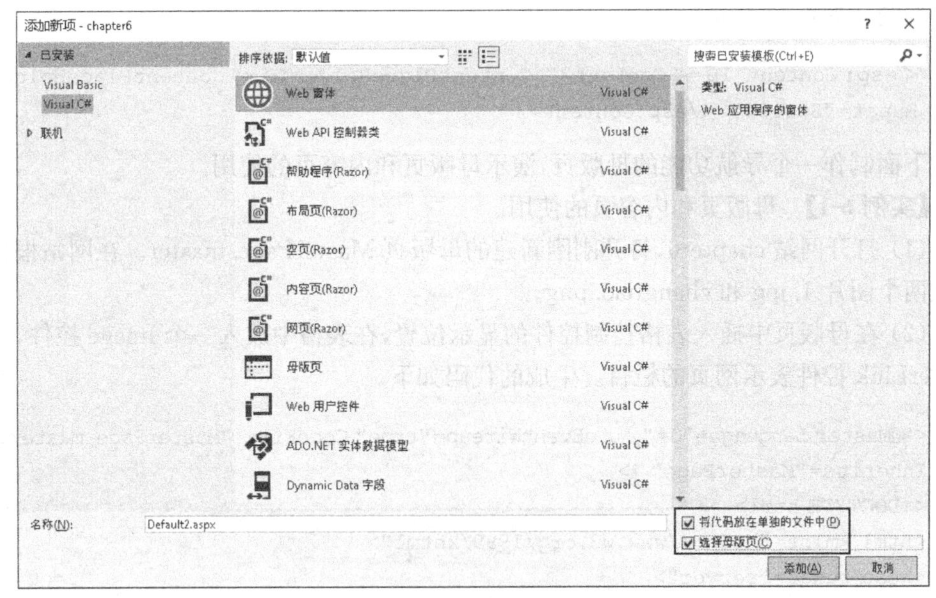

图 6.13 添加母版页

3. 现有网页放入母版页中

为已经创建好的 Web 窗体引用母版页时，需要修改 Web 窗体页的代码。具体描述如下。

(1) 打开现有网页的【源】代码视图，在页面命令@Page 中增加与母版页联系的 MasterPageFile 属性。

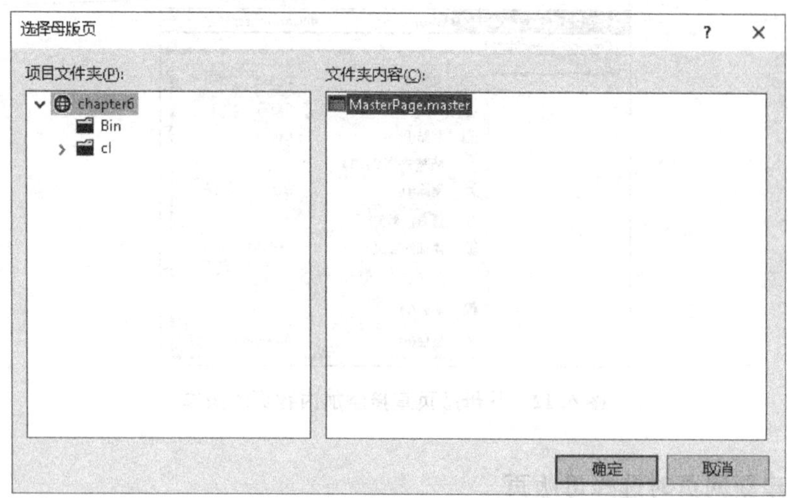

图 6.14 选择母版页

(2) 删除网页的 HTML、Head、Body、Form 等标记。

(3) 在剩余代码的前后两端加上 Content 标记,并增加 Content 的 ID 属性,Runat 属性以及 ContentPlaceHolderID 属性,ContentPlaceHolderID 的值应该与母版页中的网页容器相同。如:

```
<asp:Content ID="Content2" ContentPlaceHolderID="ContentPlaceHolder1"
Runat="Server"></asp:Content>
```

下面制作一个导航功能的母版页,演示母版页和内容页的使用。

【实例 6-1】 母版页和内容页的使用。

(1) 打开网站 chapter6,打开刚刚新建的母版页 MasterPage.master。在网站根目录下放两个图片 1.jpg 和 changtiao.png。

(2) 在母版页中插入表格控制控件的显示位置,在表格中放入一个 Image 控件,三个 HyperLink 控件表示网页的栏目。生成的代码如下。

```
<%@Master Language="C#" AutoEventWireup="true" CodeFile="MasterPage.master.cs"
Inherits="MasterPage" %>
<!DOCTYPE html>
<html xmlns="http://www.w3.org/1999/xhtml">
<head runat="server">
<meta http-equiv="Content-Type" content="text/html; charset=utf-8"/>
    <title></title>
    <asp:ContentPlaceHolder id="head" runat="server">
    </asp:ContentPlaceHolder>
    <style type="text/css">
        .auto-style1 {
            width: 100%;
            height: 372px;
```

```
        }
        .auto-style3 {
            height: 34px;
        }
        .auto-style5 {
            width: 100%;
        }
        .auto-style6 {
            width: 24px;
        }
        .auto-style7 {
        }
        .auto-style9 {
            width: 92px;
        }
        .auto-style10 {
            width: 79px;
        }
        .auto-style11 {
            width: 20%;
        }
    </style>
</head>
<body>
    <form id="form1" runat="server">
    <div>
        <table class="auto-style1">
            <tr>
                <td class="auto-style3" colspan="2"> <table class=
                "auto-style5">
                    <tr>
                        <td class="auto-style6" rowspan="2">
                            <asp:Image ID="Image1" runat="server" Height=
                            "105px" ImageUrl="~/1.jpg" Width="81px" />
                        </td>
                        <td class="auto-style7" colspan="3"> </td>
                        <td> </td>
                    </tr>
                    <tr>
                        <td class="auto-style10">  
                            <asp:HyperLink ID="HyperLink1" runat="server">首
                            页</asp:HyperLink>
                        </td>
                        <td class="auto-style9">
                            <asp:HyperLink ID="HyperLink2" runat="server">动
                            画产品</asp:HyperLink>
```

```
                        </td>
                        <td>
                            <asp:HyperLink ID="HyperLink3" runat="server">动
                            画人物</asp:HyperLink>
                        </td>
                        <td> </td>
                    </tr>
                    </table>
                </td>
            </tr>
            <tr>
                <td class="auto-style11" > </td>
                <td>
                    <p>
                        <asp:ContentPlaceHolder id="ContentPlaceHolder1"
                        runat="server">
                        </asp:ContentPlaceHolder>
                    <br />
                </td>
            </tr>
        </table>
    </div>
    </form>
</body>
</html>
```

(3) 利用前面创建的 Web 窗体页设计内容页。将 default. aspx 重命名为 6-1. aspx，并打开。可以看到母版页上设计的内容在内容页上呈现为灰色，不可以编辑。ContentPlaceHolder1 控件部分可以继续编辑，在其中放入一个 Image 控件(如图 6. 15 所示)，并设置 ImageUrl 属性为 changtiao. png。

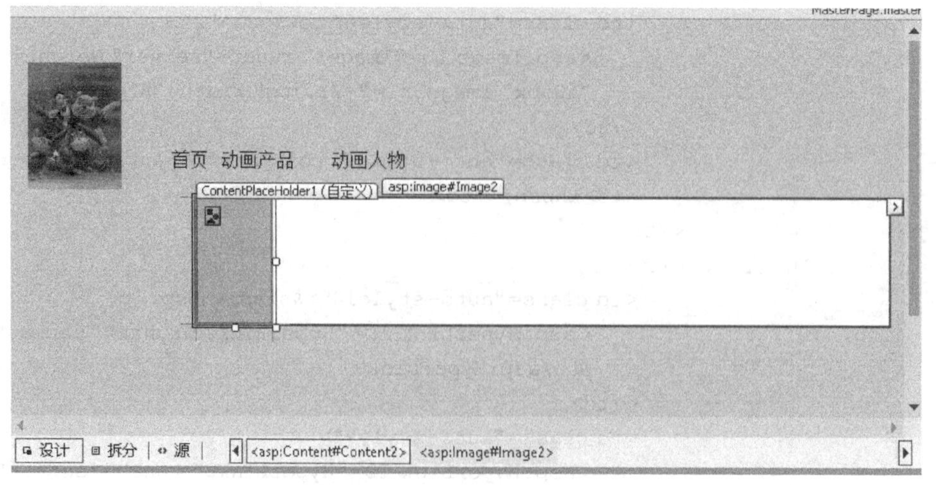

图 6.15 引用母版页的内容页

(4) 运行 6-1. aspx,可以看到母版页 MasterPage. master 和内容页 6-1. aspx 中的内容。效果如图 6.16 所示。

图 6.16 6-1. aspx 页面的运行效果

6.3 主 题

ASP. NET 提供了主题设置页面和控件的外观,本节介绍主题、创建主题及应用主题的方法。

6.3.1 主题是什么

主题实际上是一个目录,必须放置在网站根目录下的 App_Themes 专用目录下,用于定义网站/网页的显示风格。也可以说主题是一些控件及其属性设置的集合,使用这些属性的设置可以定义页面和控件的外观。主题只包含三种类型的文件: 皮肤文件(后缀为. skin)、CSS(Cascading Style Sheet,级联样式表)样式文件(后缀为. css)和一些图像文件(后缀为. jpg、. png、. bmp 等)。

皮肤文件又称外观文件,用来定义一批服务器控件的样式。而样式文件可以用来定义 HTML 的标签,以定义页面的样式。每个 App_Themes 专用目录下可以设置多个主题目录,网站将可以根据需要选择不同的主题,定义不同的显示风格。这样只要改变网站主题就可以改变网站的显示风格了。ASP. NET 中预定义了一些主题的样式,而开发者也可以开发自己的主题。

6.3.2 创建主题

主题是 App_Themes 专用目录,里面包含皮肤文件和 CSS 样式文件。先创建一个主题目录,然后添加需要的皮肤文件和 CSS 样式文件,并分别设计代码。下面介绍详细的创建方法及注意事项。

(1) 在【解决方案资源管理器】中，右击网站名，选择【添加 ASP. NET 文件夹】，再选择【主题】，. NET 自动在应用程序的根目录下生成了一个叫 App_Themes 的专用目录，并且这个专用目录下已经放置一个主题文件夹，默认为 Themes1，可以重命名，也可以右击 App_Themes 目录，选择【添加】→【添加 ASP. NET 文件夹】→【主题】，即在主题目录中添加上【主题 1】，可以继续添加主题文件夹【主题 2】(如图 6. 17 所示)。

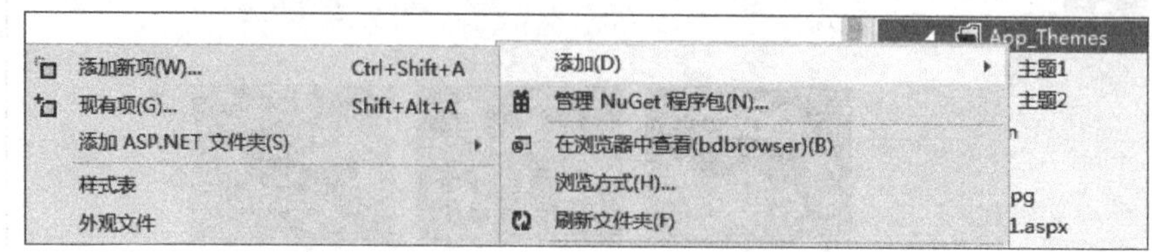

图 6. 17　添加主题文件夹

(2) 右击【主题 1】文件夹，选择【添加】→【外观文件】，弹出对话框，可以命名外观文件的名称，后缀为. skin，然后单击【确定】按钮，即可添加上外观文件，这里是 SkinFile. skin。

(3) 新建的 SkinFile. skin 默认已经有一段说明，开发人员可以在下面继续定义皮肤文件的内容。在皮肤文件中，可以定义控件的显示语句。例如：

```
<asp:Label runat="server"
   BackColor="White"
   ForeColor="DarkBlue"
   Font-Size="Small"/>

<asp:TextBox
   Runat="server"
   BackColor="Pink"
   ForeColor="DarkBlue"
   Font-Size="Small"
   Font-Bold="true"/>
```

上述代码定义了 Label 和 TextBox 控件的皮肤。字体颜色都是 DarkBlue(深蓝色)；背景颜色分别是 White(白色)和 Pink(粉色)；字体大小都是 Small；TextBox 控件的字体为粗体。

皮肤文件只能定义控件的外貌属性，不能定义行为属性，如 AutoPostBack 等。而且用户控件(userControl)不能用 skin 文件定义，只能在用户控件开发时应用 skin 文件。

在同一个主题目录下，不管定义了多少个皮肤文件，系统都会自动将它们合并成一个文件。

(4) 右击【主题 1】目录，选择【添加】→【样式表】，在弹出的对话框中，对样式表命名，自动在主题 1 目录下添加一个样式表文件，这里是 StyleSheet. css，添加完毕如图 6. 18 所示。

图 6. 18　添加皮肤文件和样式文件的主题目录

(5) 可以继续设计 CSS 文件。

6.3.3 皮肤文件

皮肤文件用于定义控件的外观。实际应用中一种控件可能需要多种外观,下面就来介绍同一种控件定义多种显示风格的方法及如何快速地写一个皮肤文件。

1. 同一控件多种皮肤定义的方法

在皮肤文件中,在控件显示的定义中用 SkinID 属性来区别。如对 TextBox 定义三种显示风格:

```
//定义不含 SkinID 的 TextBox 皮肤外观
<asp:TextBox
    Runat="server"
    BackColor="White"
    ForeColor="DarkBlue"
    />
//定义 SkinID 为 PinkStyle 的 TextBox 皮肤外观
<asp:TextBox
SkinID="PinkStyle"
Runat="server"
    BackColor="Pink"
    ForeColor="DarkBlue"
    Font-Size="Small"
    Font-Bold="true"/>
//定义 SkinID 为 BlackStyle 的 TextBox 皮肤外观
<asp:TextBox
SkinID="BlackStyle"
Runat="server"
    BackColor="Black"
    ForeColor="White"
    Font-Size="Small"
    />
```

上述代码为 TextBox 定义了三种外观。第一种风格不包含 SkinID 属性,为 TextBox 控件默认的显示风格。该定义将作用于所有不注明 SkinID 的 TextBox 控件。第二个和第三个中都包含 SkinID 属性,这些定义只能作用于 SkinID 相同的 TextBox 控件。

即 TextBox 控件应用皮肤时,若指定了 SkinID 属性,则匹配同名的 SkinID 的定义风格,若没指定 SkinID 属性,则使用默认的定义风格。

2. 如何快速地写一个皮肤文件

皮肤文件中的代码实际上是在定义控件的外观属性,为了快速地写出皮肤文件的代码可以采用以下方式。

(1) 向某页面中添加相应控件，如 Button，然后在【属性】窗口中设置它的各种属性，实现预期的外观显示效果。

(2) 复制该控件的整个代码到皮肤文件中，去掉该控件的 ID 属性，再根据需要为其添加 SkinID 属性的定义。

(3) 重复(1)、(2)步，制作其他控件的皮肤代码。

这样就可以方便快速地写出一个皮肤文件，并放在主题中应用了。

6.3.4 样式文件

1. 什么是 CSS

CSS 是一组用来控制网页元素外观的属性，是对 HTML 功能的扩展。在 HTML 的基础上，它提供了精确定位或重新定义 HTML 属性的功能。用 CSS 可以控制大多数传统的文本属性，如字体、字号、字形、字距等，还可以控制如页边距、颜色、缩排、底图等排版属性。

CSS 的定义有三种类型，分别是对 HTML 元素定义、用类名(Class Selectors)定义和用元素 ID 定义。

2. 设计 CSS 代码

CSS 代码可以在 Dreamweaver 这样的网页设计软件中设计生成，也可以在 ASP .NET 中生成。它也提供了生成 CSS 代码的可视化环境。具体的操作步骤如下。

(1) 双击打开 CSS 文件，选择需要设计的元素、类或元素 ID。

(2) 在【属性】窗口中单击 style 属性后面的省略号按钮，将弹出如图 6.19 所示的【修改样式】对话框。在对话框中可以对字体、块、背景、边框等进行设置，并生成对应的 CSS 代码。

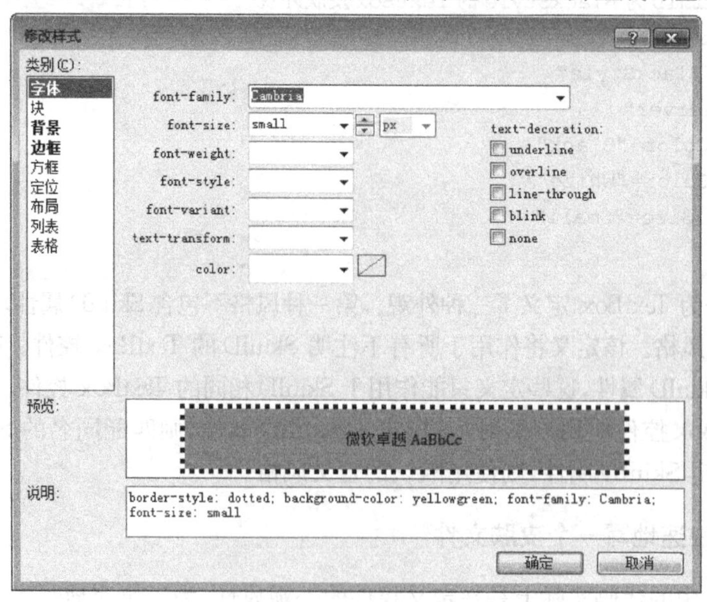

图 6.19 设置样式

(3) 在【CSS大纲】窗口中(如图6.20所示),可以对样式表内容进行管理。

3. CSS样式的使用

设计完CSS文件后,就可以直接在页面中使用了。在ASP.NET中,CSS样式的使用方法有以下三种。

(1) 使用link链接CSS文件。只需打开Web页面的【源】视图,在<head>标记中增加以下代码:

```
<link rel="stylesheet" type="text/css" href=
"StyleSheet.css" />
```

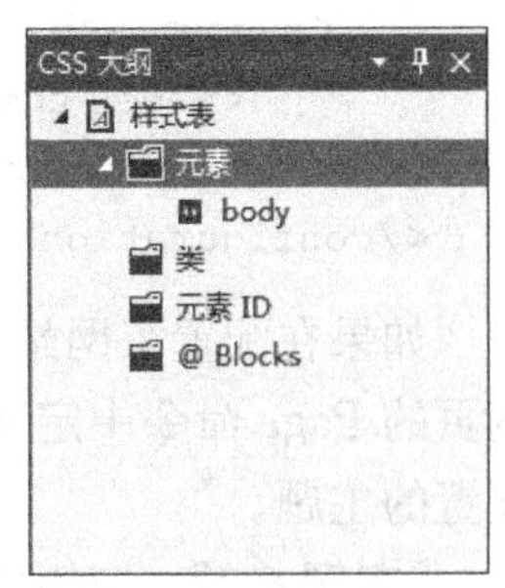

图6.20 CSS大纲窗口

即可指定页面使用StyleSheet.css文件显示本页面的样式。

(2) 直接在HTML标签中定义CSS,如:<h1 style="background-color:Pink"></h1>。

(3) 在页面中直接写CSS代码,再调用。如实例6-1中的代码:class="auto-style1",指定要使用的CSS样式。

(4) 应用主题后使用CSS样式(见6.3.5节)。

6.3.5 应用主题的方法

主题既可以应用于单个网页,也可以应用于整个网站。

1. 应用于单个网页

应用于单个网页的方法有以下两种。

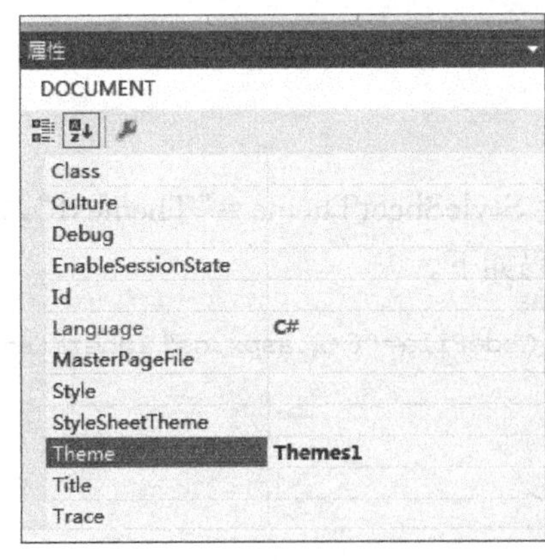

图6.21 设置Theme属性

(1) 在Page指令中增加Theme属性指定要应用的主题。可以通过【属性】窗口(如图6.21所示)设置,也可以直接在【源】视图上写代码:<%@ Page theme="Themes1" %>。

(2) 设置页面的StylesheetTheme属性来指定所使用的主题。操作方法同Theme的设置。

在页面中指定StylesheetTheme属性可以在设计阶段看到皮肤文件的定义效果,使用Theme属性只能在运行时看到。

2. 应用于整个网站

如果将主题应用于整个网站时,需要在网站根目录下的Web.config文件中<System.web>节中配置。例如,要将Themes1主题目录应用于网站的所有文件中,可以在Web.config文件中的<System.web>节添加代码:<pages theme="Themes1"/>,如下所示。

```
<configuration>
    <system.web>
        <pages theme="Themes1"/>
    </system.web>
</configuration>
```

如果在配置了网站共用主题的情况下,某个网页对主题有特殊要求时,还可以在该网页的 Page 命令中定义自己需要的主题,此时网页中的定义优先于 Web. config 文件中配置的主题。

【实例 6-2】 应用主题的练习。

(1) 在网站 chapter6 中添加一个 6-2. aspx 页面,在页面上放两个 Label,两个 TextBox。

(2) 在网站主题目录中添加一个主题 Themes1,在主题 Themes1 中添加一个 SkinFile. skin。SkinFile. skin 中添加如下代码。

```
<%--下面的定义会被默认调用--%>
<asp:Label  runat="server"  BackColor="Red"  ForeColor="DarkBlue" />
<asp:TextBox  Runat="server"  BackColor="Red"  ForeColor="DarkBlue"  />
<%--下面的定义需要匹配 SkinID 被调用--%>
<asp:Label  SkinID="PinkLabel"   runat="server"  BackColor="Pink"
  ForeColor="DarkBlue"  Font-Size="Small"/>
<asp:TextBox   SkinID="PinkTxt" Runat="server" BackColor="Pink"
  ForeColor="DarkBlue"    Font-Bold="true"/>
```

(3) 在主题 Themes1 中添加一个 StyleSheet. css 文件,在其中添加以下代码。

```
body
{
    background-color:yellowgreen;
}
```

(4) 在 6-2. aspx 页面的@Page 指令中添加属性 StyleSheetTheme="Themes1",并为 Label2 和 TextBox2 添加 SkinID 属性,生成的代码如下。

```
<%@Page Language="C#" AutoEventWireup="true" CodeFile="6-2.aspx.cs" Inherits=
"_6_2" Theme="" %>
<!DOCTYPE html>
<html xmlns="http://www.w3.org/1999/xhtml">
<head runat="server">
<meta http-equiv="Content-Type" content="text/html; charset=utf-8"/>
    <title></title>
</head>
<body>
    <form id="form1" runat="server">
    <div>
```

```
        <asp:Label ID="Label1" runat="server" Text="Label"></asp:Label>
        <asp:TextBox ID="TextBox1" runat="server"></asp:TextBox>
        <br />
        <br />
        <br />
        <asp:Label ID="Label2" runat="server" SkinID="PinkLabel" Text=
        "Label"></asp:Label>
        <asp:TextBox ID="TextBox2" runat="server" SkinID="PinkTxt"></asp:
        TextBox>
    </div>
    </form>
</body>
</html>
```

(5) 运行 6-2.aspx,可以看到主题应用的效果(如图 6.22 所示)。背景色为 CSS 文件中设置的 yellowgreen,Label1 和 TextBox1 为默认的皮肤 Red 背景,Label2 和 TextBox2 分别为皮肤 PinkLabel 和 PinkTxt 中设置的背景色。

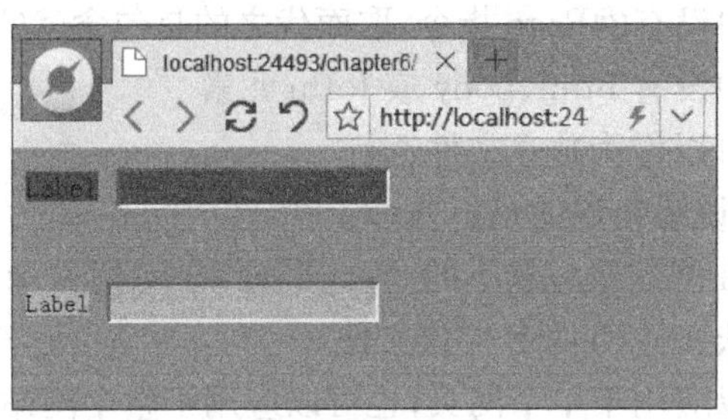

图 6.22 实例 6-2 的效果

小 结

制作网站时,经常需要使网页结构和风格统一。本章介绍了用户控件、母版页和主题的作用和使用方法。使用用户控件可以完成一个 Web 服务器控件无法完成的功能,它也可以像普通 Web 控件一样重复使用,使网页风格保持统一。母版页的功能强大,使用它可以为应用程序中的页创建一致的布局。母版页与用户控件的区别在于:用户控件是基于局部的界面设计,母版页是基于全局性的界面设计。母版页和用户控件可以搭配使用,一起实现页面功能布局的统一。

主题将皮肤文件和样式组织起来一起使用,使页面外观和控件外观形成统一的显示风格。这个主题可以应用到任何站点。网站也可以方便地改变站点的主题,以显示不同的外观。

课后习题

1. 填空题

(1) ________的扩展名是.ascx,在结构上与aspx页面相似,功能却与普通Web控件相似。

(2) 用户控件使用________命令来表示这是一个用户控件。

(3) 母版页的扩展名是________,引用母版页的网页叫________,使用@Page命令中的________属性来引用。

(4) 主题中主要包含________文件和________文件。

(5) 使用________或________属性指定页面应用的主题。

2. 选择题

(1) 以下关于用户控件的说法错误的是(　　)。

A. 用户控件的文件扩展名为.ascx

B. 用户控件中没有@Page指令,取而代之的是包含@Control指令

C. 用户控件中没有html、body或form元素

D. 用户控件可以作为独立文件运行

(2) 关于主题下面说法错误的是(　　)。

A. 必须放置在网站根目录下的App_Themes专用目录下

B. 可包含皮肤文件和CSS样式文件

C. 主题既可以应用于单个网页,也可以应用于整个网站

D. 一个网站只能有一个主题

3. 简答题

请阐述一下Web窗体页和用户控件、母版页和用户控件的区别。

4. 上机操作题

上机目的:

掌握用户控件的创建方法和调用方法;

掌握母版页的创建方法和内容页的添加方法;

掌握主题的创建方法,能够为页面应用主题。

上机内容:

(1) 使用用户控件实现网站当前在线人数显示功能。

(2) 为一个英语培训学校的网站制作首页。首页的头部和底部使用一个母版页完成。头部应该包括学习logo、宣传口号、主要栏目等。底部包括学校的通信地址和联系方式等。首页显示学校的广告、培训的主要内容等。

(3) 为第(2)题中的网站制作一个主题,并在首页上应用。

第7章 chapter 7

网站导航

当网站包含很多页面时，就需要建立网站导航。用户能对网站结构、自己所处的位置有一个清晰的认识。就像是置身于一个大城市，如果能有一份地图导航一样，可以更快速地找到目的地。使用网站导航可以帮助用户方便地回到网站首页及跳转到相关内容的页面。导航功能是网站的基本组件。ASP.NET 内置的导航技术，可以让开发人员轻松地创建站点导航。通过站点导航，可以按层次结构描述站点的布局。本章将介绍 ASP.NET 提供的站点地图技术和三个高级服务器控件：Menu、TreeView 和 SiteMapPath。

站点地图用来描述站点的逻辑结构。当添加或移除页面时，就需要修改相应的站点地图，否则新页面无法显示在站点地图中或将出现找不到页面资源的问题。

Menu 和 TreeView 控件都用于在网页上显示导航菜单，导航菜单的数据来自于站点地图或其他数据源。显示导航菜单时两个控件的展现形式不同。Menu 用来显示一个可以动态展开的菜单，而 TreeView 用来显示一个树状结构的菜单。

SiteMapPath 用来显示页面在站点中的位置，并以链接的形式显示返回主页的路径，如：首页→一级栏目→二级栏目→内容页面。

导航控件可以放在母版页中使用，可以为网站提供统一的导航功能。

本章学习目标：

- 认识网站导航的作用；
- 掌握 Menu、TreeView 和 SiteMapPath 控件的展现形式和基本使用方法。

7.1 站点地图

ASP.NET 提供的站点地图(Sitemap)文件是一个 XML 文件，用来描述网站的逻辑结构。它必须位于应用程序的根目录下，ASP.NET 4.5 中叫 Web.sitemap。该文件可以作为菜单和导航控件的数据源，数据源控件自动建立与 Web.sitemap 的连接，因此不可以修改它的文件名，否则将无法建立导航控件与数据源控件的联系。

创建站点地图的方法是：右击【解决方案管理器】中的网站名称，选择【添加】→【添加新项】，在弹出的对话框中选择站点地图文件(如图 7.1 所示)，单击【添加】按钮。将在网站根目录下生成一个名为“Web.Sitemap”的文件。

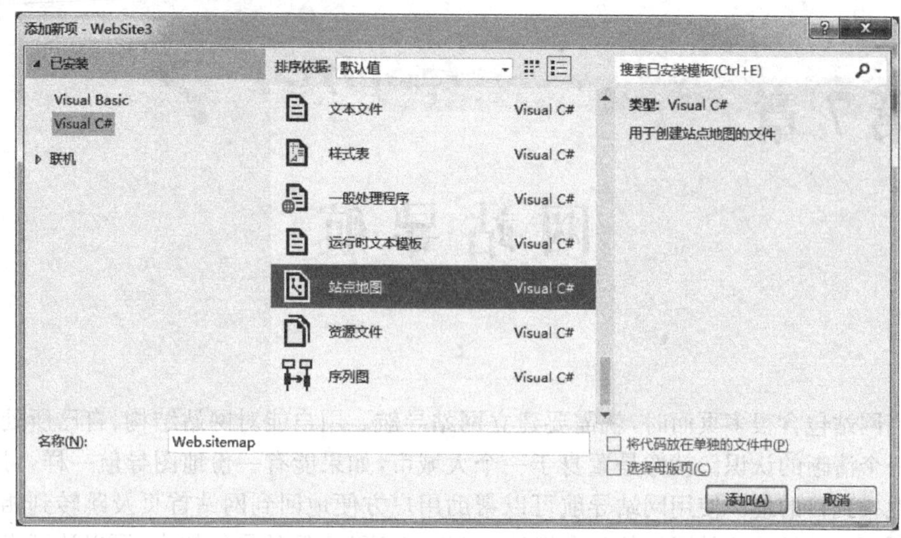

图 7.1　添加站点地图

在创建的站点地图文件中已经包含如下代码。

```
<?xml version="1.0" encoding="utf-8" ?>
<siteMap xmlns="http://schemas.microsoft.com/AspNet/SiteMap-File-1.0" >
    <siteMapNode url="" title="" description="">
        <siteMapNode url="" title="" description="" />
        <siteMapNode url="" title="" description="" />
    </siteMapNode>
</siteMap>
```

上述代码第 1 行是对 xml 版本的说明。可以看出，文件有一个根元素<siteMap>，根元素中有多个节点<siteMapNode>，用于表示站点地图中的逻辑结构节点。每个<siteMapNode>节点可以有多个属性，最常用的三种属性是 title、url 和 description。

(1) title：节点的显示标题。

(2) url：该节点调用网页的 URL。

(3) description：作为智能提示的内容。

所有属性的属性值都是字符串类型。

<siteMapNode>节点可以多次嵌套，来表示站点的逻辑结构的层次性，但站点地图必须只包含一个根元素。开发人员可以在此基础上添加需要的站点地图内容。

7.2　动态菜单控件

动态菜单(Menu)控件从【工具箱】的【导航】选项卡中可以获得。在程序运行时，光标移动到菜单的某个节点上时，会自动弹出其下一层的节点，当光标离开该节点后子节点又会自动消失。整个显示过程是动态的。

Menu控件的主要属性如下。

(1) Items：设置Menu控件中显示的菜单项的集合。

(2) Orientation：用来设置菜单项的排列方式。包括两种方式：Vertical(纵向排列方向)和Horizontal(水平排列方向)。默认为Vertical。

(3) DynamicHorizontalOffset：设置一个数值，表示菜单项的右边框和它的子菜单项的左边框之间的水平偏移量，以像素(px)为单位。如10，表示水平偏移10px。

(4) StaticDisplayLevels：设置一个数值，表示菜单中的静态部分中显示的级别数，默认是1。

(5) StaticSubMenuIndent：设置静态菜单项和它的静态子菜单之间的缩进，如10px。

(6) StaticTopSeparatorImage：设置菜单静态部分中的顶部分隔符的图像URL。

Menu菜单的菜单项内容可以手动创建也可以结合站点地图创建。如果网页较多的时候使用站点地图比较方便，Menu菜单中的菜单项直接从站点地图中获得。这样就只需要维护站点地图即可，不需要修改Menu控件，而且站点地图还可以和其他导航控件相结合，如7.4节介绍的SiteMapPath控件显示网页路径。下面分别介绍这两种方法。

1. 手动创建主菜单

只需单击Menu控件的【Menu任务】，选择【编辑菜单项】，将弹出【菜单项编辑器】就可以手动来编辑主菜单项(如图7.2所示)。也可以单击【属性】窗口中的Items属性右边的省略号按钮。在编辑器中可以添加根菜单项，为当前选中菜单项添加或删除子菜单项，还可以调整菜单项的顺序。每个菜单项都设置相应的属性，包括：

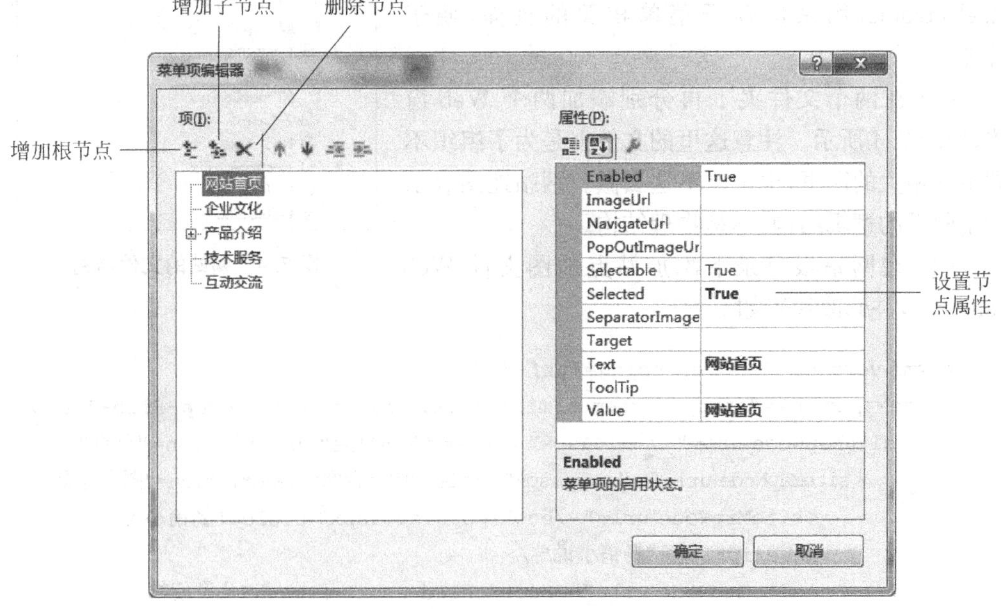

图7.2 菜单项编辑器

(1) Text 属性：设置菜单项的显示文本。

(2) Value 属性：设置与 Text 属性相关的隐藏文本。

(3) ToolTip 属性：设置提示信息文本。

(4) NavigateUrl 属性：设置单击菜单项时跳转到的 URL。

(5) ImageUrl 属性：设置显示的图像 URL。

Menu 控件的 Orientation 属性设为 Horizontal，运行时的效果如图 7.3 所示。

图 7.3　Menu 菜单水平展现的效果

2. 结合站点地图创建动态菜单

使用 Menu 菜单的 DataSourceID 属性来指定数据源控件 ID。下面以实例的形式来介绍结合站点地图创建动态菜单的方法。

【实例 7-1】 创建站点地图文件及动态菜单。

(1) 右击网站根目录→【添加】→【Web 窗体】，添加三个 aspx 页面 7-1. aspx、book. aspx 和 electronic . aspx。再选择【新建文件夹】，添加两个文件夹 book 和 electronic，用来保存子菜单相关的页面，便于管理。

(2) 在两个文件夹下再分别添加两个 Web 窗体，如图 7.4 所示。注意这里的文件夹是为了组织不同主题相关的网页，也可以不这么做。网站地图表示的是网页的逻辑结构，不是物理结构。

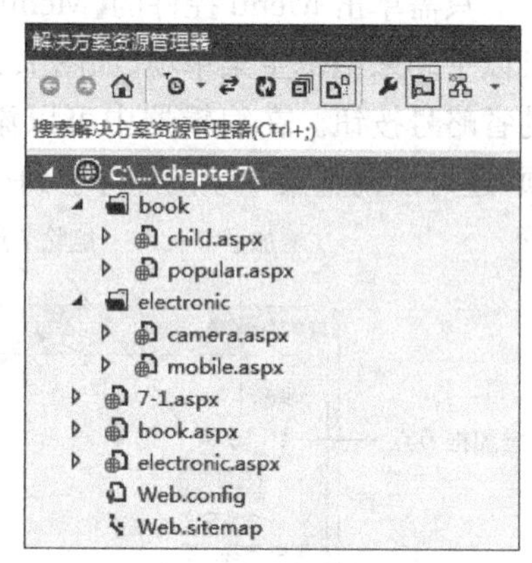

图 7.4　网站的文件结构

(3) 在网站根目录下添加站点地图文件 Web . sitemap，并修改代码如下。

```
<?xml version="1.0" encoding="utf-8" ?>
<siteMap xmlns="http://schemas.microsoft.com/AspNet/SiteMap-File-1.0" >
    <siteMapNode url="~/7-1.aspx" title="商品分类" description="首页">
        <siteMapNode url="~/book.aspx" title="图书音像" description="图书音像">
            <siteMapNode url="~/book/popular.aspx" title="畅销小说"
            description="畅销小说" />
            <siteMapNode url="~/book/child.aspx" title="儿童读物"
            description="儿童读物" />
        </siteMapNode>
```

```
        <siteMapNode url="~/electronic.aspx" title="电子产品" description=
        "电子产品">
            <siteMapNode url="~/electronic/mobile.aspx" title="手机"
            description="手机" />
            <siteMapNode url="~/electronic/camera.aspx" title="相机"
            description="相机" />
        </siteMapNode>
    </siteMapNode>
</siteMap>
```

(4) 打开 7-1.aspx 页面，从【工具箱】的【导航】选项卡中拖放一个 Menu 控件。在弹出的【Menu 任务】中单击【选择数据源】后面的小三角，再选择【新建数据源】(如图 7.5 所示)，将弹出【数据源配置向导】。

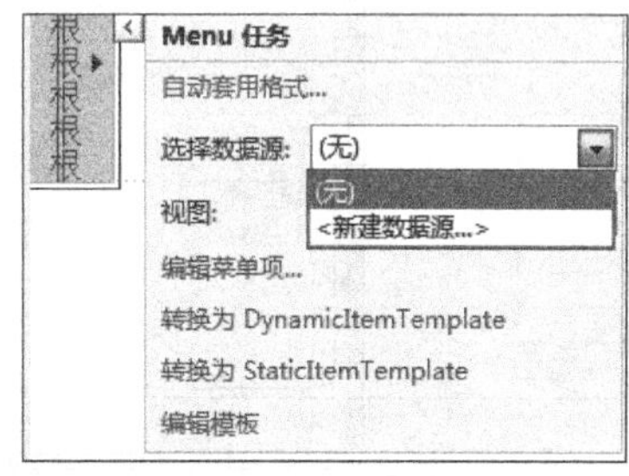

图 7.5 为 Menu 控件新建数据源

(5) 在弹出的【数据源配置向导】中选择【站点地图】(如图 7.6 所示)，将自动建立与 Web.sitemap 的连接。

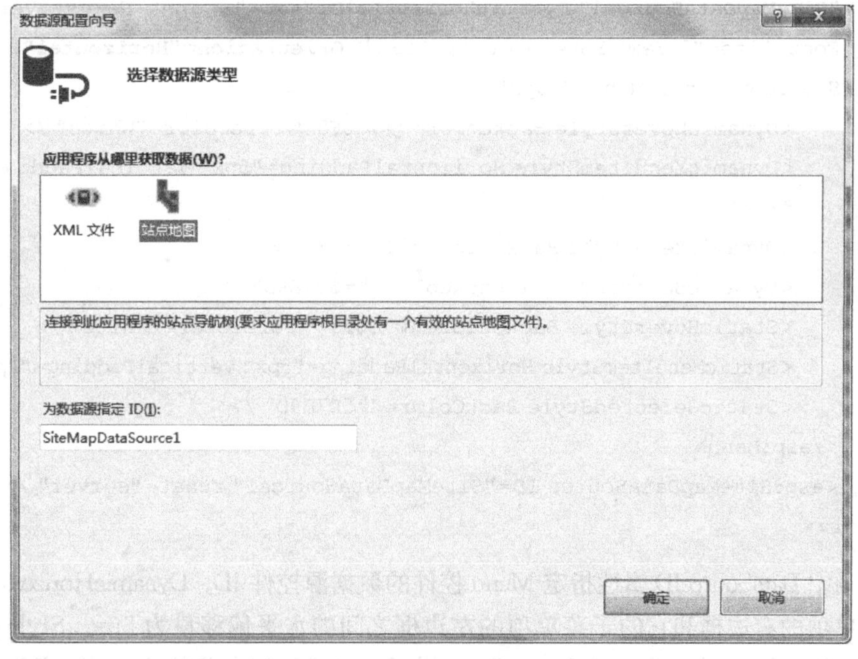

图 7.6 数据源配置向导

(6) 在【Menu 任务】中，选择【自动套用格式】，在弹出的对话框中列出了多种可用架构(如图 7.7 所示)，包括传统型、彩色型、专业型和简明型，这里选择【专业型】。

生成的代码如下。

```
<div>
    <asp:Menu ID="Menu1" runat="server" BackColor="#F7F6F3" DataSourceID=
```

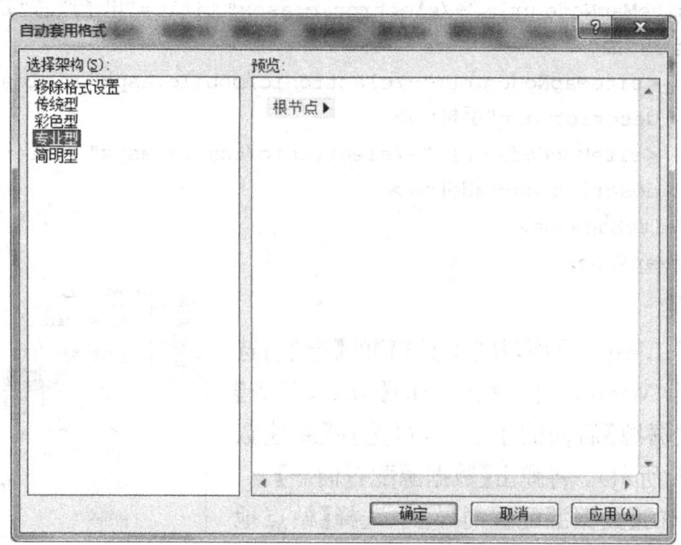

图 7.7 【自动套用格式】对话框

```
"SiteMapDataSource1" DynamicHorizontalOffset="2" Font-Names="Verdana"
Font-Size="0.8em" ForeColor="#7C6F57" Orientation="Horizontal"
StaticSubMenuIndent="10px">
    <DynamicHoverStyle BackColor="#7C6F57" ForeColor="White" />
    <DynamicMenuItemStyle HorizontalPadding="5px" VerticalPadding=
    "2px" />
    <DynamicMenuStyle BackColor="#F7F6F3" />
    <DynamicSelectedStyle BackColor="#5D7B9D" />
    <StaticHoverStyle BackColor="#7C6F57" ForeColor="White" />
    <StaticMenuItemStyle HorizontalPadding="5px" VerticalPadding="2px" />
    <StaticSelectedStyle BackColor="#5D7B9D" />
</asp:Menu>
<asp:SiteMapDataSource ID="SiteMapDataSource1" runat="server" />
</div>
```

代码中 DataSourceID 属性指定 Menu 控件的数据源控件 ID。DynamicHorizontalOffset 设置菜单项的右边框和它的子菜单项的左边框之间的水平偏移量为 2px。Style 属性用来设置应用的样式，如 DynamicHoverStyle 设置当光标悬停在菜单项的动态部分某项时应用的样式。

(7) 运行 7-1. aspx，效果如图 7.8 所示。当光标移动到某菜单项时，就显示该菜单的子菜单项。单击菜单项可以打开设置的 URL 对应的网页。

通过 Menu 控件的数据源配置，自动生成了一个 SiteMapDataSource 控件，它是一个数据源控件，专门用于网站地图文件（XML 文件）的访问。第 9 章将介绍其他类型的数据源控件。

图 7.8　实例 7-1 的运行效果

7.3　TreeView 控件

TreeView 控件可以用来显示层次数据。网站中网页之间的层次关系就可以用 TreeView 来表示。

1. 设置显示格式

可以通过单击【TreeView 任务】，选择【自动套用格式】，在弹出的【自动套用格式】对话框中选择需要的显示格式。既可以用来实现网页中的菜单结构，也可以实现传统的 XP 资源管理器等功能。有多种显示风格供选择（如图 7.9 所示）。

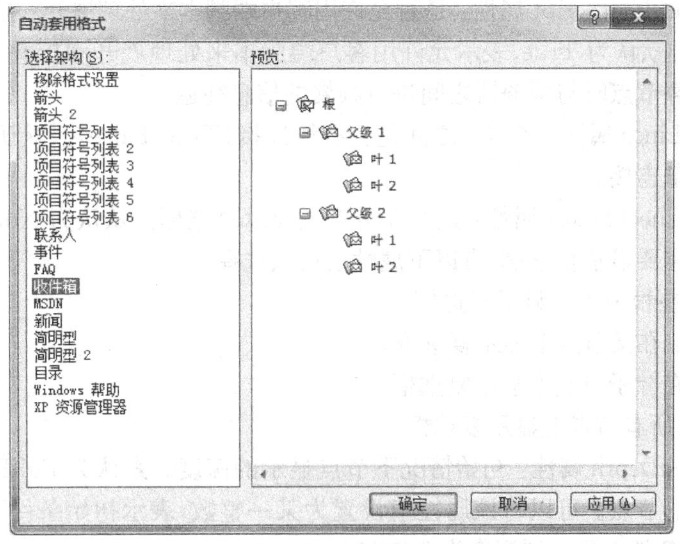

图 7.9　TreeView 控件的自动套用格式

2. 编辑节点

单击【TreeView 任务】，选择【编辑节点】，将弹出【TreeView 节点编辑器】（如图 7.10 所示）。

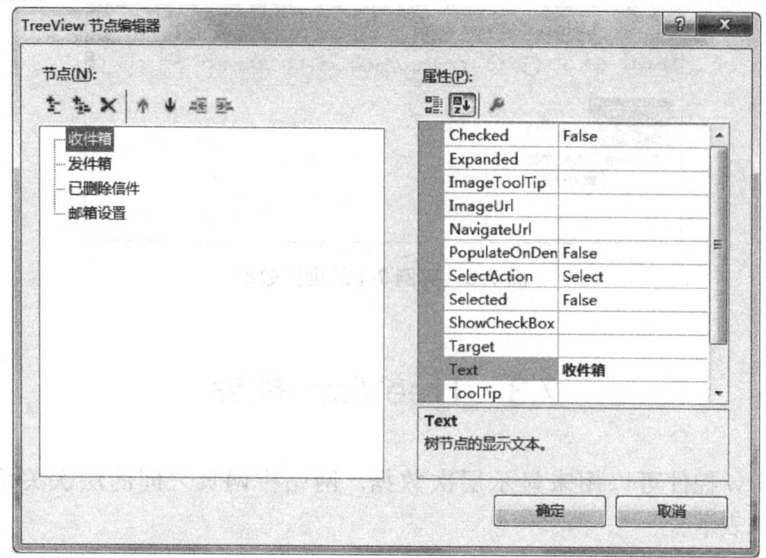

图 7.10　TreeView 节点编辑器

在编辑器中,可以增加、删除节点项,为当前选中节点项添加子节点项,还可以调整节点项的顺序。每个节点项都有对应的属性。与 Menu 菜单项的属性意义相似。TreeView 控件的常用属性如下。

(1) EnableClientScript 属性：是否允许用客户端脚本来处理展开和折叠节点的事件(True/False)。默认为 True,表示允许用客户端脚本来处理展开和折叠节点的事件,避免在展开和折叠节点时与服务器之间进行频繁的信息往返。

(2) ShowLines 属性：各节点之间是否有线连接(True/False)。默认情况下各节点之间没有用线条连接。

(3) ShowCheckBoxes 属性：是否在节点上显示复选框。默认为 None,表示不显示复选框。如果需要显示复选框,有以下属性值可供选择。

① Root：在根节点上显示复选框。

② Parent：在父节点上显示复选框。

③ Leaf：在叶子节点上显示复选框。

④ All：在所有节点上显示复选框。

(4) ExpendDepth 属性：初始情况下节点显示的深度。默认为 FullExpand,表示显示全部深度上的节点。可以将该属性值设置为某一整数,表示初始条件下显示的深度。如 2,表示初始条件下显示到深度为 2 的节点。

TreeView 控件的每个节点都是 TreeNode 对象,可以通过编写代码生成 TreeView 控件,下面的代码为 TreeView1 控件添加了一个根节点和一个子节点。

```
TreeView1.Nodes.Clear();                //清空 TreeView1 控件的节点
TreeNode root=new TreeNode();           //实例化一个 TreeNode 节点 root
root.Text="根节点";                      //设置 root 节点的 Text 属性
root.Value="0";                         //设置 root 节点的 Value 值
```

```
root.Expanded=true;                    //设置 root 节点展开
TreeView1.Nodes.Add(root);             //向 TreeView1 控件添加根节点
TreeNode child1=new TreeNode();        //实例化一个 TreeNode 节点 child1
child1.Text="子节点";                   //设置 child1 节点的 Text 属性
child1.Value="1";                      //设置 child1 节点的 Value 值
root.ChildNodes.Add(child1);           //向 root 节点添加子节点 child1
```

3. TreeView 控件的节点事件

在选定节点更改后会触发 SelectedNodeChanged 事件，在服务器端处理。双击 TreeView 控件即可添加该事件。

【实例 7-2】 TreeView 控件练习。

(1) 在网站 chapter7 中添加 Web 窗体 7-2. aspx，添加一个 TreeView 控件，设置 ShowLines＝"True"。在 TreeView 任务中选择【自动套用格式】→选择【收件箱】，单击【确定】按钮。

(2) 在 TreeView 任务中选择【编辑节点】，添加节点，生成的代码如下。

```
<asp:TreeView ID="TreeView1" runat="server" ImageSet="Inbox" OnSelectedNo-
deChanged="TreeView1_SelectedNodeChanged" ShowLines="True">
    <HoverNodeStyle Font-Underline="True" />
        <Nodes>
            <asp:TreeNode Text="收件箱" Value="收件箱"></asp:TreeNode>
            <asp:TreeNode Text="发件箱" Value="发件箱"></asp:TreeNode>
            <asp:TreeNode Text="已删除信件" Value="已删除信件"></asp:TreeNode>
            <asp:TreeNode Text="邮箱设置" Value="邮箱设置">
                <asp:TreeNode Text="常规设置" Value="常规设置"></asp:TreeNode>
                <asp:TreeNode Text="安全设置" Value="安全设置"></asp:TreeNode>
            </asp:TreeNode>
        </Nodes>
    <NodeStyle Font-Names="Verdana" Font-Size="8pt" ForeColor="Black"
    HorizontalPadding="5px" NodeSpacing="0px" VerticalPadding="0px" />
    <ParentNodeStyle Font-Bold="False" />
    <SelectedNodeStyle Font-Underline="True" HorizontalPadding="0px"
    VerticalPadding="0px" />
</asp:TreeView>
```

(3) 双击 TreeView 控件，将添加上它的 SelectedNodeChanged 事件，在该事件中添加以下代码。

```
protected void TreeView1_SelectedNodeChanged(object sender, EventArgs e)
{
    Label1.Text="你现在选择的节点是: "+TreeView1.SelectedNode.Text;
}
```

(4) 运行后单击某节点，如【常规设置】，效果如图 7.11 所示。

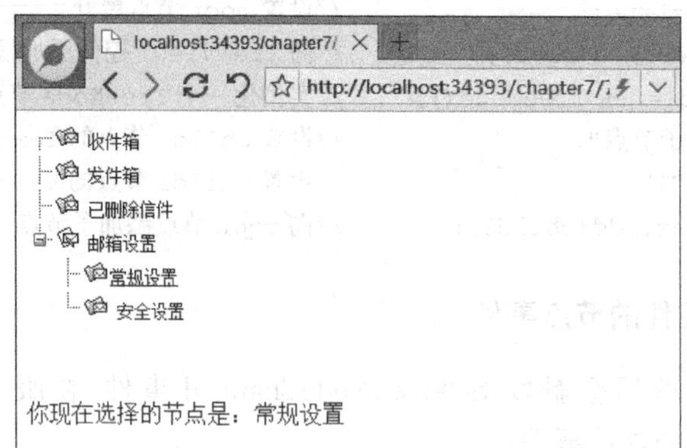

图 7.11　实例 7-2 的运行效果

4. 结合站点地图进行导航

用 TreeView 控件结合站点地图显示，同 Menu 控件结合站点地图的操作完全相同。仍使用实例 7-1 中的站点地图，TreeView 设置后的显示效果如图 7.12 所示。当单击某节点时将跳转到站点地图中该节点 url 属性设置的页面。

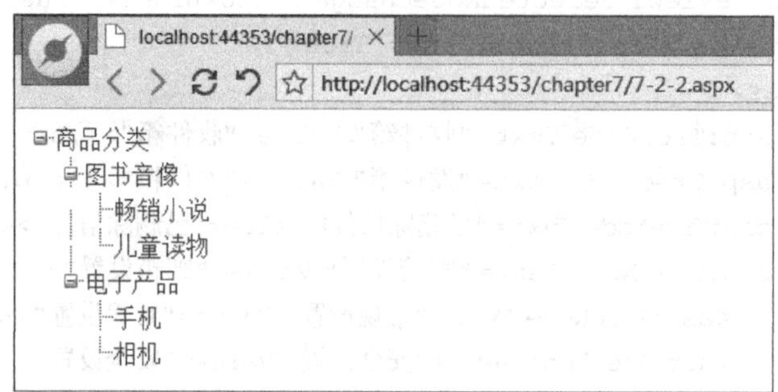

图 7.12　TreeView 使用站点地图的效果

7.4　SiteMapPath 控件

网站路径(SiteMapPath)控件用来显示浏览者当前的位置，它必须结合网站地图使用。最好的使用方法是放在母版页中，为网站多个页面提供导航功能。它使用很方便，从【工具箱】的【导航】选项卡中，将 SiteMapPath 控件拖放到页面上，它就会自动与站点地图文件相结合。

现在利用 7.2 节的实例 7-1 中的页面演示 SiteMapPath 控件的显示效果。如在 popular.aspx 中拖放一个 SiteMapPath 控件，运行时的显示效果如图 7.13 所示，当前网页 popular.aspx 在网站地图中是在【图书音像】节点包含的节点。单击上级节点可以返回站点地图中设置的相应 URL。如果 SiteMapPath 控件放置的网页在站点地图中不存在，则运行时是看不到网页路径的。因此，需要经常更新站点地图，表示真实的网页逻辑结构,以保证网页路径能正确显示。

图 7.13 SiteMapPath 控件的默认显示效果

从图 7.13 中可以看出,SiteMapPath 控件只能显示从根节点到当前节点之间的路径,利用它只能返回到某个页面,而不能向前选择页面。

可以通过单击【SiteMapPath 任务】,选择【自动套用格式...】,在弹出的对话框中(如图 7.14 所示)可以选择需要的显示风格,然后单击【确定】按钮。

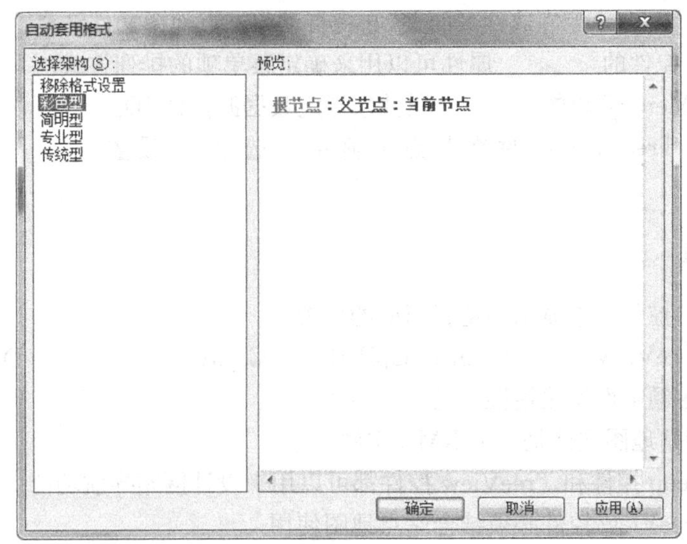

图 7.14 SiteMapPath 的【自动套用格式】对话框

可以使用 SiteMapPath 控件的属性来控制它的显示效果,分别如下。

(1) PathDirection:要呈现的路径的方向。有两个属性值 RootToCurrent(从根到当前节点)和 CurrentToRoot(从当前节点到根),默认是 RootToCurrent。

(2) PathSeparator:指定节点(网页)之间的分隔符字符串。可以选择需要的分隔符号来分隔网页,默认为“>”。

(3) RendercurrentNodeAsLink:指定是否使当前节点显示为链接状态(true/false)。默认为 false,不显示为超级链接。

小　　结

当网站包含很多页面时,就需要建立网站导航。本章首先介绍了 ASP. NET 提供的站点地图(Sitemap)文件 Web. sitemap。它是一个 XML 文件,用来描述网站的逻辑结构。它必须位于应用程序的根目录下。然后介绍了两种可以用来显示网站栏目/菜单的控件 Menu 和 TreeView 的创建方法和基本使用方法。显示导航菜单时两个控件的展现形式不同。Menu 用来显示一个可以动态展开的菜单。TreeView 用来显示一个树状结构的菜单。最后还介绍了用来显示浏览者当前的网页路径的 SiteMapPath 控件及其显示风格,它必须结合网站地图使用。

课后习题

1. 填空题

(1) 站点地图(Sitemap)文件 Web. sitemap,是一个 XML 文件,用来描述网站的________。将________控件放到页面上,它将自动与站点地图文件结合。

(2) Menu 控件的________属性可以用来确定菜单项的排列方式。

(3) 使用 Menu 菜单的________属性来指定数据源控件 ID。

(4) 设置 TreeView 控件在节点上显示复选框,应设置________的属性的值是________。

2. 选择题

(1) ( )控件用来显示浏览者当前的位置。

A. TreeView B. SiteMapPath C. Menu D. 站点地图

(2) 关于主题下面说法错误的是( )。

A. 网站地图文件是一个 XML 文件

B. Menu 控件和 TreeView 控件都可以用来设计网站导航功能

C. TreeView 控件必须结合站点地图使用

D. 站点地图文件 Web. sitemap 不可以改名

3. 上机操作题

上机目的:

掌握站点地图的创建方法和使用方法;

掌握 Menu 控件和站点地图结合的使用方法;

掌握 TreeView 控件的使用方法以及和站点地图结合使用的方法。

上机内容:

(1) 创建一个站点地图,至少包含 5 个主菜单项,每个都有子菜单项。

(2) 创建一个母版页,在母版页中显示导航菜单和网页路径。

(3) 运行站点地图中的每个网页都可以显示导航菜单和网页路径,并可以返回上级网页。

chapter 8

第8章

ADO.NET 数据模型

前面几章介绍了 ASP.NET 应用程序及 Web 网页设计时需要的显示控件或样式等，从本章开始将介绍在 ASP.NET 中如何访问数据源，增强网站的动态交互功能。ASP.NET 中使用 ADO.NET 实现数据访问功能。ADO.NET 为各种 Web 应用程序提供了在不同数据源之间的数据访问技术。本章将介绍 ADO.NET 提供的主要对象，并用实例来演示如何通过它连接并操作数据库。

本章学习目标：

- 理解 ADO.NET 数据访问模型的原理；
- 掌握使用连接对象(Connection)连接数据库的方法；
- 掌握使用命令对象(Command)和只读对象(DataReader)查询的方法；
- 掌握使用命令对象(Command)编辑数据库的方法；
- 掌握适配器对象(DataAdapter)和数据集对象(DataSet)操作数据库的方法。

8.1 ADO.NET 简介

ADO.NET 是对 ADO(Microsoft ActiveX Data Object)通用接口一个十分有意义的改进，为各种 Web 应用程序提供了在不同数据源之间的数据访问技术。ADO.NET 实际上是.NET 框架中的一套类库，所有与它相关功能的类，都位于 System.Data 命名空间下。它完全支持 XML，可以在断开与数据源连接的条件下工作。

ADO.NET 数据访问的层次结构如图 8.1 所示。它用不同的数据提供器(Data Provider)来访问不同的数据源，再通过各种 ADO.NET 的对象实现 Web 应用程序连接并访问数据库中的数据。

它提供了两个核心组件：数据集(DataSet)与数据提供器(Data Provider)。针对不同类型的数据源 Provider 提供不同的接口程序。Provider 包括 4 个核心对象：Connection(连接)、Command(命令)、DataAdapter(数据适配器)和 DataReader(如图 8.2 所示)。DataSet 对象包括多个 DataTable 对象等。

连接不同数据源时需要引用不同的命名空间，如：连接 SQL Server 时引用 System.Data.SqlClient 命名空间；连接 Access 时引用 System.Data.OleDb 命名空间；连接 ODBC 数据源时引用 System.Data.Odbc 命名空间；连接 Oracle 时引用 System.Data.

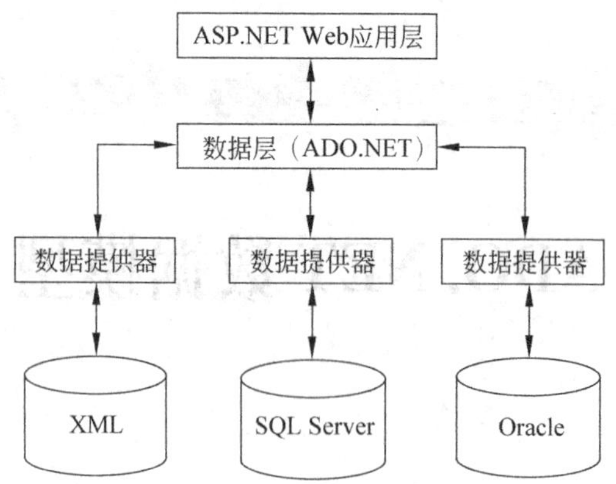

图 8.1　ADO.NET 数据访问的层次结构

OracleClient 命名空间。在每个命名空间中定义了操作数据库的 Connection、Command、DataReader、DataAdapter 对象等。为了区分它们，这些对象前面都加了 Sql、OleDb、Odbc 或 Oracle 作为前缀。

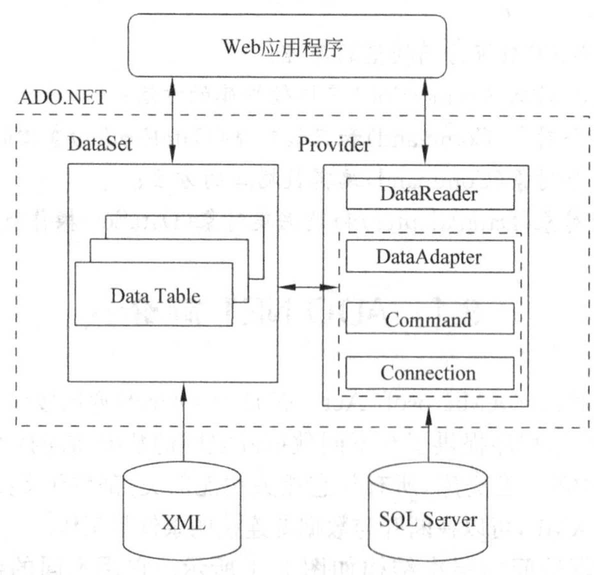

图 8.2　ADO.NET 的核心对象

而 DataSet 对象在 System.Data 命名空间中。无论连接什么数据库，都不需要加前缀，直接使用 DataSet 即可。

ADO.NET 对象可以分成两类：连接对象和非连接对象。

1. 连接对象

连接对象是指那些在与数据源交互和处理时，必须要打开可用连接的对象。主要有以下几种。

(1) Connection：连接对象，用来建立一个与特定数据源的连接。

(2) Command：命令对象，用来执行对数据源的操作命令。这些命令可能返回结果，也可能不返回结果。可以用来查询、插入、修改、删除数据。

(3) DataReader：只读对象，用来从数据源中读取只进且只读的数据流。获取数据的速度比较快。

(4) DataAdapter：适配器对象，用来建立一个连接或使用一个已建立的连接，将数据填充到 DataSet 或从 DataSet 中读出数据。

(5) Transaction：事物对象，需要把一系列命令组织到一起，作为一个事物在执行时需要的对象，要么全执行要么一个都不执行。

2. 非连接对象

ADO. NET 还支持非连接方式工作，它在不同的访问请求之间，对实际的物理连接进行池化。非连接对象包含以下几种。

(1) DataSet：是 ADO. NET 非连接数据访问模型的核心，可以把它看作完全在内存中的关系型数据库管理系统。它直接在命名名空间 System. Data 下。

(2) DataTable：数据表类似于数据库中的表，也是以行列结构存储数据的。DataTable 可以转换成 XML 格式。

(3) DataRow：数据行，表示一个可列举的 DataRow(行)对象集合。

(4) DataColumn：DataTable 也包含一个 DataColumnCollection 类型的 Column 属性。

(5) DataView：类似数据库中的视图。DataView 允许在一个 DataTable 上创建“视图”，一个 DataTable 上可以定义多个视图。

8.2 Connection 对象

应用程序在对数据源操作之前，首先需要做的工作就是与数据源进行连接。就像两个人在打通电话之前先进行拨号连接一样。ADO. NET 的 Connection 对象即是用来建立与特定数据源的连接。它的主要属性和方法如表 8. 1 所示。

表 8. 1 Connection 对象的属性和方法

类　别	名　称	功　能
方法	Open()	打开连接
	Close()	关闭连接
属性	ConnectionString	指定连接的字符串
	DataSource	获取数据源的服务器名或文件名
	Database	指定要连接的数据库名称
	Provider	用来提供数据库驱动程序

ConnectionString 指定连接的字符串，字符串包含要连接的服务器名称、数据库名、

连接方式等。具体属性见表 8.2。

表 8.2 ConnectionString 中包含的属性

属 性 名	功 能
Initial Catalog 或 Database	指定要连接的数据库名称
Data Source 或 Server	指定数据源的服务器名或文件名。本地服务器可用(LocalDB)、localhost、.、127.0.0.1 或名称表示
User id	访问数据库使用的用户名
password	访问数据库的密码
Integrated Security	系统集成安全验证,标识登录数据库是否使用系统集成验证,如 True/False/SSPI

下面以连接 SQL Server 为例,说明连接数据库需要的代码。

(1) 引用命名空间:

```
using System.Data.SqlClient;
```

这样才可以调用连接 SQL Server 需要的类: SqlConnection。

(2) 实例化 Connection 对象:

```
SqlConnection conn=new SqlConnection();
```

该代码实例化了一个 SqlConnection 对象 conn。

也可以在实例化连接对象的同时初始化数据库连接字符串,如:

```
string str=@" Data Source=.;user id=sa; password='';Initial Catalog=Northwind";
SqlConnection con=new SqlConnection(str);
```

(3) 设置 ConnectionString 属性:

代码:

```
conn.ConnectionString=
"Data Source=.;user id=sa; password='';Initial Catalog=Northwind";
```

设置了连接对象 conn 的 ConnectionString,指定使用数据库用户 sa(密码为空)来连接本地服务器上的数据库 Northwind。

代码:

```
conn.ConnectionString=
"Data Source=Andy;initial catalog=Student;Integrated Security=True";
```

设置了连接对象 conn 的 ConnectionString,指定使用 Windows 集成身份验证的方式连接服务器 Andy 上的数据库 Student。

代码:

```
conn.ConnectionString=@"Data Source=(LocalDB)\v11.0;
AttachDbFilename=|DataDirectory|\Books.mdf;Integrated Security=True";
```

指定使用 Windows 集成身份验证的方式连接本地机器上 ASP. NET Web 应用程序中 App_Data 目录下的共享数据库文件 Books. mdf。其中，符号@使字符串中的"\"表示斜杠本身，不表示转移符号。

Integrated Security = true 是指使用 Windows 集成身份验证，也就是说使用 Windows 验证的方式去连接到数据库服务器。好处是不需要在连接字符串中编写用户名和密码，从一定程度上提高了安全性。

ASP. NET 应用程序会使用一个特定的账号，Windows XP 系统下是 ASP. NET 账号，Windows 2003 或者以后的版本是 NetWork Service 账号。

【实例 8-1】 连接本地机器上 Express SQL Server 中的数据库文件 Books。

(1) 新建一个空网站 chapter8，右击网站根目录→【添加】→【ASP. NET 文件夹】→App_Data。

(2) 右击 App_Data→【添加】→【添加新项】→打开对话框(如图 8.3 所示)→选择【SQL Server 数据库】，名称改为 Books. mdf，单击【添加】按钮，添加上一个数据库。

图 8.3 添加 SQL Server 数据库

(3) 在网站中添加一个网页 8-1. aspx，放入一个 Label，用于显示连接状态。

(4) 在 8-1. aspx. cs 中添加引用命名空间的代码：

```
using System.Data.SqlClient;
```

(5) 在 8-1. aspx. cs 的 Page_Load 事件中添加如下代码。

```
protected void Page_Load(object sender, EventArgs e)
{
    //创建连接对象 conn
    SqlConnection conn=new SqlConnection();
```

```
    //指定连接对象的连接字符串
    conn.ConnectionString=@"Data Source=(LocalDB)\v11.0;AttachDbFilename=
    |DataDirectory|\Books.mdf;Integrated Security=True";
    //打开连接
    conn.Open();
    //显示连接状态
    if (conn.State.ToString()=="Open")
        Label1.Text="Books 数据库已经打开。请继续操作数据库。";
    //关闭连接
    conn.Close();
}
```

8.3 Command 对象

在创建完连接后就需要操作数据库了,向数据库发送命令。就像电话拨通了,就需要讲话了一样。Command 对象使用 Select、Insert、Update、Delete 等数据命令与数据源通信。

Command 对象常用的构造函数需要两个参数,要执行的 SQL 语句和已经建立的 Connection 对象。传送的命令可以是 SQL 语句,也可以是一个要执行的存储过程的名称。Command 对象的主要属性和方法如表 8.3 所示。

表 8.3 Command 对象的主要属性和方法

类别	名　称	说　明
属性	CommandText	string 类型,Command 对象包含的 SQL 语句、存储过程名等
	CommandType	默认为 Text,指 CommandText 属性中的字符串是 SQL 语句,如果要使用存储过程,则设定为 StoredProcedure
	Connection	获取 SqlConnection 对象
方法	ExecuteReader()	执行查询语句,成功时将返回一个 SqlDataReader 对象
	ExecuteNonQuery()	执行非查询语句,返回影响的行数
	ExecuteScalar()	执行查询语句,返回单个值

下面介绍 Command 对象的创建和使用。

(1) 创建 Command 对象:

```
SqlCommand 对象名=new SqlCommand();
```

或

```
SqlCommand 对象名=new SqlCommand("Sql 语句","Connection 对象");
```

代码:

```
string strSql="select sno,sname from studentInfo";
SqlCommand comm=new SqlCommand(strSql, conn);
```

首先定义了一个变量strSql来保存要执行的select语句，然后通过调用带两个参数的构造函数定义了一个SqlCommand对象comm，并传递两个参数。第一个参数表示要执行的SQL语句字符串是strSql，第二个参数指定要使用的连接对象是conn。

```
string strSql="insert into studentInfo(sno,sname) values('20110202',
'小丽')";
SqlCommand comm1=new SqlCommand(strSql, conn);
```

首先定义了一个变量strSql来保存要执行的insert语句，然后通过调用带两个参数的构造函数定义了一个SqlCommand对象comm1，并传递两个参数。第一个参数表示要执行的sql语句字符串是strSql，第二个参数指定要使用的连接对象是conn。

(2) 执行Command对象中的SQL语句常用的有以下三个方法。

① ExecuteReader()执行查询命令，返回值是SqlDataReader类型的数据集。如comm为已经创建好的Command对象，调用它的SqlDataReader()方法的代码如下。

```
SqlDataReader dr=comm.ExecuteReader();
```

dr保存了返回的查询结果集。

② ExecuteNonQuery()方法执行非查询命令(如Insert、Update、Delete)，命令完成后只返回受影响的行数。返回−1表示命令执行失败。非−1表示命令执行成功，如：

```
comm.ExecuteNonQuery();
```

或

```
int x=comm.ExecuteNonQuery();
```

③ ExecuteScalar()方法执行查询命令，但只返回一个Object类型的值，根据返回值转换为需要的数据类型，调用它的语句如：

```
int num=(int)comm.ExecuteScalar();
```

或

```
strng strName=(string) comm.ExecuteScalar();
```

当SQL语句中有语法错误、表名或字段名不存在、主键重复、插入的字符串长度超过了数据库表中的字段长度或外键冲突等错误时，执行以上三个方法时都会出现错误，当改正后才能继续执行。

8.3.1 用ExecuteReader()查询数据

ExecuteReader()执行查询语句。下面用实例来演示它的使用方法。

【实例8-2】 从数据库books的表bookInfo中查询所有的图书编号、书名、ISBN号，并显示在GridView控件中。

(1) 打开chapter8网站，并添加一个8-2.aspx，添加一个Button和一个GridView控件。

(2) 在8-2.aspx.cs文件中添加代码，以引用命名空间SqlClient：

```
using System.Data.SqlClient;
```

(3) 在查询按钮的 Click 事件中,添加如下代码。

```
protected void Button1_Click(object sender, EventArgs e)
{
    //创建连接对象 conn
    SqlConnection conn=new SqlConnection();
    conn.ConnectionString=@"Data Source=(LocalDB)\v11.0;AttachDbFilename=
    |DataDirectory|\Books.mdf;Integrated Security=True";
    //创建 string 变量,用于保存 sql 语句
    string strsql="select ID,Name,ISBN from bookInfo";
    //打开连接
    conn.Open();
    //创建 command 对象,并传参: sql 语句和 connection 对象
    SqlCommand comm=new SqlCommand(strsql, conn);
    //执行查询语句,并用 SqlDataReader 对象 dr 接收返回结果集
    SqlDataReader dr=comm.ExecuteReader();
    //绑定 GridView 的数据源
    GridView1.DataSource=dr;
    GridView1.DataBind();
    dr.Close();
    //关闭连接
    conn.Close();
}
```

(4) 运行 8-2. aspx,效果如图 8. 4 所示,当单击【查询】按钮时,显示查询结果中的数据。

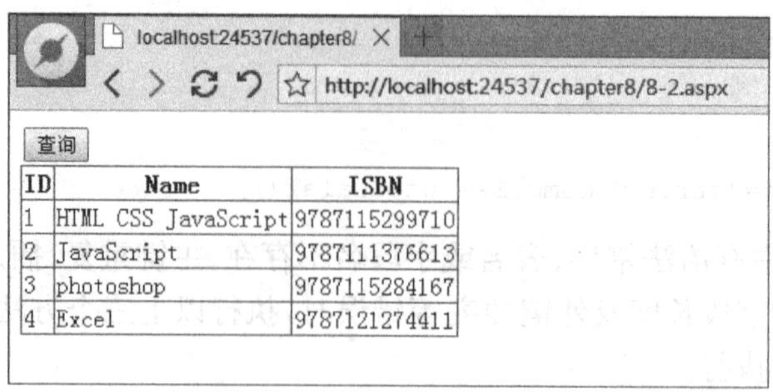

图 8. 4　8-2. aspx 的运行效果

8.3.2　用 ExecuteNonQuery()执行非查询语句

ExecuteNonQuery()方法执行非查询命令(如 Insert、Update、Delete)。下面用实例来演示执行插入记录。

【实例 8-3】　向数据库 books 的表 bookInfo 中添加新书：书名、作者、出版社。

(1) 打开网站chapter8,添加一个8-3.aspx页面。界面设计如图8.5和图8.6所示。显示插入结果和插入语句的Label1在页面初始时为空。

(2) 在8-3.aspx.cs文件中添加代码,引用命名空间:

```
using System.Data.SqlClient;
```

(3) 双击【新增】按钮,在Click事件中添加以下代码。

```
protected void Button1_Click(object sender, EventArgs e)
{
    //创建连接对象conn
    SqlConnection conn=new SqlConnection();

    conn.ConnectionString=@"Data Source=(LocalDB)\v11.0;AttachDbFilename=
    |DataDirectory|\Books.mdf;Integrated Security=True";
    //创建string变量,用于保存用户输入的数据
    string strName=TextBox1.Text.ToString();
    string strAuthor=TextBox2.Text.ToString();
    string strPress=TextBox3.Text.ToString();
    //创建string变量,用于构造新增数据的SQL语句
    string strInsert=string.Format("insert into bookInfo(Name,Author,Press)
    values('{0}','{1}','{2}')",strName,strAuthor,strPress);
    //打开连接
    conn.Open();
    //创建command对象,并传参: sql语句和connection对象
    SqlCommand comm=new SqlCommand(strInsert, conn);
    //执行非查询语句
    int num=comm.ExecuteNonQuery();
    if(num==-1)
        Label1.Text="新增图书失败";
    else
    {
        Label1.Text="新增图书成功。<br>插入语句为: "+strInsert;
    }
    //关闭连接
    conn.Close();
}
```

在SQL语句中经常出现用户输入的值,上述代码中的代码:

```
string strInsert=string.Format("insert into bookInfo(Name,Author,Press)
values('{0}','{1}','{2}')",strName,strAuthor,strPress);
```

即是将用户输入的图书名称(strName)、作者(strAuthor)和出版社(strPress)插入到数据库中,此处使用字符串格式化方法string.Format生成符合格式要求的字符串。占位符{i}表示待替换的值。代码执行时三个变量strName,strAuthor,strPress的值分别替

换{0}、{1}和{2}。此代码也可以这么写：

```
string strInsert="insert into bookInfo(Name,Author,Press) values('"+strName
+"','"+strAuthor+"','"+strPress+"')";
```

(4) 运行 8-3. aspx，效果如图 8.5 和图 8.6 所示。单击【新增】按钮后，如果图书成功添加，将在 Label1 中显示新增图书成功及生成的 insert 语句；如果失败将显示新增图书失败。

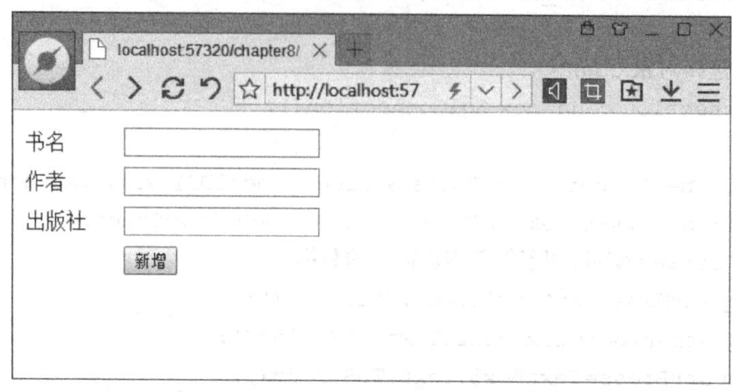

图 8.5 实例 8-3 的初始页面

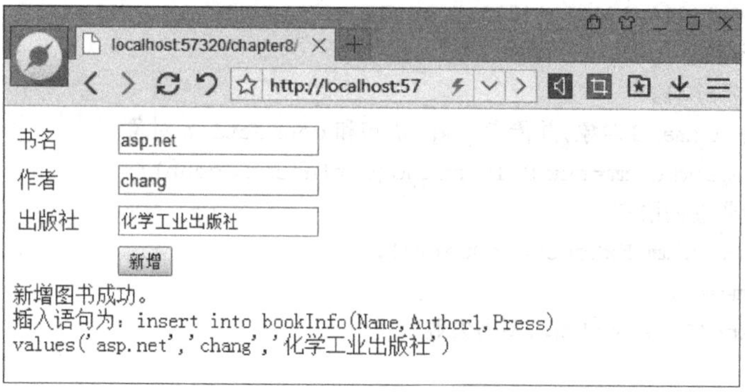

书名 asp.net
作者 chang
出版社 化学工业出版社
新增
新增图书成功。
插入语句为：insert into bookInfo(Name,Author1,Press) values('asp.net','chang','化学工业出版社')

图 8.6 实例 8-3 单击【新增】按钮后的效果

8.3.3 用 ExecuteScalar()查询单个值

ExecuteScalar()方法可执行查询命令，返回第一行第一列的值，可以用来执行聚合函数或仅需要单个返回值。ExecuteScalar()方法的返回值是 Object 类型，需转换为需要的类型。下面演示 ExecuteScalar()方法的使用。

【实例 8-4】 根据用户输入的 ISBN 号从数据库 books 的表 bookInfo 中查询对应的书名，及表 bookInfo 中一共有多少书的记录。

(1) 打开网站 chapter8，添加一个 8-4. aspx 页面。设计如图 8.7 所示，其中有两个 Label 初始化为空，用于显示查询结果。

(2) 在 8-4. aspx. cs 文件中添加代码，引用命名空间：

图 8.7　实例 8-4 运行的初始界面

```
using System.Data.SqlClient;
```

(3) 双击【查询】按钮，在 Click 事件中添加以下代码。

```
protected void Button1_Click(object sender, EventArgs e)
{
    //创建连接对象 conn
    SqlConnection conn=new SqlConnection();
    conn.ConnectionString=@"Data Source=(LocalDB)\v11.0;AttachDbFilename=
    |DataDirectory|\Books.mdf;Integrated Security=True";
    //创建 string 变量,用于保存 sql 语句
    string strsql=string.Format("select Name from bookInfo where ISBN='{0}'",
    TextBox1.Text);
    //打开连接
    conn.Open();
    //创建 command 对象,并传参: sql 语句和 connection 对象
    SqlCommand comm=new SqlCommand(strsql, conn);
    //执行查询语句
    string strName=(string)comm.ExecuteScalar();
    Label1.Text="书名:"+strName;
    //创建 string 变量,用于保存 sql 语句
    strsql="select count(*) from bookInfo";
    comm.CommandText=strsql;
    //执行查询语句
    int count=(int)comm.ExecuteScalar();
    Label2.Text="当前共有"+count+"本书";
    //关闭连接
    conn.Close();
}
```

查询的图书名称为字符串，因此，上述代码将 ExecuteScalar 的返回值强制转换为 string 类型。图书数量为整型，强制转换为 int 型。

(4) 运行 8-4.aspx，效果如图 8.7 和图 8.8 所示。

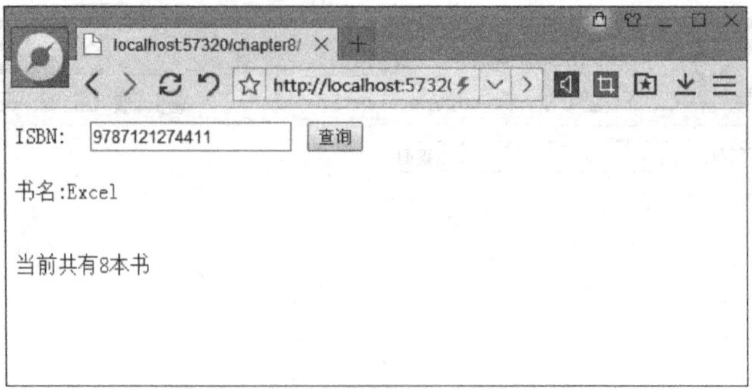

图 8.8 实例 8-4 运行单击【查询】按钮后

8.4 DataReader 对象

如图 8.2 所示，使用 ADO. NET 访问数据库的常见路径是：

Connection→Command→DataReader→输出(Response. Write 或 Label 等)。

实例 8-2 即是如此。DataReader 对象读取数据是顺序的、只读的方式。由于只进行读操作，而且读取的数据保存在内存缓冲区中，所以速度非常快。DataReader 对象常用的属性和方法如下。

(1) FieldCount 属性：用来表示 DataReader 得到的一行数据中的字段数。

(2) HasRows 属性：用来判断 DataReader 是否包含数据。

(3) IsClosed 属性：用来表示 DataReader 对象是否已经关闭。

(4) Close()方法：用来关闭 DataReader 对象，不带参数，无返回值。

(5) Read()方法：指向本结果集中的下一条记录，该方法返回 true 或 false。

(6) NextResult()方法：指向下一个结果集，用 Read()方法访问该结果集。

(7) IsDBNull(int i)方法：用来判断指定索引号的列是否为 NULL，返回 true 或 false。

DataReader 对象是一个行列结构保存数据的，但是它使用只读游标访问结果集。执行 Read()方法读取下一条记录。如果到结果集的结尾，Read 将返回 false，否则返回 true。然后可以用 dr["字段名"]获取某字段的值。

【实例 8-5】 从数据库 books 的表 bookInfo 中查询书号、书名、ISBN 号对应的书名，用 DataReader 逐行读取显示。

(1) 打开网站 chapter8，添加一个 8-5. aspx 页面。设计如图 8.9 所示。

(2) 在 8-5. aspx. cs 文件中添加代码，引用命名空间：

```
using System.Data.SqlClient;
```

(3) 双击【查询】按钮，在 Click 事件中添加以下代码。

```
protected void Button1_Click(object sender, EventArgs e)
{
    //创建连接对象 conn
    SqlConnection conn=new SqlConnection();
```

```
    conn.ConnectionString=
    @"Data Source=(LocalDB)\v11.0;AttachDbFilename=|DataDirectory|\Books.
    mdf;Integrated Security=True"; //使用@可使字符串中的\保持原义,不被作为转义
                                  //字符符号
    //创建string变量,用于保存sql语句
    string strsql="select ID,Name,ISBN from bookInfo";
    //打开连接
    conn.Open();
    //创建command对象,并传参: sql语句和connection对象
    SqlCommand comm=new SqlCommand(strsql, conn);
    //执行查询语句
    SqlDataReader dr=comm.ExecuteReader();
    //以表格形式输出
    string strPutOut="查询结果如下: <br><table border=1>";
    while (dr.Read())
    {
        strPutOut +="<tr>";
        strPutOut +="<td>"+dr["ID"].ToString() +"</td>";
        strPutOut +="<td>"+dr["Name"].ToString() +"</td>";
        strPutOut +="<td>"+dr["ISBN"].ToString() +"</td>";
        strPutOut +="</tr>";
    }
    strPutOut +="</table>";
    Response.Write(strPutOut);
    if (dr.IsClosed==false)
    {
        dr.Close();
    }
    //关闭连接
    conn.Close();
}
```

变量strPutOut保存了HTML代码,并用Response.Write()向浏览器上输出,显示为表格的形式。

(4) 运行8-5.aspx,效果如图8.9所示,单击【查询】按钮后可显示数据表中的数据。

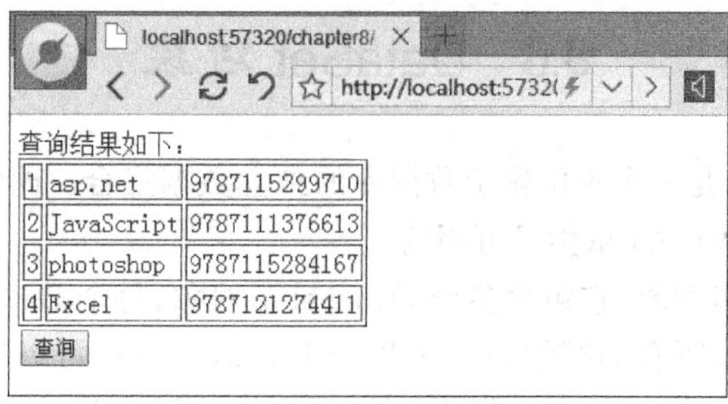

图8.9 实例8-5的运行效果

8.5 DataAdapter对象

除了前面讲到的数据访问路径：Connection→Command→DataReader，ADO. NET还有一条途径：DB↔Connection↔DataAdapter↔DataSet↔GridView。两条路径都使用Connection对象连接数据源，DataAdapter（数据适配器）对象的作用除了从数据源中获取数据，填充DataSet中的表（结构和数据）和约束，还可以将DataSet的更改提交回数据源。第一条路径是单向的查询，而第二条路径可以实现双向的数据交流。DataAdapter可以执行不同类型的数据库操作命令。使用SelectCommand从数据源检索记录；InsertCommand从DataSet中把插入的数据写入数据源；UpdateCommand把数据更新到数据源；DeleteCommand从数据源中删除记录。

创建DataAdapter对象的语法格式如下。

```
SqlDataAdapter 对象名=new SqlDataAdapter();
```

或

```
SqlDataAdapter 对象名=new SqlDataAdapter("sql","connection 对象");
```

如：

```
SqlDataAdapter da=new SqlDataAdapter(strSql,conn);
```

定义了一个SqlDataAdapter对象da，并指定SQL语句为strSql变量保存的字符串，使用的连接是已存在的连接对象conn。

将查询结果填入数据集使用DataAdapter对象的方法Fill()，代码如下：

```
dataAdapter1.Fill(dataSet1.Products);
```

或者

```
dataAdapter1.Fill(dataSet1,"Products");
```

其中，dataSet1. Products为已有的数据表（DataTable）对象，Products为自定义的表名。

8.6 DataSet对象

DataSet（数据集）是一个不依赖于数据库的独立数据集合。即使断开了与数据库连接或者关闭数据库，DataSet依然是可用的。

DataSet是数据集对象，它包含多个DataTable对象，每个DataTable对象都是一个包含行列的二维结构，所有的行组成一个集合Rows，每一行可以创建为一个DataRow对象。所有列组成一个Columns集合，每一列可以创建为一个DataColumn对象。DataRelationship保存表间约束（如图8.10所示）。

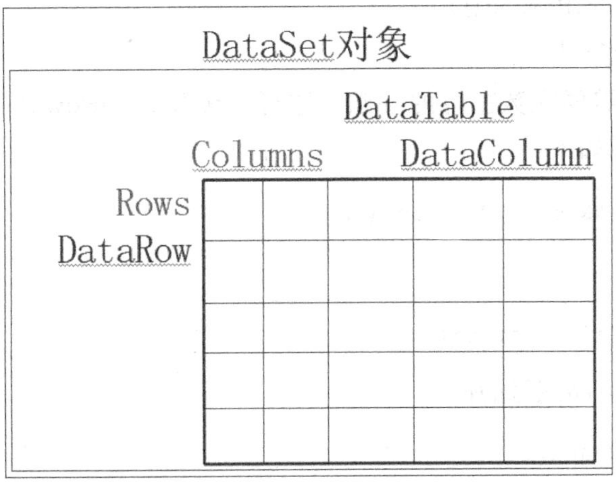

图 8.10 DataSet 对象的结构

DataSet 类在 System.Data 命名空间中。使用 DataSet 及其子类时需要使用下面的代码先引入命名空间：

```
using System.Data;
```

创建数据集对象的语句是：

```
DataSet 对象名=new DataSet();
```

或者

```
DataSet 对象名=new DataSet("DataSet 名");
```

DataTable、DataRow、DataColumn 和 DataRelation 都是数据集的子类，提取数据集中第 i 个数据表并创建 dt 对象的语句是：

```
DataTable dt=ds.Tables[i];        //ds 为已定义的 DataSet 对象
```

也可以创建一个新的 DataTable 对象：

```
DataTable dt=new DataTable();
```

数据行是给定数据表中的一行数据，把 DataTable 对象 dt 中的第 i 行保存为一个 DataRow 对象 dr 的语句是：

```
DataRow dr=dt.Rows[i];
```

为 DataTable 对象 dt 添加一个新列：

```
dt.Columns.Add("商品编号", typeof(int));
```

第一个参数为字段名的字符串，第二个参数为字段类型。

使用 NewRow 方法为 DataTable 对象 dt 创建一个具有 dt 结构的新行，再使用 Add 方法添加到 dt 的 Rows 集合中：

```
DataRow dRow=dt.NewRow();
dt.Rows.Add(dRow);
```

获取某列的值需要在数据行的基础上进行。获取 DataRow 对象 dr 当前行 Name(第 i)列的值的语句如下：

```
string dc=dr ["Name"].ToString();
```

或者

```
string dc=dr [i].ToString();
```

如为新行添加商品编号的值：

```
dRow ["商品编号"]=100;
```

下面用实例演示 DataAdapter 和 DataSet 配合从数据库提取数据的方法。

【实例 8-6】 使用 DataAdapter 和 DataSet 从数据库 books 中查询表 bookInfo 中的书号、书名、ISBN 号、出版社、价格、作者和出版日期，并用 GridView 显示。

(1) 打开网站 chapter8，添加一个 8-5. aspx 页面。设计如图 8. 7 所示，添加一个 Button 和一个 GridView 控件。

(2) 在 8-5. aspx. cs 文件中添加代码，引用命名空间：

```
using System.Data.SqlClient;
using System.Data;
```

(3) 双击【查询】按钮，在 Click 事件中添加以下代码。

```
protected void Button1_Click(object sender, EventArgs e)
{
    //实例化 Connection 对象 conn
    SqlConnection conn=new SqlConnection();
    //指定连接串
    conn.ConnectionString=@"Data Source=(LocalDB)\v11.0;AttachDbFilename=
    |DataDirectory|\Books.mdf;Integrated Security=True";
    //sql 语句
    string strsql="select ID,Name,ISBN,Press,Price,Author,PublishDate from
    bookInfo";
    //创建 SqlDataAdapter 对象 da
    SqlDataAdapter da=new SqlDataAdapter(strsql, conn);
    //创建 DataSet 对象 ds
    DataSet ds=new DataSet();
    //向 ds 中添加一个表 book
    da.Fill(ds, "book");
    //将 GridView1 的数据源指定为前面创建的 DataTable
    GridView1.DataSource=ds.Tables["book"];
```

```
    //数据绑定
    GridView1.DataBind();
}
```

(4) 运行 8-6. aspx，单击【查询】按钮，即可在 GridView 控件中显示结果，效果如图 8.11 所示。

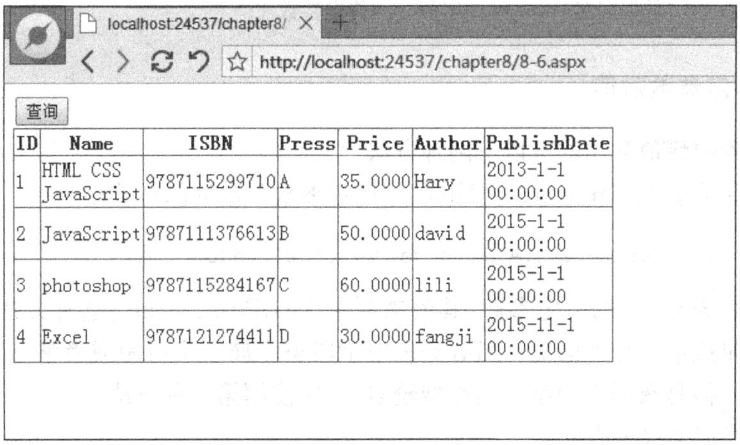

查询

ID	Name	ISBN	Press	Price	Author	PublishDate
1	HTML CSS JavaScript	9787115299710	A	35.0000	Hary	2013-1-1 00:00:00
2	JavaScript	9787111376613	B	50.0000	david	2015-1-1 00:00:00
3	photoshop	9787115284167	C	60.0000	lili	2015-1-1 00:00:00
4	Excel	9787121274411	D	30.0000	fangji	2015-11-1 00:00:00

图 8.11　使用 DataAdapter 和 DataSet 查询结果的效果

本章仅用 GridView 呈现默认的显示效果，可以采用第 9 章中讲到的方法美化其显示效果。

8.7　待定参数的使用

对数据库的操作通常是利用 SQL 语句进行的。在 Select 语句中需要包括一些执行时才确定的条件；在 Insert 语句中包括一些用户执行时才确定要插入的数据；在更新 SQL 语句中包括一些用户执行时确定要更新的信息；在删除 SQL 语句中可能包括用户执行时才确定要删除哪一条记录的信息。在 ASP. NET 中，这些等待确定的数据可以用待定参数表示。提供不同的参数值程序将执行不同的结果。本节介绍待定参数的声明和赋值方法。

1. 待定参数的声明

ADO. NET 使用待定参数的格式是以@开头，即：@待定参数名称。如@name，@id 分别是名为 name、id 的参数。SQL 的查询语句格式是：

```
SELECT * FROM [数据表名] WHERE (字段 1 <@待定参数 1 AND 字段 2 <@待定参数 2… )
```

SQL 的插入语句格式是：

```
INSERT INTO [数据表名] (字段 1, 字段 2, …) VALUES (@待定参数 1, @待定参数 2,…)
```

SQL 的更新语句格式是：

```
UPDATE [数据表名] SET 字段 1 <@待定参数,字段 2 <@待定参数 2
WHERE (字段 1=@待定参数 1)
```

SQL 的删除语句格式是：

```
DELETE FROM [数据表名] WHERE (字段 1=@待定参数 1)
```

2. 给待定参数赋值

给待定参数赋值常用的有以下两种方法。

(1) 命令对象名. Parameters. Add("@待定参数",数据源)；如：

```
sqlCommand1.Parameters.Add(@name, TextBox1.Text);
```

声明了一个名为 name 的待定参数,其值来源于 TextBox1. Text。这种方法中数据源可以是某个常量或某个控件的值。当数据表中字段类型属于字符串或者整型数据时,利用该语句即可。但是数据表中字段的类型较多时,应使用第二种方法。

(2) 给待定参数赋值。

该语句适用于各种类型数据的需要,为通用的赋值语句。调用格式是：

```
命令对象名.Parameters.Add(new SqlParameter("@待定参数名",SqlDbType.类型));
命令对象名.Parameters["@待定参数名"].Value=实际参数;
```

其中,new SqlParameter("@待定参数名",SqlDbType. 类型)是用参数名和数据类型初始化 System. Data. SqlClient. SqlParameter 的新实例。

如：

```
sqlCommand1.Parameters.Add(new SqlParameter("@ProdID",SqlDbType.Int));
sqlCommand1.Parameters["@ProdID "].Value=TextBox1.Text;
```

定义了一个 Int 型的待定参数@ProdID,并指定值为 TextBox1. Text 的值。其中, SqlDbType 在命名空间 System. Data 中定义,用于指定 System. Data. SqlClient . SqlParameter 中的字段和属性的 SQL Server 特定的数据类型。

下面用实例的形式来演示待定参数的方法。

【实例 8-7】 使用待定参数更新数据库 books 中表 bookInfo 的记录。要求在页面上用 DropDownList 显示所有可以更新图书信息的 ISBN 号,根据选择的 ISBN 号更新用户填写的书名和出版社信息。更新成功显示更新成功的信息,并给出更新使用的语句。更新失败显示更新失败的信息。

(1) 打开网站 chapter8,添加一个 8-7. aspx 页面。设计如图 8. 12 所示。

(2) 在 8-7. aspx. cs 文件中添加代码,引用命名空间：

```
using System.Data.SqlClient;
using System.Data;
```

(3) 在 8-7.aspx.cs 文件 Page_Load 中添加以下代码。

```
protected void Page_Load(object sender, EventArgs e)
{
    //创建连接对象 conn
    SqlConnection conn=new SqlConnection();
    conn.ConnectionString=@"Data Source=(LocalDB)\v11.0;AttachDbFilename=
    |DataDirectory|\Books.mdf;Integrated Security=True";
    //创建 string 变量,用于保存 select 语句
    string strsql="select * from bookInfo";
    //打开连接
    conn.Open();
    //创建 command 对象 comm,并传参: sql 语句和 connection 对象
    SqlCommand comm=new SqlCommand(strsql, conn);
    //执行查询语句,并用 DataReader 对象 dr 接收返回结果集
    SqlDataReader dr=comm.ExecuteReader();
    //绑定 DropDownList1 的数据源
    DropDownList1.DataSource=dr;
    DropDownList1.DataValueField="ID";  //用 DataValueField 属性绑定 Value 值
    DropDownList1.DataTextField="ISBN"; //用 DataTextField 属性绑定要显示的值
    DropDownList1.DataBind();
    //关闭连接
    conn.Close();
}
```

(4) 双击【更改】按钮,自动添加 Button1_Click 事件,填写以下代码。

```
protected void Button1_Click(object sender, EventArgs e)
{
    //创建连接对象 conn
    SqlConnection conn=new SqlConnection();

    conn.ConnectionString=@"Data Source=(LocalDB)\v11.0;AttachDbFilename=
    |DataDirectory|\Books.mdf;Integrated Security=True";
    //创建 string 变量,用于保存用户输入的数据
    string strName=TextBox1.Text.ToString();
    string strPress=TextBox2.Text.ToString();
    //创建 string 变量,用于构造更新数据的 SQL 语句
    string strUpdate="update bookInfo set Name=@Name,Press=@Press where ID=@ID";
    //打开连接
    conn.Open();
    //创建 command 对象,并传参: sql 语句和 connection 对象
    SqlCommand comm=new SqlCommand(strUpdate, conn);
    comm.Parameters.Add(new SqlParameter("@Name",SqlDbType.Char));
    comm.Parameters["@Name"].Value=strName;
```

```
        comm.Parameters.Add(new SqlParameter("@Press",SqlDbType.Char));
        comm.Parameters["@Press"].Value=strPress;
        comm.Parameters.Add(new SqlParameter("@ID", SqlDbType.Int));
        comm.Parameters["@ID"].Value=DropDownList1.SelectedValue;
        //执行 Sql 语句
        int num=comm.ExecuteNonQuery();
        if (num==-1)
            Label1.Text="更新图书失败";
        else
        {
            Label1.Text="更新图书成功。<br>更新语句为: " +strUpdate;
        }
        //关闭连接
        conn.Close();
    }
```

(5) 运行 8-7.aspx,即在下拉列表框中添加了 ISBN 号(如图 8.12 所示),选择一个要修改的 ISBN 号,填写书名和出版社后,单击【更改】按钮,可在数据库中将选择的 ISBN 号对应的图书的书名和出版社更新,效果如图 8.13 所示。

图 8.12　实例 8-7 的初始页面

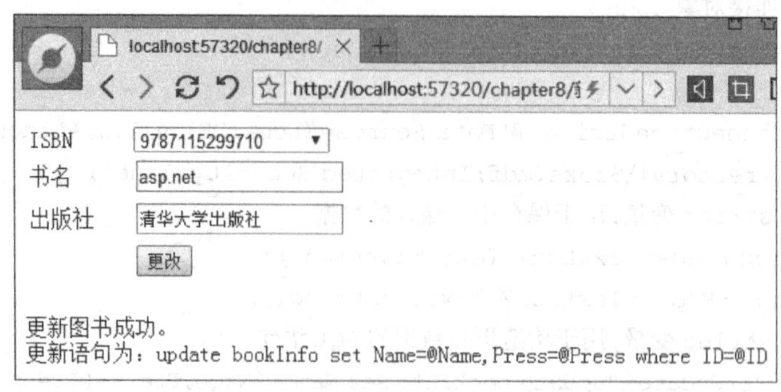

图 8.13　实例 8-7 的更改成功页面

本例使用 DropDownList 绑定数据源用于显示可选值。根据用户选择的 ISBN 号更改图书的书名和出版社。

8.8 SQL Server 2012 Express

在安装 Visual Studio 2012 的时候，可以自动安装 SQL Server 2012(v11.0) Express。学习 ADO.NET 时可以使用这个简化版的 SQL Server，下面简要介绍 SQL Server v11.0 的基本使用方法。

1. 创建数据库文件

数据库文件通常放在 App_Data 文件夹下，自动成为网站的共享数据库。可以通过以下操作添加 App_Data 和数据库。

(1) 右击网站根目录→【添加】→【ASP.NET 文件夹】→App_Data。

(2) 右击 App_Data→【添加】→【添加新项】→打开对话框→选择【SQL Server 数据库】，在【名称】处填写需要的数据库名，单击【添加】按钮，将添加上一个数据库。

2. 服务器资源管理器

【服务器资源管理器】用于管理数据库服务器和数据连接，还可以为数据库创建表、存储过程等。在【服务器资源管理器】中，可以查看已建立的数据连接，双击 App_Data 中添加的数据库可以在【服务器资源管理器】中看到(如图 8.14 所示)。也可以右击【数据连接】节点，选择【添加数据连接】，弹出【选择数据源】对话框，添加数据连接。

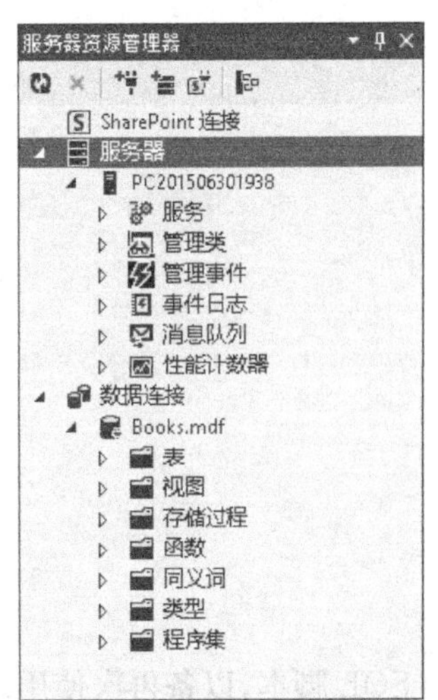

图 8.14 服务器资源管理器

3. 创建数据库表

右击【服务器资源管理器】中的【表】节点，选择【添加新表】，将弹出【表设计器】，【表设计器】显示两种视图，可视化的设计视图可以设计表结构。如图 8.15 所示添加了多个字段。T-SQL 视图显示表对应的 SQL 脚本，表名默认为 Table，在此可以修改表的名称，这里修改为 bookInfo。

当选择 Id 字段时，在【属性】窗口中可以设置该字段为标识(标识规范为 True)，并且种子和增量默认都为 1(如图 8.16 所示)。这样当插入数据时，Id 将自动从 1 开始插入。

设计完成，单击图 8.15 中的 更新(U) 图标，在弹出的更新数据库的信息窗口中，单击【更新数据库】，完成对数据库的更新，创建表成功。当刷新服务器资源管理器的表节点时将看到添加的新表 bookInfo。需要再次打开表时，右击表名，选择【打开表设计】，即可打开表的设计视图。

根据用户的操作系统自动生成相应的 SQL 脚本，可以通过【文件】菜单保存创建表

dbo.bookInfo [设计]

更新(U) 脚本文件(I): dbo.bookInfo.sql

名称	数据类型	允许 Null	默认值
Id	int	☐	
categoryID	int	☑	
Name	nvarchar(50)	☑	
ISBN	char(13)	☑	
Press	nvarchar(50)	☑	
Price	money	☑	
Author	nvarchar(50)	☑	
PublishDate	date	☑	
version	smallint	☑	
CoverPath	varchar(50)	☑	

设计 ⇅ T-SQL

```
CREATE TABLE [dbo].[bookInfo] (
    [Id]          INT            IDENTITY (1, 1) NOT NULL,
    [categoryID]  INT            NULL,
    [Name]        NVARCHAR (50)  NULL,
    [ISBN]        CHAR (13)      NULL,
```

图 8.15 数据库的表设计视图

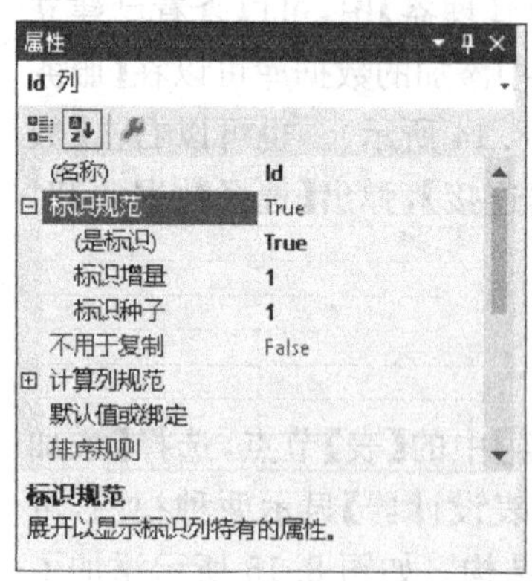

图 8.16 字段 Id 设为标识

的 SQL 脚本,以备再次使用。脚本如下。

```
CREATE TABLE [dbo].[bookInfo] (
    [Id]          INT            IDENTITY(1, 1) NOT NULL,
    [categoryID]  INT            NULL,
    [Name]        NVARCHAR(50)   NULL,
    [ISBN]        CHAR(13)       NULL,
    [Press]       NVARCHAR(50)   NULL,
    [Price]       MONEY          NULL,
    [Author]      NVARCHAR(50)   NULL,
    [PublishDate] DATE           NULL,
    [version]     SMALLINT       NULL,
```

```
    [CoverPath]    VARCHAR(50)     NULL,
    PRIMARY KEY    CLUSTERED([Id] ASC)
);
```

以上操作在数据库 books 中定义了一个 bookInfo 表，本章的所有实例都基于上面创建的数据表 bookInfo 进行的功能演示。bookInfo 表包含以下字段。

(1) Id：INT 类型，表示图书编号。设置为非空，自动标识。

(2) categoryID：INT 类型，表示图书种类编号。设为非空。

(3) Name：NVARCHAR 类型，表示图书的书名，设为非空。

(4) ISBN：CHAR 类型，表示图书的 ISBN 号。

(5) Press：NVARCHAR 类型，表示出版社。

(6) Price：MONEY 类型，表示价格。

(7) Author：NVARCHAR 类型，表示作者。

(8) PublishDate：DATE 类型，表示出版年月。

(9) version：SMALLINT 类型，表示版本。

(10) CoverPath：VARCHAR 类型，表示封面图片的路径。

数据库支持的字符串数据类型按长度是否可变分为定长类型和变长类型。

(1) 定长字符串包括 char 和 nchar。只能存储固定长度的字符串。如果在程序界面输入的字符串长度超过了定义的长度，将被自动切断，并给出错误信息；长度不够时会自动补上空格。当字符串的长度相对比较固定时，采用 char 会比采用 varchar 更有效率。

(2) 变长字符串包括 varchar 和 nvarchar。存储可变长度的字符串。当插入的字符串长度超过了定义的长度，也将自动切断；长度不够时不补空格。它们最好用于存储没有固定长度的短字符串。

其中，以 n 为前缀的类型 nchar 和 nvarchar 采用 Unicode 编码，而 char 和 varchar 采用字符编码。Unicode 数据中的每个字符都使用两个字节进行存储，而字符数据中的每个字符则都使用一个字节进行存储。存储只有英文、数字时最好用 varchar，存储含有中文字符时最好用 nvarchar。

4. 添加表数据

选择需要添加表数据的表右击，选择【显示表数据】，即可添加表数据(如图 8.17 所示)。注意自动标识的 Id 字段不需要录入。

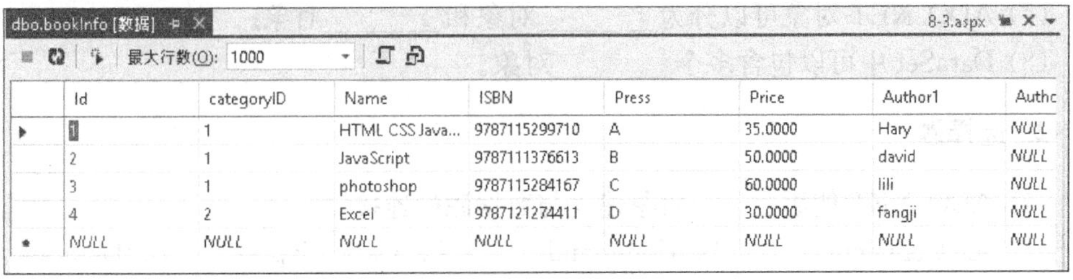

dbo.bookInfo [数据]　　8-3.aspx

最大行数(O): 1000

	Id	categoryID	Name	ISBN	Press	Price	Author1	Authc
▶	1	1	HTML CSS Java...	9787115299710	A	35.0000	Hary	NULL
	2	1	JavaScript	9787111376613	B	50.0000	david	NULL
	3	1	photoshop	9787115284167	C	60.0000	lili	NULL
	4	2	Excel	9787121274411	D	30.0000	fangji	NULL
*	NULL	NULL	NULL	NULL	NULL	NULL	NULL	NULL

图 8.17　添加表数据

小 结

ADO.NET为各种Web应用程序提供了不同数据源之间的数据访问技术，它实际上是.NET框架中的一套类库。本章首先介绍了ADO.NET的数据访问层次结构及其核心对象：Connection、Command、DataReader、DataAdapter和DataSet。数据集与数据提供器是ADO.NET技术的核心组件。与数据库在连接和断开的状态下DataSet都可以工作。

Connection是连接对象，用来建立一个与特定数据源的连接。Command是命令对象，用来执行对数据源的操作命令。这些命令可能返回结果，也可能不返回结果。可以用来查询、插入、修改、删除数据。DataReader是只读对象，用来从数据源中读取只进且只读的数据流，获取数据的速度比较快。DataAdapter是适配器对象，用来建立一个连接或使用一个已建立的连接，将数据填充到DataSet或从DataSet中读出数据并修改数据源。

通过实例重点介绍了ADO.NET的5个主要对象的主要属性和方法。通过这5个对象，可以有两条主要的途径对数据库进行操作，Connection→Command→DataReader和Connection→DataAdapter→DataSet，都可以对数据库进行查询、插入、更新、删除操作。当命令有参数时可以使用String.Format对字符串格式化，也可以使用待定参数来实现。

课后习题

1. 填空题

(1) ADO.NET提供了两个核心组件：________与________。

(2) Connection对象的________属性用来指定连接的字符串，字符串包含要连接的服务器名称、数据库名、连接方式等。

(3) Command对象的________方法可以用来执行Insert语句，返回影响的行数。

(4) ________可以在断开与数据源连接的状态下工作。

(5) 待定参数用________开头。

(6) 调用Connection对象的________方法打开数据库连接，________方法关闭数据库连接。

(7) ADO.NET对象可以分为________对象和________对象。

(8) DataSet中可以包含多个________对象。

2. 选择题

(1) ADO.NET使用(　　)对象建立与数据源的连接。

A. Connection　　B. Command　　C. DataAdapter　　D. DataSet

(2) 执行DataReader对象的(　　)方法可以指向本结果集中的下一条记录。

A. Open　　B. Read　　C. Write　　D. Close

(3) Command 对象的(　　)方法可以返回结果集中的第一行第一列的值。

A. ExecuteReader　　B. ExecuteNonQuery

C. ExecuteScalar　　D. 没有这个方法

(4) 要使用 Command 对象执行存储过程时,应设置它的(　　)属性为 StoredProcedure。

A. StoredProcedure　　B. CommandText

C. CommandType　　D. SqlType

(5) 下面说法正确的是(　　)。

A. Connection 对象使用完毕后必须关闭

B. 可以使用 DataReader 对象更新数据库

C. DataAdapter 对象可以隐式打开数据库连接

D. Command 命令默认执行的是存储过程

3. 上机操作题

上机目的:

掌握 Connection 对象创建连接的方法;

掌握 Command 对象执行查询命令和非查询命令的方法;

掌握 DataAdapter 对象和 DataSet 对象操作数据库的方法。

上机内容:

App_Data 中有数据库文件 forum. mdf,forum. mdf 中包含表 liuyan。表 liuyan 保存了所有的留言信息,如 ID(自动标识)、title(标题)、content(内容)、createdate、IP、username。现在要求实现以下功能,请写出相应代码。

(1) 查询所有留言信息,并显示到 GridView 控件 gvLiuyan 中。

(2) 添加新留言:将某登录用户(username)在 TextBox1 中的留言标题和 TextBox2 中留言内容,客户端 IP 及留言时间(createdate)添加到数据库中。

(3) 删除留言:将某条不合法的留言按照留言 ID 进行删除。

第9章 chapter 9

数据源控件和GridView控件

第8章介绍了ADO.NET的作用和主要的核心对象，用编写代码的形式实现连接和操作数据库的方法。ASP.NET还提供了一系列的数据源控件和数据显示控件，通过一些简单操作，不写或只需要写少量的代码，即可完成连接和操作数据库的功能。仍然需要用到ADO.NET，只是省去了许多代码，使访问和操作数据库变得非常简单。本章将介绍数据源控件的使用方法和数据控件GridView的使用方法。

本章学习目标：

- 理解数据源控件的作用；
- 掌握数据源控件连接SQL Server数据库的方法；
- 掌握数据源控件配置有条件查询和编辑数据表SQL语句的方法；
- 理解数据绑定的概念；
- 掌握GridView控件显示数据和编辑数据的方法。

9.1 数据绑定

在ASP.NET中，可以将显示控件的某个属性与数据源绑定在一起，即数据绑定(Data Binding)。每当数据源中的数据发生变化且重新启动网页时，被绑定对象中的属性将随数据源而改变。数据绑定是一项非常简单有效的技术。

ASP.NET中许多控件都支持数据绑定功能，如TextBox、DropDownList控件等。实现动态显示数据源中的数据。数据集、数组、集合或者XML文档甚至一般变量都可以作为数据源。

为了进行数据绑定，需要用到系统提供的Eval("字段名")方法。Eval()是一个静态方法，参数是双引号引起来的数据源中的字段名。不管字段中是什么数据类型，它总是返回字符串，以便在网页中显示，使用时不必关心数据本来的类型以及转换的方法。Eval()只能用于数据显示控件的模板中，Eval()方法必须写在＜％＃…％＞标签中。

Bind("字段名")也是一个静态方法，与Eval相似，都可以从数据源中检索指定的数据并自动转换为字符串。不同的是，Eval("字段名")是单向绑定，Bind()支持双向绑定。双向绑定就是除了从数据源获取数据外，还允许用户更新、删除或插入数据。

因此，如果只是显示字段值就使用Eval("字段名")，如果还需要编辑数据就应该使用 Bind("字段名")，都必须写在＜%#... %＞标签中，如＜%#Eval("Id")%＞表示返回数据表中的 Id 字段值并显示、＜%#Bind("name")%＞表示返回数据表中的字段 name 并显示，当编辑时修改数据表中的 name 字段值。具体实例见本章后面的内容。

9.2 数据源控件简介

9.2.1 数据源控件类型

ASP.NET 提供的数据源控件可以结合数据绑定使用数据源控件通过编程方式来实现数据自动绑定和显示。在数据源控件中，对一些数据访问、数据存储和对数据所执行的一些操作代码都进行了封装。在使用数据源控件时需要事先进行配置，配置完成后，系统内部已经根据确定的数据源自动生成了各种对象。再使用数据绑定控件的 DataSourceID 属性，可以设置与某数据源控件的关联。.NET 提供了多个数据源控件，用于连接不同类型的数据源，如数据库、XML 文件或中间层的业务对象等(如表 9.1 所示)。本节将介绍数据源控件的使用方法。

表 9.1 数据源控件的类型

数据源控件	主要访问的数据源
SqlDataSource	SQL Server 2005 及以上版本、Oracle 等
ObjectDataSource	内存中的数据对象
XMLDataSource	XML 文件
SiteMapDataSource	网站地图文件(XML 文件)(见第 7 章)
LinqDataSource	使用 LINQ 技术查询应用程序中的数据对象

9.2.2 SqlDataSource 控件

使用 SqlDataSource 控件来访问 SQL Server 数据库。下面以实例的形式来说明配置数据源的过程。

【实例 9-1】 使用 SqlDataSource 控件来连接 SQL Server 数据库，并使用 GridView 显示查询结果。

(1) 新建一个网站 chapter9，添加一个 Web 窗体 9-1.aspx。

(2) 右击网站名→【添加新项】→【数据库】，添加一个 StudentDB 数据库。提示是否放在 App_Data 目录中，单击【是】按钮即可。

(3) 在【服务器资源管理器】中，为 StudentDB 数据库新建一个表 studentInfo，并添加表字段，如图 9.1 所示，包括 stuNo、stuName、stuGender、stuBirth、stuImage 字段，stuNo 设为主键。在 T-SQL 脚本中修改表名为 studentInfo。单击【更新】按钮，再单击【更新数据库】按钮，即可保存表 studentInfo。

名称	数据类型	允许 Null	默认值
stuNo	varchar(20)	☐	
stuName	varchar(20)	☑	
stuGender	varchar(6)	☑	
stuBirth	datetime	☑	
stuImage	varchar(50)	☑	

图 9.1　studentInfo 表结构

根据表设计自动生成的脚本如下。

```
CREATE TABLE [dbo].[studentInfo] (
    [stuNo]      VARCHAR(20) NOT NULL,
    [stuName]    VARCHAR(20) NULL,
    [stuGender]  VARCHAR(6)  NULL,
    [stuBirth]   DATETIME    NULL,
    [stuImage]   VARCHAR(50) NULL,
    PRIMARY KEY  CLUSTERED([stuNo] ASC)
);
```

可以保存该脚本,待以后使用。

(4) 为 studentInfo 表添加数据,如图 9.2 所示。到此为止就在 App_Data 中准备好了数据源。

stuNo	stuName	stuGender	stuBirth	stuImage
2016010101	Mary	female	1995-1-1 00:0...	NULL
2016010102	Smith	male	1995-2-2 00:0...	NULL
2016010103	Dan	male	1996-5-6 00:0...	NULL
NULL	NULL	NULL	NULL	NULL

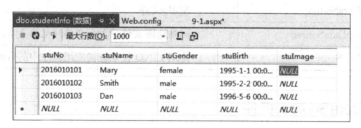

图 9.2　studentInfo 表数据

(5) 从【工具箱】的【数据】选项卡中拖放一个 SqlDataSource 控件, ID 为 SqlDataSource。单击 SqlDataSource 任务中的【配置数据源】(如图 9.3 所示),将弹出【配置数据源】对话框(如图 9.4 所示)。

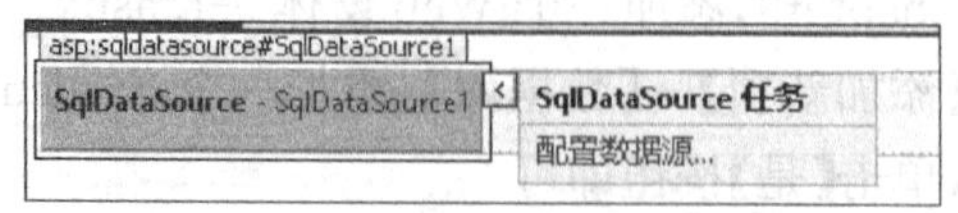

图 9.3　SqlDataSource 任务

(6) 在弹出的对话框中,可以有以下三种操作。

① 初次连接 App_Data 中的数据库文件:当初次连接 App_Data 文件夹中的数据库

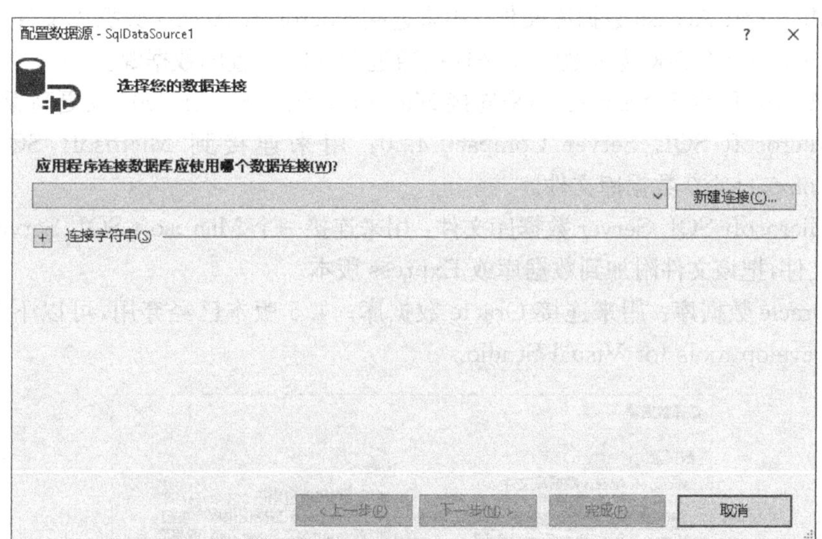

图 9.4 【配置数据源】对话框

文件时,将在下拉列表中自动显示可选择的数据库文件(如图 9.5 所示)。

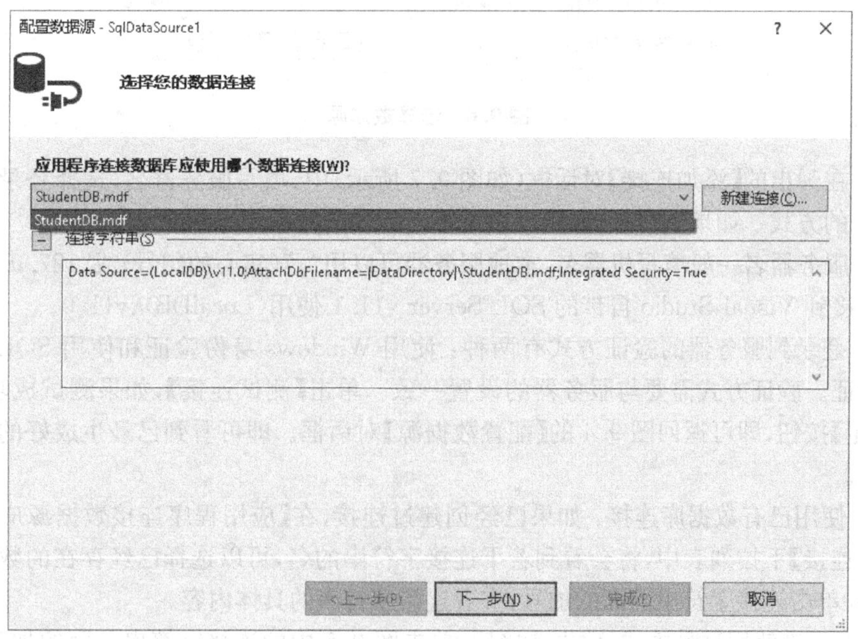

图 9.5 初次连接 App_Data 文件夹中的数据库文件

② 新建数据库连接:当连接 SQL Server 2005 及以上版本中数据库时,可以建立新连接,操作如下。

- 单击图 9.4 中的【新建连接】按钮,将打开【选择数据源】对话框(如图 9.6 所示)。要连接 Microsoft SQL Server 数据库,需要选择 Microsoft SQL Server,单击【确定】按钮。可选的数据源如下。

Microsoft Access 数据库文件：用来连接 Microsoft Access 数据库文件。

Microsoft ODBC 数据源：用来连接通过 ODBC 配置的数据源。

Microsoft SQL Server：用来连接 Microsoft SQL Server 2005 及更高版本。

Microsoft SQL Server Compact 4.0：用来连接到 Microsoft SQL Server Compact 4.0 数据库文件。

Microsoft SQL Server 数据库文件：用来连接一个 Microsoft SQL Server 数据库文件，把该文件附加到数据库或 Express 版本。

Oracle 数据库：用来连接 Oracle 数据库。4.5 版本已经弃用，可以下载 Oracle Develop tools for Visual Studio。

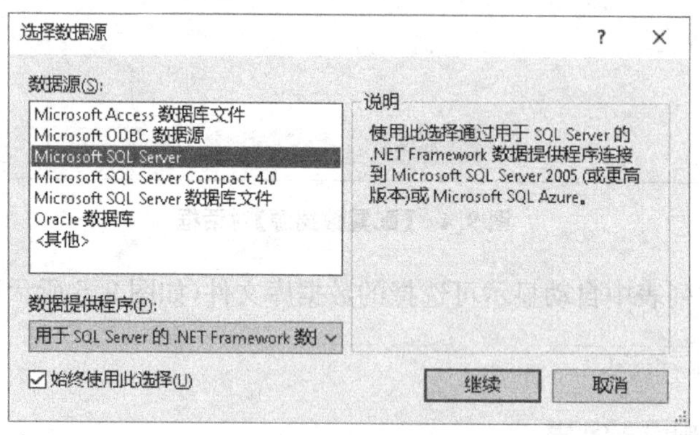

图 9.6 选择数据源

- 在弹出的【添加连接】对话框(如图 9.7 所示)中，填写服务器名，选择登录服务器的方式。如果填写正确，则可以选择连接到的数据库(如图 9.7 所示)。

a. 服务器名一般填写机器名，本地服务器可以用“.”(实心的句号)或“127.0.0.1”代替。连接到 Visual Studio 自带的 SQL Server v11.1 使用(LocalDB)\v11.0。

b. 登录到服务器的验证方式有两种：使用 Windows 身份验证和使用 SQL Server 身份验证。验证方式需要与服务器的设置一致。单击【测试连接】，如果测试成功，就单击【确定】按钮，即可返回图 9.4 的【配置数据源】对话框。即可看到已经生成好的数据库连接串。

③ 使用已有数据库连接：如果已经创建过连接，在【应用程序连接数据源应使用哪个数据连接】下拉列表中，将会看到若干连接字符串的名，可以选择已经存在的数据库连接串，并单击连接字符串前面的加号，查看连接字符串的具体内容。

(7) 无论使用哪种方式，建立连接后，单击图 9.5 中的连接字符串前面的加号，就可以看到已经生成好的数据库字符串。

(8) 单击【下一步】按钮，弹出对话框询问是否将连接保存到应用程序配置文件中。默认勾选【是，将此连接另存为 ConnectionString】，用户可以修改连接字符串的名字，以区分不同的连接(如图 9.8 所示)。

如果选择上述复选框，将自动在 Web.config 文件中保存生成好的连接字符串。保存后可以在后续连接中重复使用。

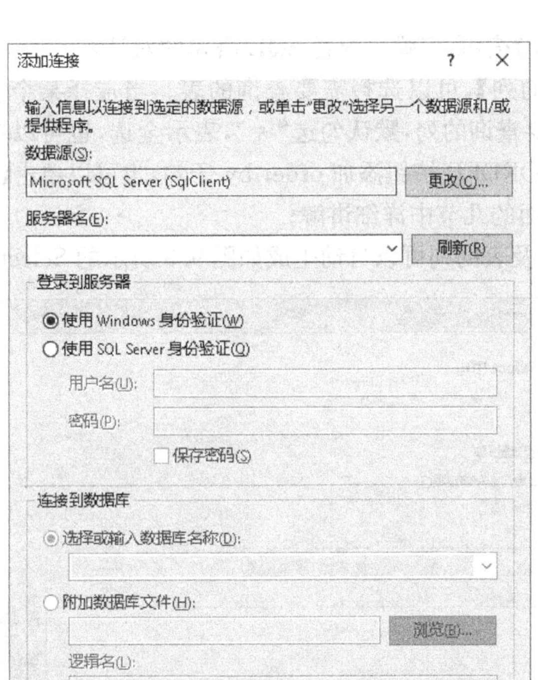

图 9.7 【添加连接】对话框

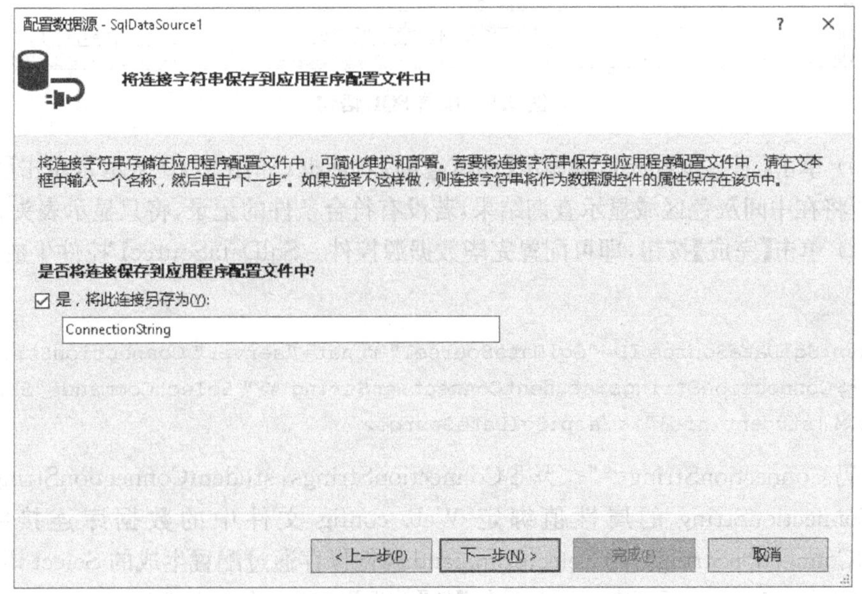

图 9.8 将连接保存到 Web.config 中

(9) 单击【下一步】按钮，将弹出配置 SQL 语句的对话框(如图 9.9 所示)，默认选择【指定来自表或视图的列】，可以选择需要查询的表。当选择某个表后自动列出表中的列，在【列】中勾选需要查询的列，默认勾选“*”，表示全选，也可以单击 WHERE 按钮添加 where 条件，单击 ORDER 按钮添加 order by 子句，也可以单击【高级】按钮，生成其他 SQL 语句，这将在后面的几节中详细讲解。

通过上述选择表及表的列可以自动生成如图 9.9 所示的 Select 语句。

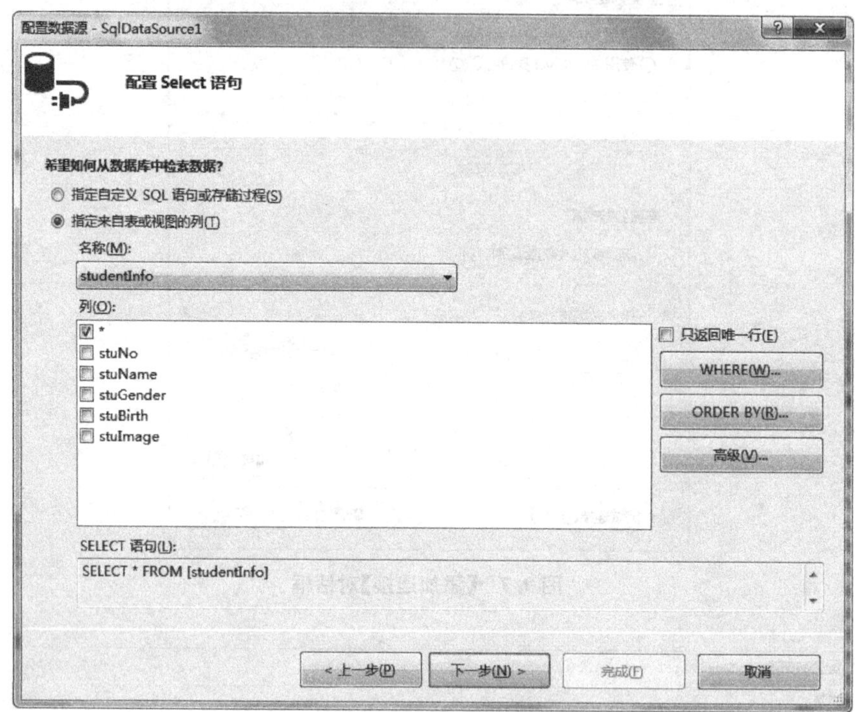

图 9.9　配置 SQL 语句

(10) 单击【下一步】按钮，将显示【测试查询】对话框(如图 9.10 所示)，单击【测试查询】按钮将在中间灰色区域显示查询结果，若没有符合条件的记录，将只显示表头。

(11) 单击【完成】按钮，即可配置完毕数据源控件。SqlDataSource1 控件生成的代码如下。

```
<asp:SqlDataSource ID="SqlDataSource1" runat="server" ConnectionString=
"<%$ConnectionStrings:studentConnectionString %>" SelectCommand="SELECT *
FROM [studentInfo]"></asp:SqlDataSource>
```

代码 ConnectionString="＜％＄ConnectionStrings：studentConnectionString％＞"表示 ConnectionString 的属性值绑定 Web.config 文件中的数据库连接字符串 studentConnectionString。用 SelectCommand 属性保存通过配置生成的 Select 语句。

(12) 在 9-1.aspx 页面中，从【工具箱】的【数据】选项卡中向页面添加一个 GridView1 控件。在【GridView 任务】中，单击【选择数据源】下拉列表控件，选择刚刚配置完的

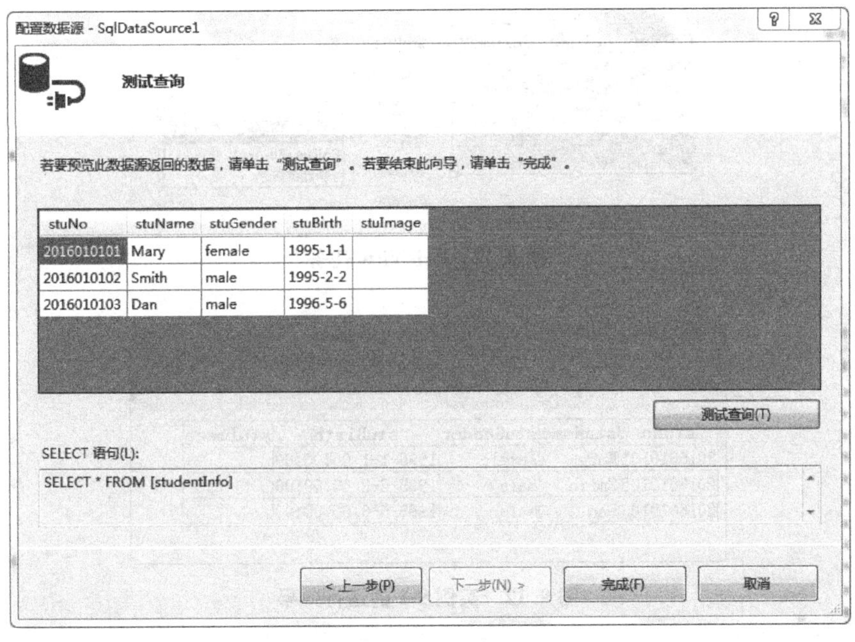

图 9.10 【测试查询】对话框

SqlDataSource1(如图 9.11 所示)。自动生成代码如下。

```
<asp:GridView ID="GridView1" runat="server" AutoGenerateColumns="False"
DataKeyNames="stuNo" DataSourceID="SqlDataSource1">
<Columns>
<asp:BoundField DataField="stuNo" HeaderText="stuNo" ReadOnly="True"
SortExpression="stuNo" />
<asp:BoundField DataField="stuName" HeaderText="stuName" SortExpression=
"stuName" />
<asp:BoundField DataField="stuGender" HeaderText="stuGender" SortExpression=
"stuGender" />
<asp:BoundField DataField="stuBirth" HeaderText="stuBirth" SortExpression=
"stuBirth" />
<asp:BoundField DataField="stuImage" HeaderText="stuImage" SortExpression=
"stuImage" />
</Columns>
</asp:GridView>
```

查询表的主键自动设为 DataKeyNames 属性的值。Columns 元素表示 GridView 控件的列的集合。查询的每个字段都生成一个绑定列(BoundField)。DataField 指定绑定的字段名。

(13) 运行 9-1.aspx,效果如图 9.12 所示。显示符合条件的数据。当查询结果为空时,GridView 默认没有任何显示。GridView 控件显示的表头默认与数据列相同。

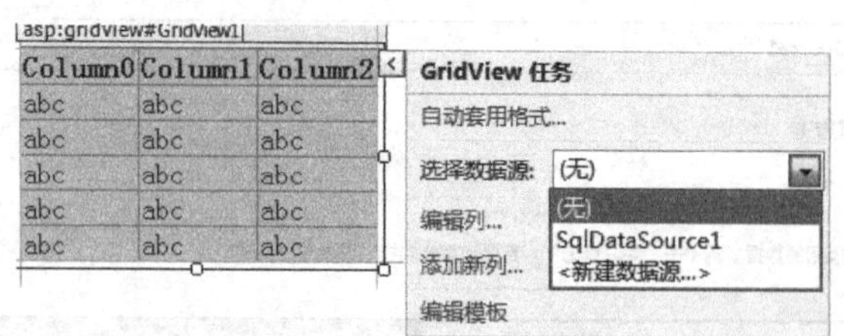

图 9.11 GridView 任务

stuNo	stuName	stuGender	stuBirth	stuImage
2016010101	Mary	female	1995-1-1 00:00:00	
2016010102	Smith	male	1995-2-2 00:00:00	
2016010103	Dan	male	1996-5-6 00:00:00	

图 9.12 实例 9-1 的运行效果

9.3 GridView 控件

GridView 控件是非常常用的一个数据控件，它以表格形式显示数据，可以和数据源绑定。本节将首先介绍使用 GridView 控件进行分页、排序和选择的方法，然后介绍利用模板来改变外观显示的方式。

9.3.1 分页、排序和选择

GridView 控件支持分页、排序和选择功能。

1. 分页

当显示数据多的时候就要进行分页显示。在【属性】窗口中，将 GridView 控件的 AllowPaging 属性设为 true (AllowPaging=true)即可。也可以在【GridView 任务】中勾选【启用分页】复选框(如图 9.13 所示)。

允许分页功能后，还需要设置相关属性，如：

(1) PageSize=10：设置每页显示的记录条数。默认为 10，可以根据需要设置为整数。

(2) PagerSettings：是一组属性，控制分页用户界面(UI)的显示外观，单击前面的加号，可设置具体的属性，有：

- HorizontalAlign：分页标记对齐。
- PageButtonCount：分页用户界面显示的页数。
- Position：显示的位置。默认为 Bottom(底部)。

图 9.13 启用分页、排序和选定内容

- Mode：分页标记显示状态。有 Numeric(数字)、NextPrevious、NextPreviousFirstLast 和 NumericFirstLast 可供选择。
- FirstPageText：第一页的链接文字。
- FirstPageImageUrl：第一页的链接图片。
- PreviousPageText：上一页的链接文字。
- PreviousPageImageUrl：上一页的链接图片。
- NextPageText：下一页的链接文字。
- NextPageImageUrl：下一页的链接图片。
- LastPageText：最后一页的链接文字。
- LastPageImageUrl：最后一页的链接图片。

Next 表示下一页，Previous 表示上一页，First 表示第一页，Last 表示最后一页，这些标记的具体显示内容可用 <表示“<”，>表示“>”。

(3) PagerStyles：页标记的外观，包括字体、字号、颜色等。

2. 排序

当需要按照某列排序后显示时，可以设置 AllowSorting=true，表示可以单击数据表各列的标题进行排序，也可以在【GridView 任务】中勾选【启用排序】复选框(如图 9.13 所示)。相关属性如下。

(1) SortExpression：获取与正在排序的列关联的表达式。

(2) SortDirection：获取正在排序列的排序方向。

3. 选择

当需要单击选择某一条记录时，需要在【GridView 任务】中勾选【启用选择】复选框(如图 9.13 所示)，以启用选择功能。

启用选择功能后，可以使用 SelectedRowStyle 属性设置被选择行的外观。

如果将实例 9-1 中的页面 9-1.aspx 中的 GridView 控件启用分页、启用排序和启用选定内容，并在【属性】窗口中设置其 PageSize 为 2(当数据条数大于 PageSize 的设置时才会显示分页功能)，SelectedRowStyle 属性组中 BackColor 设为紫色(#CC99FF)。初始运行效果如图 9.14 所示，三条记录分为两页显示，默认显示第一页。当选择第一条时背景显示为紫色，效果如图 9.15 所示。stuNo 默认按升序显示，单击可以按降序显示，再次单击可又按升序显示。表头字段都显示为带下划线的样式，可以通过单击改变排序方式。

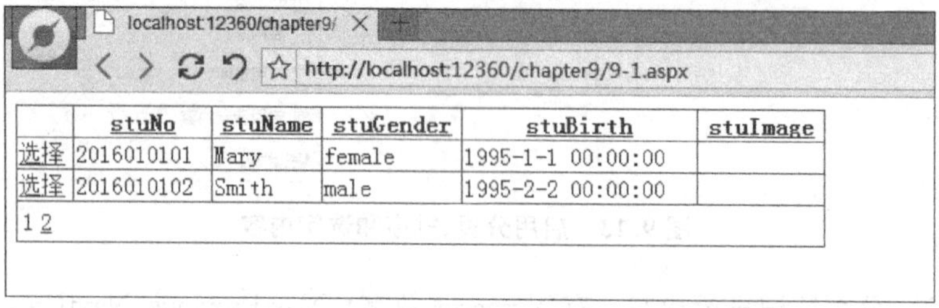

localhost:12360/chapter9/
http://localhost:12360/chapter9/9-1.aspx

	stuNo	stuName	stuGender	stuBirth	stuImage
选择	2016010101	Mary	female	1995-1-1 00:00:00	
选择	2016010102	Smith	male	1995-2-2 00:00:00	
1 2					

图 9.14　启用分页、排序和选择功能的初始运行效果

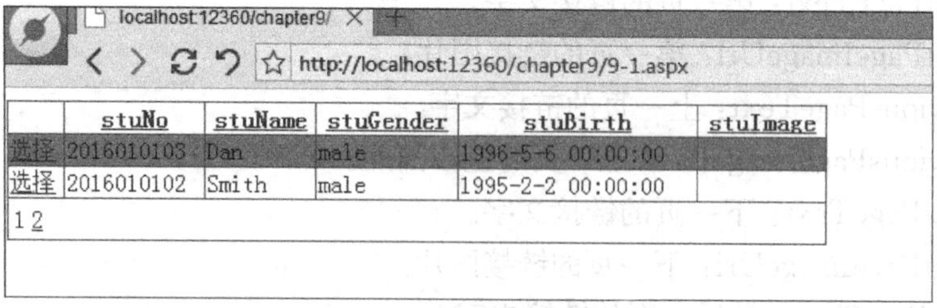

localhost:12360/chapter9/
http://localhost:12360/chapter9/9-1.aspx

	stuNo	stuName	stuGender	stuBirth	stuImage
选择	2016010103	Dan	male	1996-5-6 00:00:00	
选择	2016010102	Smith	male	1995-2-2 00:00:00	
1 2					

图 9.15　使用分页、排序和选择功能后的运行效果

9.3.2　利用模板美化显示

1. 自动套用格式

. NET 为 GridView 控件提供了多种可直接使用的格式。使用方法是：单击 GridView 的◁按钮，在弹出的【GridView 任务】中，选择【自动套用格式】，将打开【自动套用格式】对话框(如图 9.16 所示)，选择合适的格式后，单击【应用】按钮或【确定】按钮即可。

2. 模板

模板(Template)是一组样板，它将 HTML 元素与 ASP. NET 控件结合在一起来定义数据的显示格式，并且由这些格式形成最终的布局。在模板中，可以放入控件，控件还可以与数据源中的数据绑定，使得这些绑定的数据按照模板规定的格式显示。

GridView 控件中的模板主要由头模板(Header Template)、尾模板(Footer Template)和体模板(Row Template)三部分组成。其中，头模板和尾模板用来设置数据标题和尾部显示的内容和格式(如图 9.17 所示)。使用 ShowHeader 和 ShowFooter 属性可以分别设置头部和尾部是否显示。

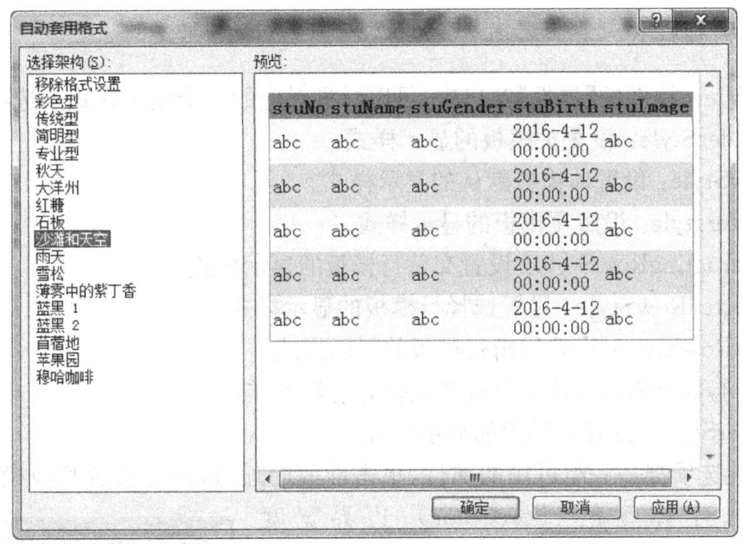

图 9.16 GridView 的【自动套用格式】对话框

Caption 成绩单

Header / Row / Footer / Pager

学号	姓名	数学	英语	性别	语文
030303	周	65	68	1	69
040404	张华	60	88	1	76
1 2 ...					

图 9.17 GridView 控件的模板

GridView 控件的体模板是必须用的，是显示数据的主体部分。当绑定的数据源中有多条记录时，在体模板中自动扫描数据源的各条记录，并且按照模板的要求逐条显示出来。体模板还可以细分为以下几种。

- 体模板：设置显示记录的默认使用模板。
- 交替模板：用来设置交替记录行使用的模板。
- 选择模板：当选择某条记录时使用的模板。
- 编辑模板：当一条记录处于编辑状态时使用的模板。
- 空模板：当数据源为空时使用的模板。

可以通过【GridView 任务】中的【编辑模板】编辑相应的模板，这将在后续章节中结合实例详细讲解。

3. 设置模板样式

在GridView控件的【属性】窗口中，可以看见对应的8个模板样式的选项。

(1) HeaderStyle：设置头模板的显示样式。

(2) RowStyle：设置体模板默认的显示样式。

(3) Footerstyle：设置尾模板的显示样式。

(4) AlternatingRowStyle：设置交替行模板的显示样式。

(5) SelectedRowStyle：设置选择行模板的显示样式。

(6) EditRowStyle：设置编辑行模板的显示样式。

(7) EmptyDataRowStyle：设置空数据时的显示样式。

(8) PagerStyle：设置页模板的显示样式。

每个属性选项都是一组可用的属性，单击前面的加号，即可设置相应模板的背景色(BackColor)、字体颜色(ForeColor)、边界宽度(BorderWidth)等。

4. 编辑GridView控件的列

在【GridView任务】中单击【编辑列】可以弹出对话框，对GridView的列进行编辑。下面用实例来说明。

【实例9-2】 在实例9-1创建的数据库的基础上，使用GridView控件的编辑列功能显示图像。

(1) 在网站chapter9中，添加9-2.aspx窗体。复制需要的图片到网站的某个目录下，如image文件夹，如图9.18所示。

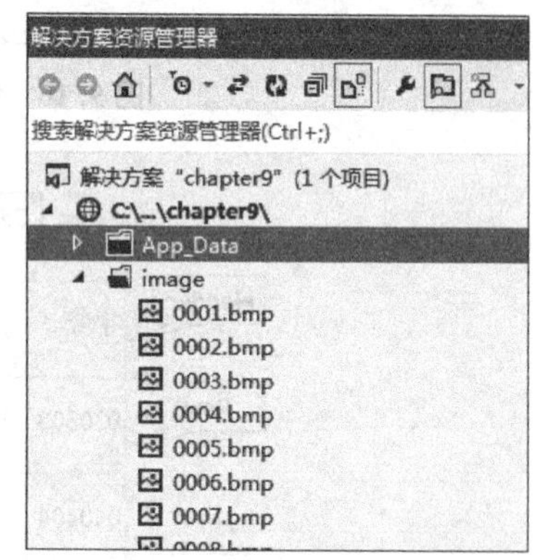

图9.18 为网站添加图片后的结构

(2) 在要连接的数据表StudentInfo中，把学生的图像路径字段stuImage中输入图像的路径。这里stuImage必须是varchar类型。如图9.19所示图像路径指向网站根目录下的image文件夹中的bmp图像。

stuNo	stuName	stuGender	stuBirth	stuImage
2016010101	Mary	female	1995-1-1 00:0...	~/image/0001.bmp
2016010102	Smith	male	1995-2-2 00:0...	~/image/0002.bmp
2016010103	Dan	male	1996-5-6 00:0...	~/image/0003.bmp
2016010104	John	male	1998-1-5 00:0...	~/image/0004.bmp
2016010105	Lili	female	1997-5-8 00:0...	~/image/0005.bmp
NULL	NULL	NULL	NULL	NULL

图9.19 studentInfo中的数据

(3) 在页面9-2.aspx上放置一个GridView控件，再拖放一个SqlDataSource控件。单击【SqlDataSource任务】中的【配置数据源】，使用实例9-1中已经保存的连接字符串studentConnectionString(如图9.20所示)，并核实字符串内容。在配置SQL语句时，选择studentInfo表，并勾选所有字段(如图9.21所示)。

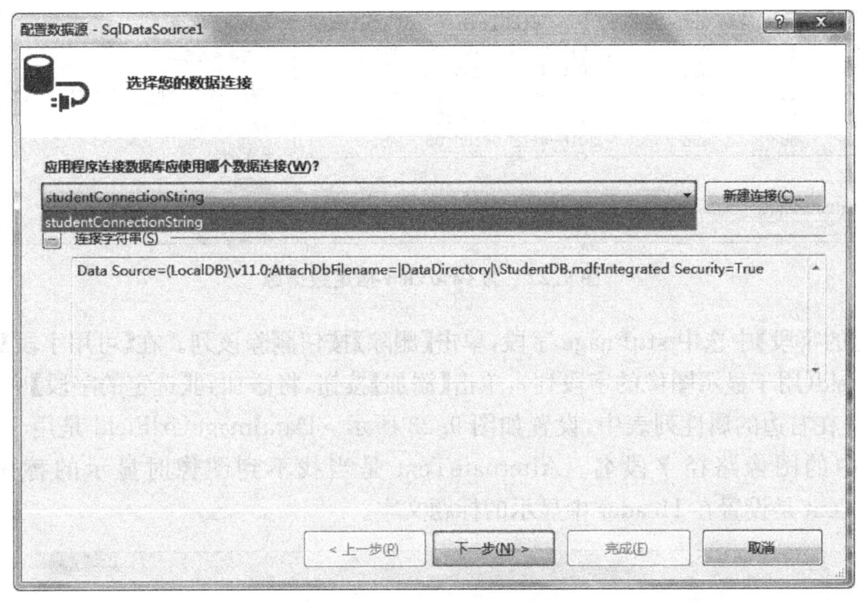

图 9.20　选择连接字符串

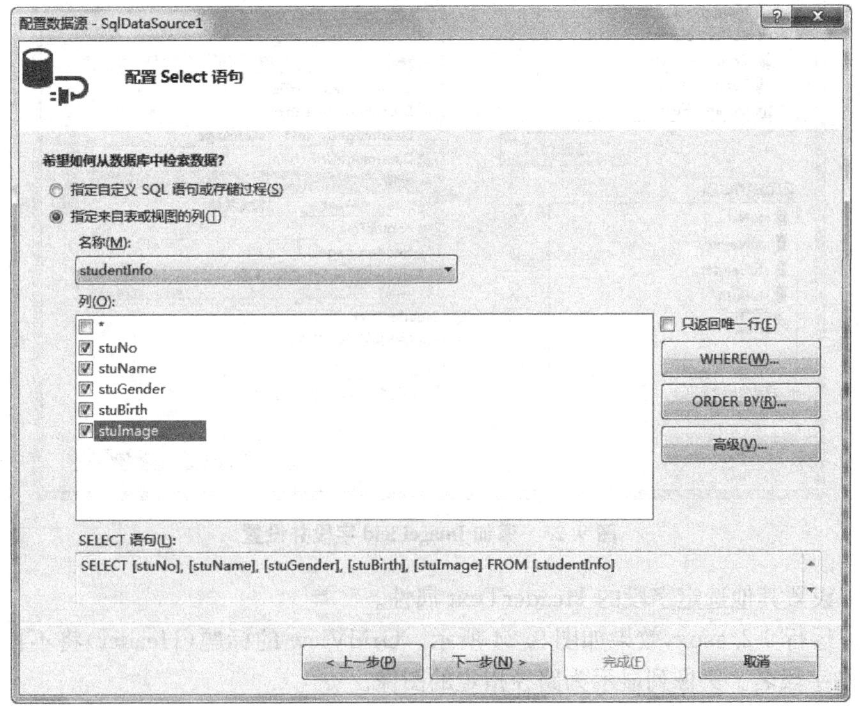

图 9.21　配置 SQL 语句

(4) 配置成功后，在【GridView 任务】中指定它的数据源为刚刚配置好的 SqlDataSource1(如图 9.22 所示)。

(5) 在【GridView 任务】中选择【编辑列】，将打开【字段】设置窗口(如图 9.23 所示)，

stuNo	stuName	stuGender	stuBirth	stuImage
abc	abc	abc	2016-4-12 00:00:00	abc
abc	abc	abc	2016-4-12 00:00:00	abc
abc	abc	abc	2016-4-12 00:00:00	abc
abc	abc	abc	2016-4-12 00:00:00	abc
abc	abc	abc	2016-4-12 00:00:00	abc

SqlDataSource - SqlDataSource1

GridView 任务
自动套用格式...
选择数据源: SqlDataSource1
配置数据源...
刷新架构
编辑列...
添加新列...

图 9.22 为 GridView 指定数据源

在【选定的字段】中选中 stuImage 字段，单击【删除】按钮删除该列。在【可用字段】中选择 ImageField(用于显示图像的字段列)，单击【添加】按钮，将添加到【选定的字段】中。

(6) 在右边的属性列表中，设置如图 9.23 所示。DataImageUrlField 是用于绑定的数据源中的图像路径字段名。AlternateText 是当找不到图像时显示的替代文本。HeaderText 是设置在 Header 中显示的标题文本。

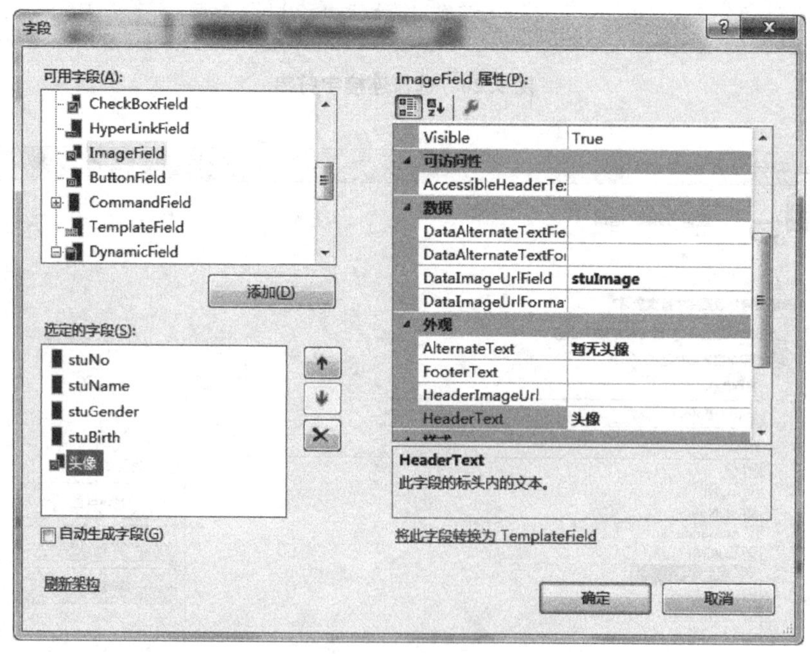

图 9.23 添加 ImageField 字段并设置

(7) 设置其他选定字段的 HeaderText 属性。

(8) 运行 9-2.aspx，效果如图 9.24 所示。GridView 的标题(Header)将不再显示数据源中的字段名。头像列显示为路径指定的图像。

通过上面的实例说明 GridView 控件可以插入绑定列，也可以修改或删除自动生成的绑定列。可以添加的绑定列除了 ImageField 外，还有 BoundField(绑定列)、CheckBoxField(复选框列)、HyperLinkField(超级链接列)、ButtonField(按钮列)、CommandField(命令列)、TemplateField(模板列)。这些列都可以通过单击图 9.23 中的【将此字段转换为 TemplateField】将选择列转化为模板列，再通过【GridView 任务】中的

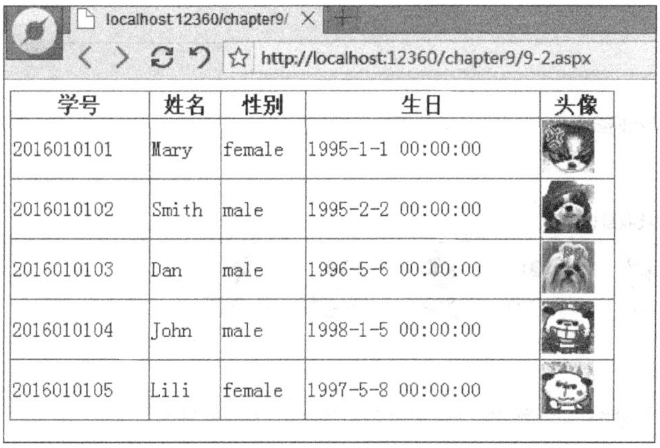

localhost:12360/chapter9/
http://localhost:12360/chapter9/9-2.aspx

学号	姓名	性别	生日	头像
2016010101	Mary	female	1995-1-1 00:00:00	
2016010102	Smith	male	1995-2-2 00:00:00	
2016010103	Dan	male	1996-5-6 00:00:00	
2016010104	John	male	1998-1-5 00:00:00	
2016010105	Lili	female	1997-5-8 00:00:00	

图 9.24 实例 9-2 的运行效果

【编辑模板】功能继续编辑相应列的模板。这将在后续章节继续使用。

9.4 使用数据控件实现条件查询

数据库查询是从数据库中查找符合条件的记录，是经常使用的数据库操作。对数据库的修改记录、删除记录等功能常常是在查询操作的基础上进行的。本节将通过一个一个的实例来说明使用数据源控件和 GridView 控件来实现数据库的单一条件查询、选择条件查询、多条件查询以及数据表同步功能。在使用数据源控件配置有条件的查询时将自动生成含有待定参数的 SQL 语句，待定参数的含义见 8.7 节。

9.4.1 单一条件查询

单一条件查询即根据一个查询条件筛选记录。

【实例 9-3】 使用数据源控件和 GridView 控件来实现单一条件查询。

(1) 在网站 chapter9 中，新建一个 9-3.aspx 页面。页面中添加一个 Label、一个 TextBox、一个 Button 和一个 GridView 控件。

(2) 在【GridView 任务】中的【选择数据源】中单击【新建数据源】，弹出如图 9.25 所示的【选择数据源类型】对话框，选择 SQL 数据库，自动为数据源指定 ID 为 SqlDataSource1，单击【确定】按钮，使用原有的连接字符串。然后在【配置 Select 语句】对话框中选择 studentInfo 表，选择所有字段(如图 9.26 所示)。

(3) 单击图 9.26 中的 WHERE 按钮，弹出【添加 WHERE 子句】对话框(如图 9.27 所示)，配置需要的 WHERE 子句。在【列】中选择需要指定条件的字段。在【运算符】中选择需要的运算符，这里是=。在【源】中选择条件的来源类型。条件来源类型不同，参数属性显示也不同。在【参数属性】中选择或输入条件来源的具体控件名或参数名等。条件来源类型有以下几种。

① Control：从控件获得参数值。

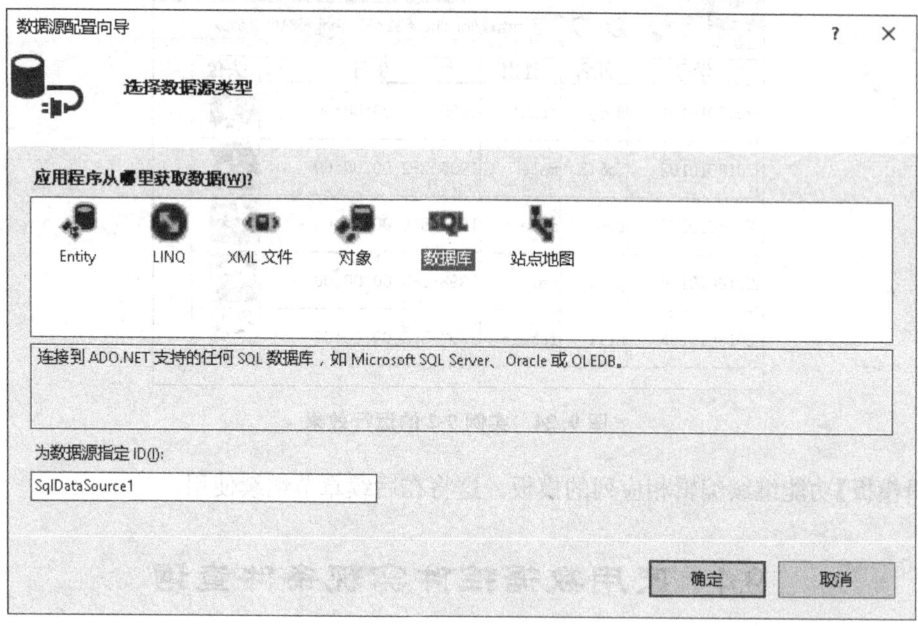

图 9.25 选择数据源

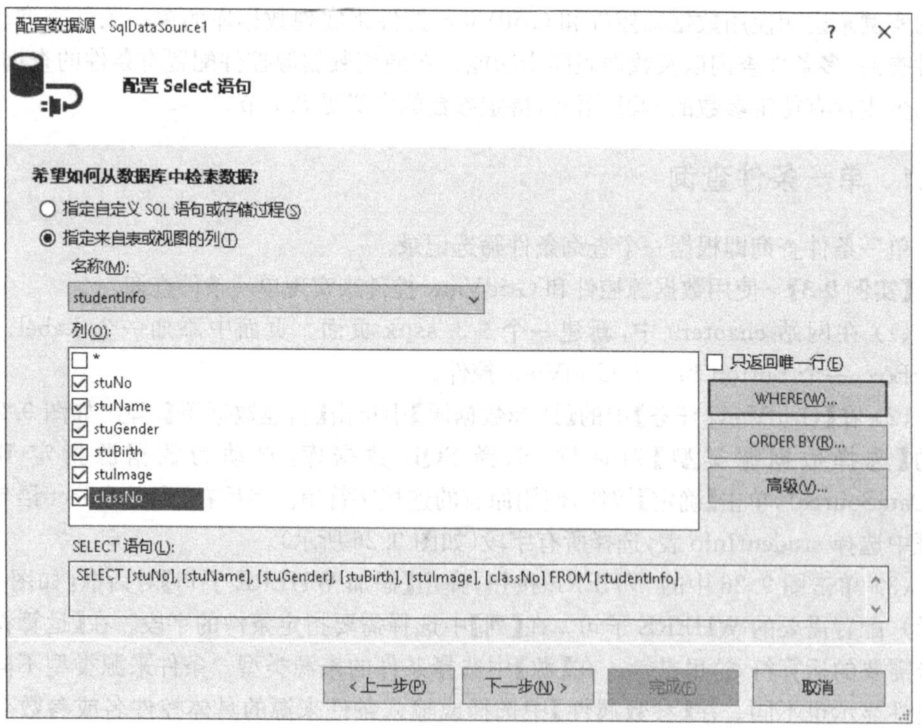

图 9.26 配置 Select 语句

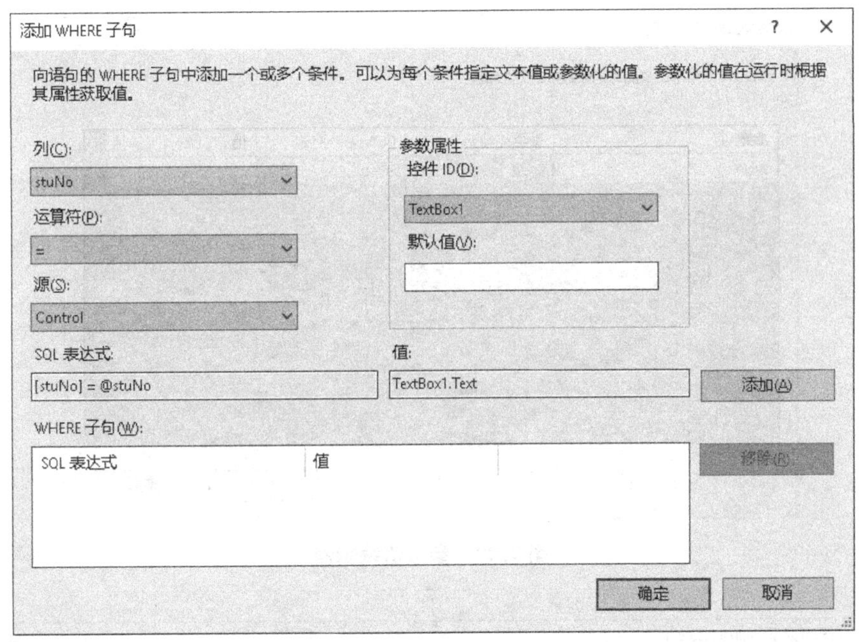

图 9.27 【添加 WHERE 子句】对话框

② Cookie：从 Cookie 对象中获得参数。

③ Form：从窗体页中获取参数。

④ Profile：从客户配置文件中获取参数。

⑤ QueryString：条件来源于 URL 中的某个参数值。

⑥ Session：从 Session 对象获得参数。

(4) 最后单击【添加】按钮可以添加一个条件，在单击【确定】按钮时将看到生成的 SQL 语句如下。

```
SELECT [stuNo], [stuName], [stuGender], [stuBirth], [stuImage], [classNo]
FROM [studentInfo] WHERE ([stuNo]=@stuNo)
```

(5) 在配置完 SQL 语句后，如果需要测试查询结果，需要在图 9.28 的【值】中根据数据库中的数据填写条件的值，这里可以填写“2016010101”。测试结果为如图 9.29 所示的查询结果。单击【完成】按钮数据源即可配置完成。

(6) 配置完成后自动添加了 SqlDataSource1 控件，自动生成 SqlDataSource1 的代码如下。

```
<asp:SqlDataSource ID="SqlDataSource1" runat="server" ConnectionString=
"<%$ConnectionStrings:studentConnectionString %>" SelectCommand="SELECT
[stuNo], [stuName], [stuGender], [stuBirth], [stuImage], [classNo] FROM
[studentInfo] WHERE ([stuNo]=@stuNo)">
<SelectParameters>
<asp:ControlParameter ControlID="TextBox1" Name="stuNo" PropertyName=
"Text" Type="String" />
```

参数值编辑器

为 Select 语句中定义的每个参数指定类型和值。

参数	类型	DbType	值
stuNo	String	Object	

确定 取消

图 9.28 参数值编辑器

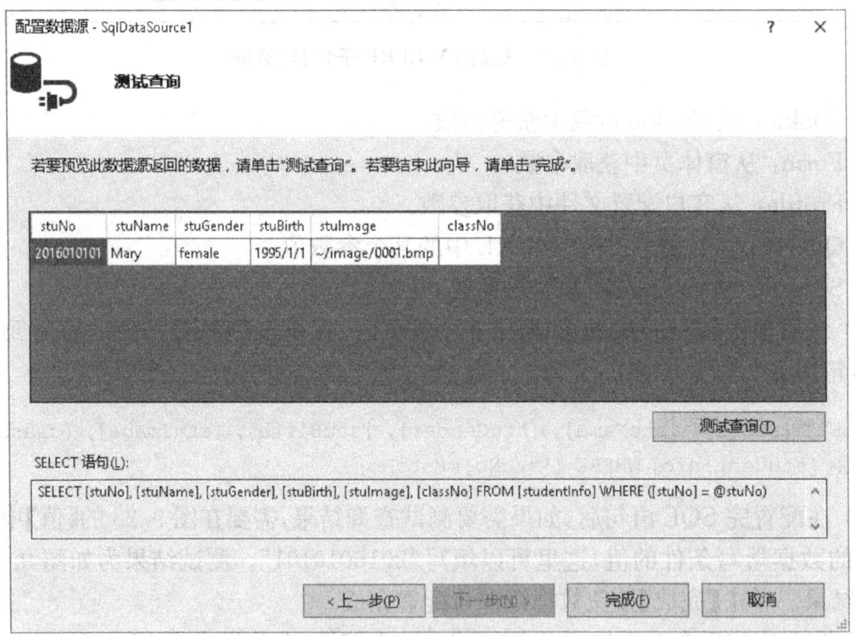

图 9.29 测试查询结果

```
</SelectParameters>
</asp:SqlDataSource>
```

其中，代码中使用 SelectParameters 元素描述查询语句中使用的参数。ControlID 指定参数来源的控件 ID，Name 指定参数的名称，PropertyName 指定控件的属性，Type 指定参数的类型。

(7) 运行 9-3.aspx，初始时显示效果如图 9.30 所示。输入一个学号"2016010102"，单击【查询】按钮后，效果如图 9.31 所示。

图 9.30　9-3. aspx 的初始效果

stuNo	stuName	stuGender	stuBirth	stuImage	classNo
2016010102	Smith	male	1998-5-29 00:00:00	~/image/0007.bmp	2

图 9.31　9-3. aspx 的查询结果

实例 9-3 演示了使用 SqlDataSource 配置有条件的 Select 语句。如果有多个数据源分别配置不同的条件时，也可以使用 GridView1. DataSourceID = "SqlDataSource1"；代码编程，根据不同的情况使用不同的 SqlDataSourceID。

【实例 9-4】 如果查询条件是从数据源中选择的，不是用户自定义输入的，为避免用户输错，可以显示可选的数据。本例将实例 9-3 中输入条件 TextBox 控件换为 DropDownList 控件，并且使用 DropDownList 控件绑定数据源中所有的班级信息，选择班级后，可显示该班级所有学生的信息。

(1) 在 chapter9 网站中，双击 studentDB 数据库，为它添加新表 classInfo，脚本如下。

```
CREATE TABLE [dbo].[classInfo]
(
    [Id] INT NOT NULL PRIMARY KEY,
    [className] VARCHAR(30) NULL
)
```

并添加数据如图 9.32 所示。

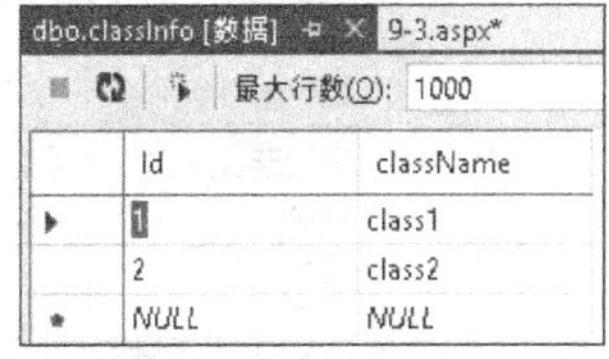

Id	className
1	class1
2	class2
NULL	NULL

图 9.32　classInfo 表数据

(2) 为 studentInfo 添加表数据如图 9.33 所示。

(3) 在网站 chapter9 中添加 9-4. aspx，并添加一个 DropDownList、一个 Button 和一个 GridView。

(4) 在【DropDownList 任务】中单击【选择数据源】，弹出如图 9.34 所示的【选择数据源】对话框，单击【新建数据源】，然后选择【SQL 数据库】，使用原有的连接字符串。

(5) 在配置 SQL 语句时，选择 classInfo 表和两个字段 Id 和 className，这里不需要 where 条件，查询所有的班级信息，供用户选择(如图 9.35 所示)。

(6) 配置完成后，为 DropDownList 指定显示的字段为 className，value 值保存 Id 字段的值(如图 9.36 所示)。单击【确定】按钮完成。生成的代码如下。

dbo.studentInfo [数据]　9-3.aspx*　Web.config　9-1.aspx

最大行数(O): 1000

	stuNo	stuName	stuGender	stuBirth	stuImage	classNo
▶	2016010101	Mary	female	1995/1/1 0:00:00	~/image/0001.bmp	1
	2016010102	Smith	male	1995/2/2 0:00:00	~/image/0002.bmp	1
	2016010103	Dan	male	1996/5/6 0:00:00	~/image/0003.bmp	1
	2016010104	John	male	1998/1/5 0:00:00	~/image/0004.bmp	2
	2016010105	Lili	female	1997/5/8 0:00:00	~/image/0005.bmp	2
*	NULL	NULL	NULL	NULL	NULL	NULL

图 9.33　studentInfo 表数据

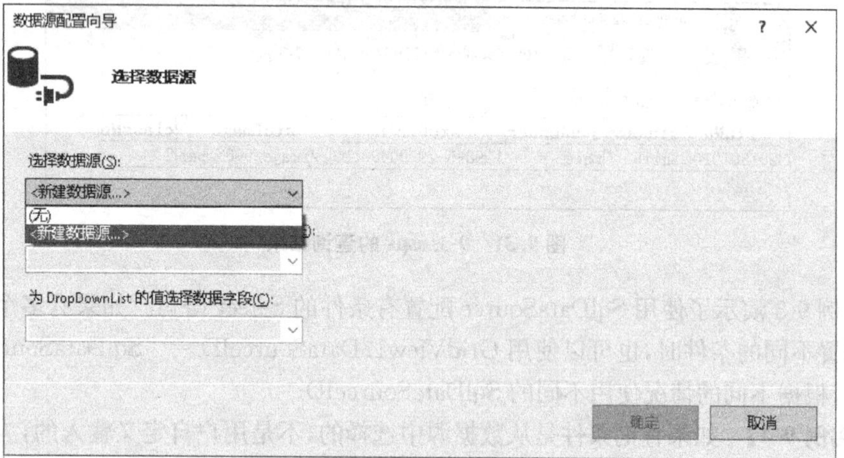

图 9.34　为 DropDownList 选择数据源

配置数据源 - SqlDataSource1

配置 Select 语句

希望如何从数据库中检索数据?

○ 指定自定义 SQL 语句或存储过程(S)

◉ 指定来自表或视图的列(T)

名称(M): classInfo

列(O): ☐ *　☑ Id　☑ className

☐ 只返回唯一行(E)　WHERE(W)...　ORDER BY(R)...　高级(V)...

SELECT 语句(L):

SELECT [Id], [className] FROM [classInfo]

< 上一步(P)　下一步(N) >　完成(F)　取消

图 9.35　配置 SELECT 语句

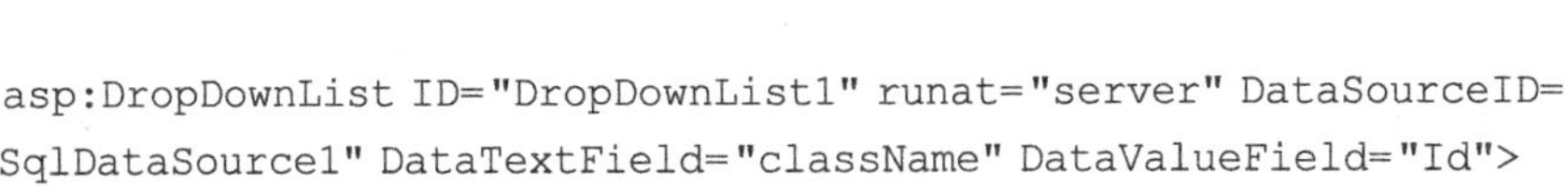

```
<asp:DropDownList ID="DropDownList1" runat="server" DataSourceID=
"SqlDataSource1" DataTextField="className" DataValueField="Id">
</asp:DropDownList>
```

DropDownList控件的DataTextField属性用来指定要显示的数据源中的字段，DataValueField属性指定关联的value值保存的数据源中的字段。

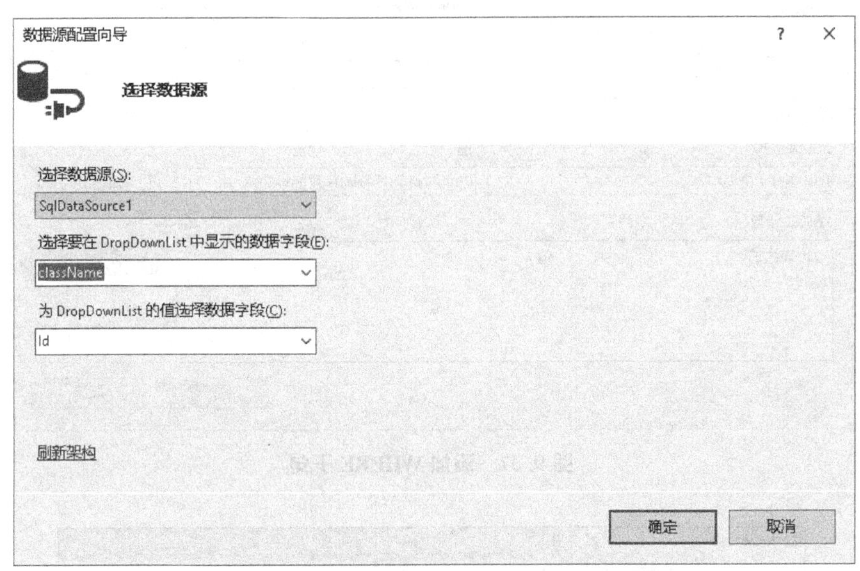

图9.36 为DropDownList指定显示字段和值字段

(7) 配置GridView1的数据源，与实例9-3中不同的是：添加WHERE子句时，选择classNo列和DropDownList1控件（如图9.37所示）。注意这里默认使用DropDownList1控件的SelectValue属性作为条件的来源。本例中SelectValue属性绑定了Id字段，WHERE条件使用Id字段作为条件是一致的。因此，在设计类似的功能时需要结合数据库使条件匹配。

(8) 运行9-4.aspx，效果如图9.38所示。

实例9-4演示了使用数据源控件、DropDownList控件和GridView控件一起完成通过下拉列表选择条件的值，来查询结果的功能。读者可以根据9.3节的内容对GridView进行美化。

9.4.2 多条件查询

多条件查询指查询条件由多个组成，可以是and关系，也可以是or关系。在前面【添加WHERE子句】对话框中多次配置并添加条件，可以自动生成具有and关系的条件。本节通过实例演示如何结合图9.37中【默认值】的使用，修改自动生成的条件，实现多条件查询时，无论输入多个条件中的0个或多个都可以查询出结果。

【实例9-5】 使用数据源控件实现多条件查询：按照性别匹配和大于某年份两个条件查询studentInfo中满足条件的记录。要求满足以下条件。

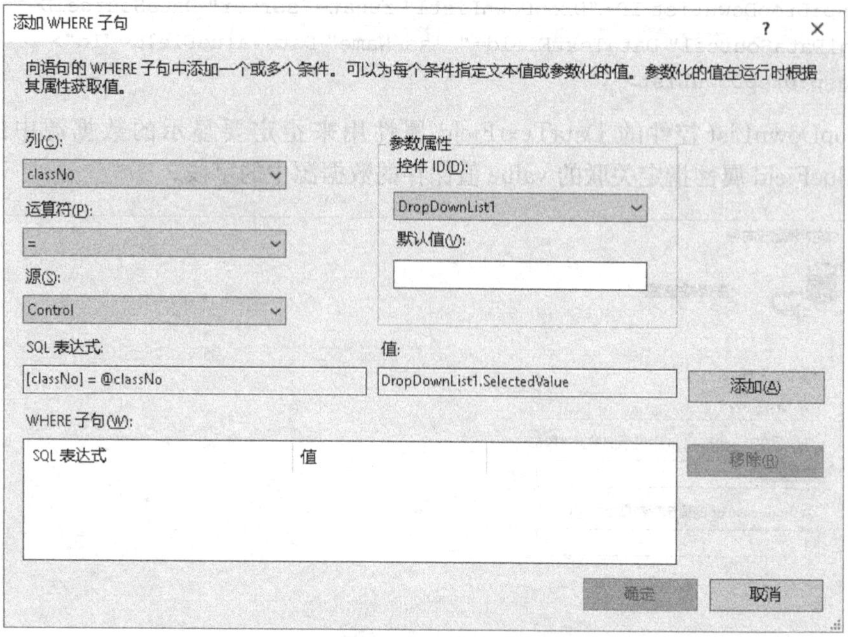
添加 WHERE 子句
向语句的 WHERE 子句中添加一个或多个条件。可以为每个条件指定文本值或参数化的值。参数化的值在运行时根据其属性获取值。
列(C):
classNo
运算符(P):
=
源(S):
Control
参数属性
控件 ID(D):
DropDownList1
默认值(V):
SQL 表达式:
[classNo] = @classNo
值:
DropDownList1.SelectedValue
添加(A)
WHERE 子句(W):
SQL 表达式
值
移除(R)
确定
取消

图 9.37　添加 WHERE 子句

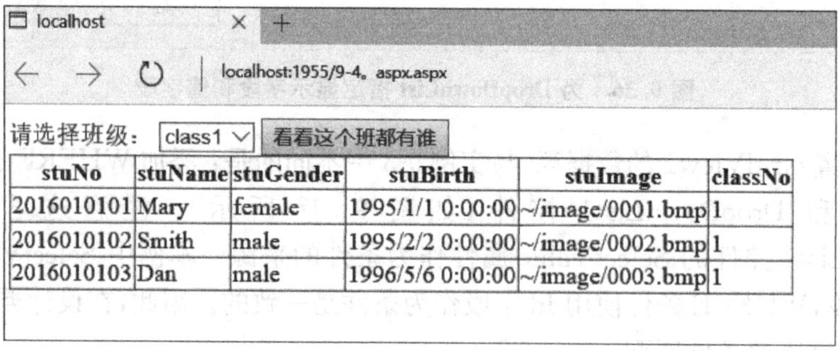
localhost
localhost:1955/9-4。aspx.aspx
请选择班级:
class1
看看这个班都有谁
stuNo stuName stuGender stuBirth stuImage classNo
2016010101 Mary female 1995/1/1 0:00:00 ~/image/0001.bmp 1
2016010102 Smith male 1995/2/2 0:00:00 ~/image/0002.bmp 1
2016010103 Dan male 1996/5/6 0:00:00 ~/image/0003.bmp 1

图 9.38　9-4. aspx 的运行效果

(1) 不输入某个条件时即忽略该条件,认为数据全部满足该条件;

(2) 输入某条件时,查询满足输入条件的数据;

(3) 输入多个条件时,查询同时满足这多个输入条件的数据。

具体的操作步骤如下。

(1) 在网站 chapter9 中,添加 9-4. aspx 页面,并添加两个 Label,一个 TextBox,一个 RadioButtonList,一个 Button 和一个 GridView。

(2) RadioButtonList 用于显示男和女,value 值与数据库中的值匹配,设置如图 9.39 所示。这里数据库中性别字段的值包括 male 和 female,分别表示男和女。代码如下。

```
<asp:RadioButtonList ID="RadioButtonList1" runat="server" RepeatDirection=
"Horizontal">
    <asp:ListItem Selected="True" Value="male">男</asp:ListItem>
```

```
        <asp:ListItem Value="female">女</asp:ListItem>
        <asp:ListItem Value=" * ">全部</asp:ListItem>
    </asp:RadioButtonList>
```

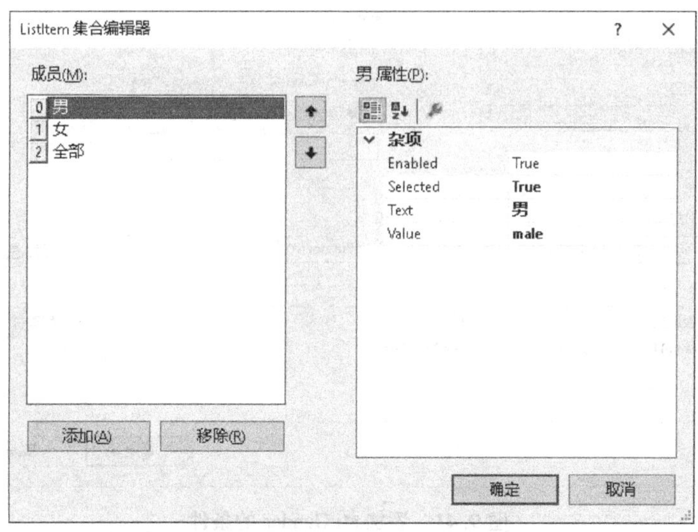

图 9.39 RadioButtonList 的 Items 设置

(3) GridView 数据源配置中选择 studentInfo 表，并添加 where 子句如图 9.40 和图 9.41 所示。分别设置默认值“?”和“ * ”，这里设置的默认值应是远离可能出现的查询参数值。

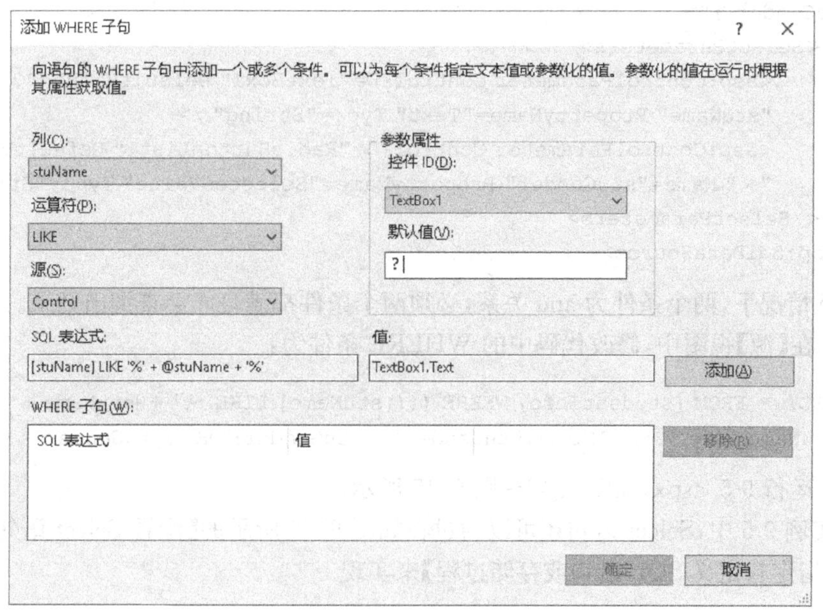

图 9.40 添加 stuName 的条件

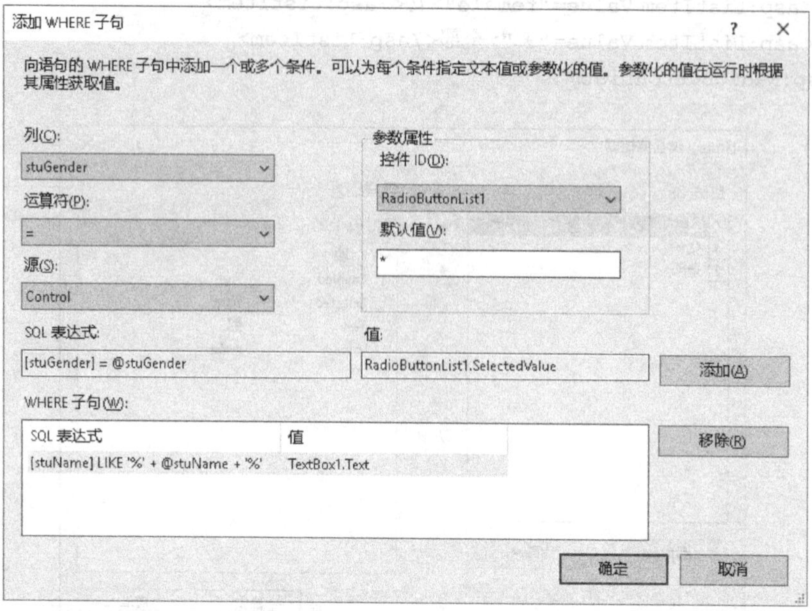

图 9.41 添加 stuGender 的条件

(4) 配置完成后，SqlDataSource1 的代码如下。

```
<asp:SqlDataSource ID="SqlDataSource1" runat="server" ConnectionString=
"<%$ConnectionStrings:studentConnectionString %>" SelectCommand="SELECT *
FROM [studentInfo] WHERE (([stuName] LIKE '%' +@stuName +'%') AND ([stuGender]=
@stuGender))">
    <SelectParameters>
        <asp:ControlParameter ControlID="TextBox1" DefaultValue="?" Name=
        "stuName" PropertyName="Text" Type="String" />
        <asp:ControlParameter ControlID="RadioButtonList1" DefaultValue=
        "*" Name="stuGender" PropertyName="SelectedValue" Type="String" />
    </SelectParameters>
</asp:SqlDataSource>
```

默认情况下，两个条件为 and 关系，必须两个条件都满足才会查询出结果。

(5) 在【源】视图中，修改代码中的 WHERE 条件为：

```
SELECT * FROM [studentInfo] WHERE ((([stuName] LIKE '%' +@stuName +'%') OR
(@stuName like '?')) AND (([stuGender]=@stuGender) OR (@stuGender='*')))
```

(6) 运行 9-5.aspx，如图 9.42～图 9.45 所示。

在实例 9-5 中，Select 语句还可以通过在如图 9.35 所示的【配置 Select 语句】对话框中选择【指定自定义 SQL 语句或存储过程】来实现。

9.4.3 数据表同步

前面的查询条件都是输入或从 DropDownList 中选择，查询条件还可以是以

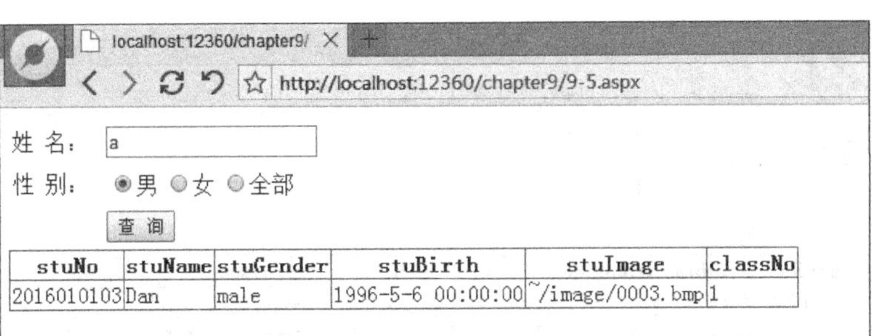

stuNo	stuName	stuGender	stuBirth	stuImage	classNo
2016010103	Dan	male	1996-5-6 00:00:00	~/image/0003.bmp	1

图 9.42 有姓名条件有性别条件时的查询结果

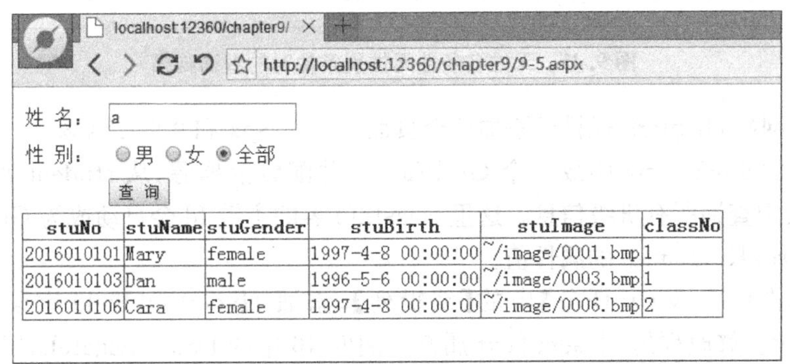

stuNo	stuName	stuGender	stuBirth	stuImage	classNo
2016010101	Mary	female	1997-4-8 00:00:00	~/image/0001.bmp	1
2016010103	Dan	male	1996-5-6 00:00:00	~/image/0003.bmp	1
2016010106	Cara	female	1997-4-8 00:00:00	~/image/0006.bmp	2

图 9.43 有姓名条件无性别条件时的查询结果

姓 名:

性 别: 男 女 全部

查 询

stuNo	stuName	stuGender	stuBirth	stuImage	classNo
2016010101	Mary	female	1997-4-8 00:00:00	~/image/0001.bmp	1
2016010105	Lili	female	1997-5-8 00:00:00	~/image/0005.bmp	2
2016010106	Cara	female	1997-4-8 00:00:00	~/image/0006.bmp	2

图 9.44 无姓名条件有性别条件时的查询结果

GridView表格的形式展现出来，只需配置查询条件的来源为GridView控件ID即可。当查询结果与条件在不同页面时，查询条件需要以超级链接的形式展现，当选择某条记录或单击某个超级链接时可以在另一个页面打开与之相关的详细信息。在9.3.2节中介绍了GridView控件的绑定列，除了ImageField还可以使用HyperLinkField，即为超级链接。本节将使用超级链接列演示一个数据表同步的实例。

【实例 9-6】 使用classInfo和studentInfo演示不同页面间的数据表同步。classInfo和studentInfo为一对多的关系。

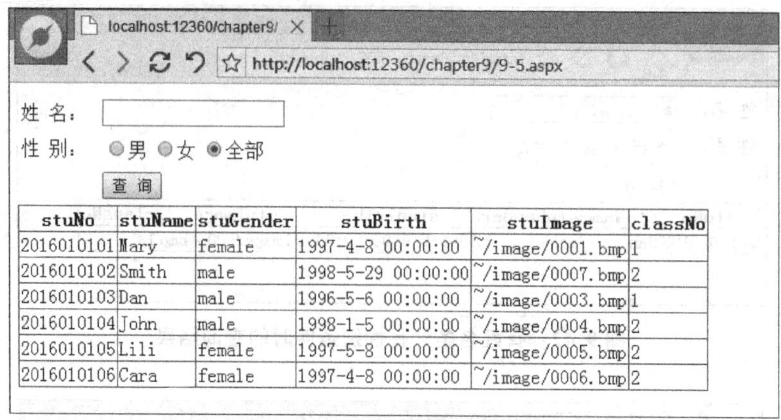

stuNo	stuName	stuGender	stuBirth	stuImage	classNo
2016010101	Mary	female	1997-4-8 00:00:00	~/image/0001.bmp	1
2016010102	Smith	male	1998-5-29 00:00:00	~/image/0007.bmp	2
2016010103	Dan	male	1996-5-6 00:00:00	~/image/0003.bmp	1
2016010104	John	male	1998-1-5 00:00:00	~/image/0004.bmp	2
2016010105	Lili	female	1997-5-8 00:00:00	~/image/0005.bmp	2
2016010106	Cara	female	1997-4-8 00:00:00	~/image/0006.bmp	2

图 9.45 无姓名条件无性别条件时的查询结果

(1) 在网站 chapter9 根目录添加两个页面 9-6-1.aspx 和 9-6-2.aspx。

(2) 页面 9-6-1.aspx 中放一个 GridView1,并配置数据源,从 studentDB 数据库的 classInfo 表中查询所有班级信息。这里 classInfo 表的主键 Id 会自动成为 GridView1 控件的属性 DataKeyNames 的属性值。

(3) 单击【GridView 任务】中的【编辑列】,添加 HyperLinkField 字段,并设置如图 9.46 所示。修改列的 HeaderText 属性。图 9.46 中的 DataNavigateUrlFormat 属性设置要打开的页面路径及要传递的参数;DataNavigateUrlFields 属性用来指定 DataNavigateUrlFormat 属性中的参数值的来源字段。

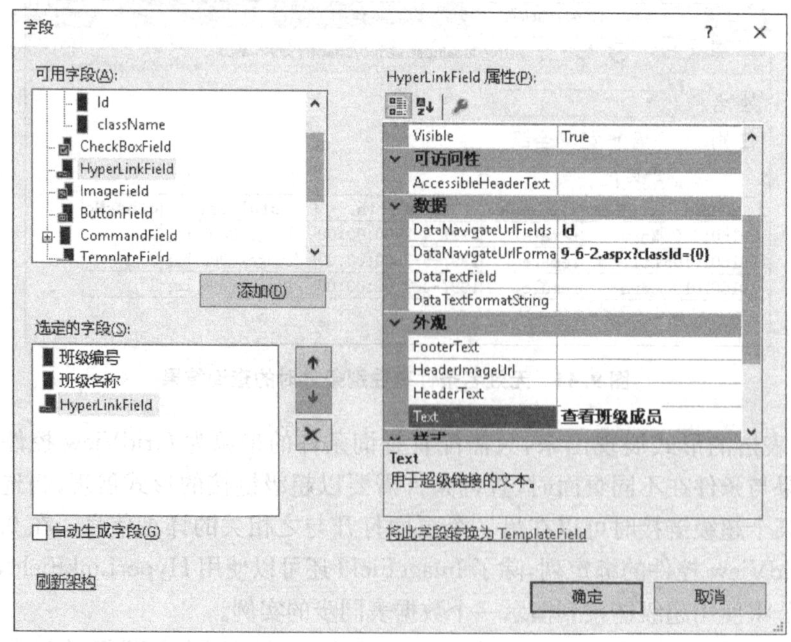

图 9.46 设置 HyperLinkField 字段

设置完毕，自动生成的 GridView 控件代码如下。

```
<asp:GridView ID="GridView1" runat="server" AutoGenerateColumns="False"
DataKeyNames="Id" DataSourceID="SqlDataSource1">
<Columns>
<asp:BoundField DataField="Id" HeaderText="班级编号" ReadOnly="True"
SortExpression="Id" />
<asp:BoundField DataField="className" HeaderText="班级名称" SortExpression=
"className" />
<asp:HyperLinkField DataNavigateUrlFields="Id" DataNavigateUrlFormatString=
"9-6-2.aspx?classId={0}" Text="查看班级成员" />
</Columns>
</asp:GridView>
```

(4) 在页面 9-6-2.aspx 中，添加一个 GridView 控件和一个 LinkButton 控件。设置 LinkButton 控件的 PostBackUrl 为"9-6-1.aspx"。配置 GridView 控件的数据源，查询 studentInfo 表中的所有字段。WHERE 子句的配置如图 9.47 所示，条件为 classNo，来源为 QueryString 字段 classId。配置完毕修改所有列的 HeaderText 属性。生成的控件代码如下。

```
<asp:GridView ID="GridView1" runat="server" AutoGenerateColumns="False"
DataKeyNames="stuNo" DataSourceID="SqlDataSource1">
<Columns>
<asp:BoundField DataField="stuNo" HeaderText="学号" ReadOnly="True"
SortExpression="stuNo" />
<asp:BoundField DataField="stuName" HeaderText="姓名" SortExpression=
"stuName" />
<asp:BoundField DataField="stuGender" HeaderText="性别" SortExpression=
"stuGender" />
<asp:BoundField DataField="stuBirth" HeaderText="出生日期" SortExpression=
"stuBirth" />
<asp:BoundField DataField="stuImage" HeaderText="头像" SortExpression=
"stuImage" />
<asp:BoundField DataField="classNo" HeaderText="所属班级" SortExpression=
"classNo" />
</Columns>
</asp:GridView>
<asp:LinkButton ID="LinkButton1" runat="server" PostBackUrl="~/9-6-1.aspx">
返 回</asp:LinkButton>
<asp:SqlDataSource ID="SqlDataSource1" runat="server" ConnectionString=
"<%$ConnectionStrings:studentConnectionString %>" SelectCommand="SELECT
[stuNo], [stuName], [stuGender], [stuBirth], [stuImage], [classNo] FROM
[studentInfo] WHERE ([classNo]=@classNo)">
<SelectParameters>
<asp:QueryStringParameter Name="classNo" QueryStringField="classId" Type=
```

```
"Int32" />
</SelectParameters>
</asp:SqlDataSource>
```

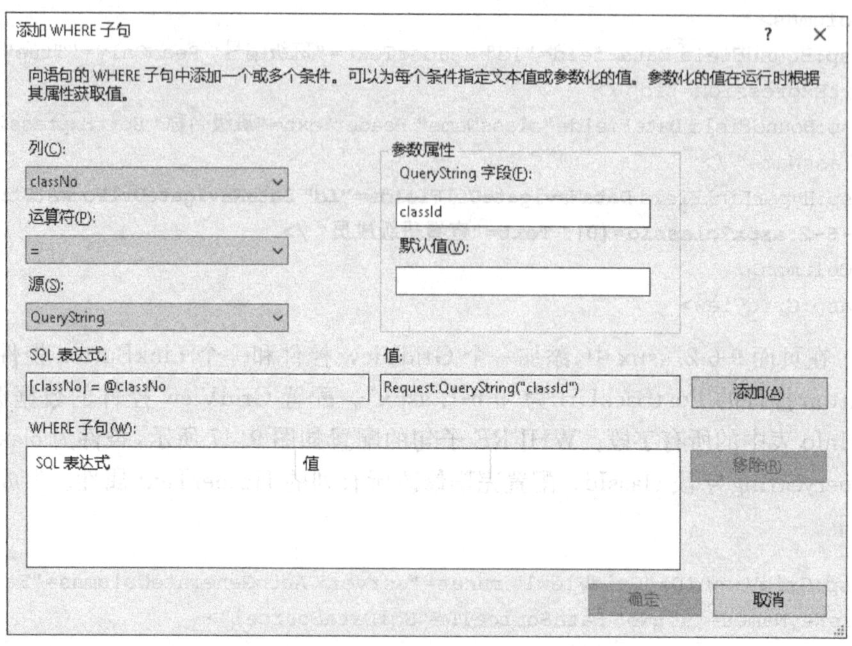

图 9.47　添加 QueryString 源的 WHERE 子句

(5) 运行 9-6-1. aspx，单击第一行的【查看班级成员】(如图 9.48 所示)，将打开 1 班的所有学生信息。单击【返回】按钮可以返回到 9-6-1. aspx 页面(如图 9.49 所示)。

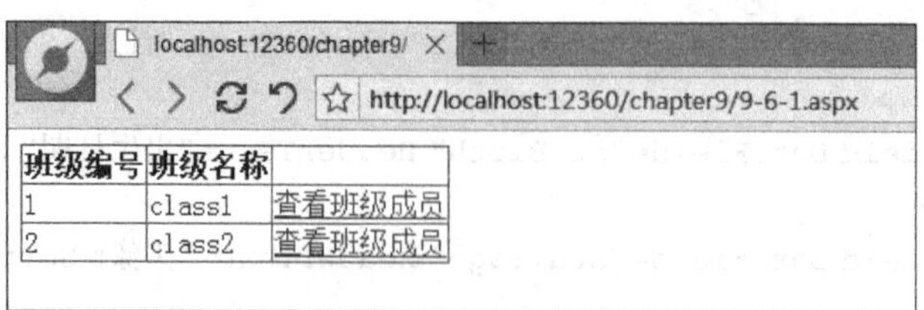

班级编号	班级名称	
1	class1	查看班级成员
2	class2	查看班级成员

图 9.48　9-6-1. aspx 的运行效果

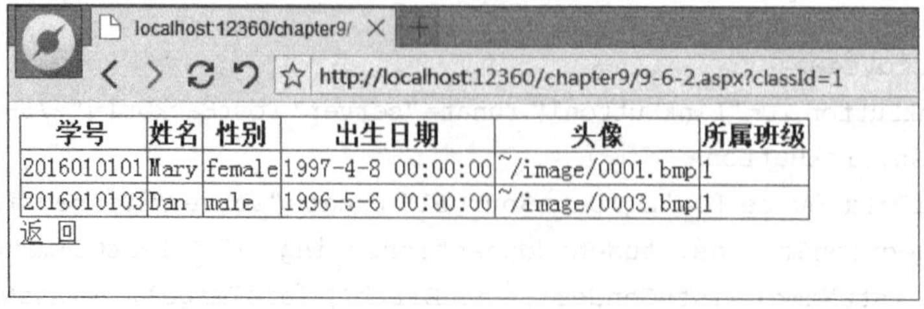

学号	姓名	性别	出生日期	头像	所属班级
2016010101	Mary	female	1997-4-8 00:00:00	~/image/0001.bmp	1
2016010103	Dan	male	1996-5-6 00:00:00	~/image/0003.bmp	1

返 回

图 9.49　9-6-2. aspx 的运行效果

9.5 使用GridView控件编辑数据

9.4节详细介绍了使用数据源控件和GridView控件进行查询的各种情况。本节将介绍如何通过这两个控件实现对数据库的编辑操作。

在有权限访问页面时,对数据表进行编辑还需要有编辑的权限,包括:

(1) 登录数据库的用户有数据表的编辑权限;

(2) 被编辑的数据表有关键字。

9.5.1 更新和删除数据表

下面以实例的形式演示编辑数据的操作。

【实例9-7】 使用数据源控件和GridView控件演示编辑数据表的功能。

具体要求:

(1) 对studentInfo中的数据进行更新、删除。

(2) 在显示和更新状态时,生日显示为年月日格式,不显示具体时间。

(3) 在更新状态时,对数据进行空验证。

(4) 在更新状态时,性别用RadioButtonList显示为可选的。

(5) 在显示状态时,不显示图片路径,而显示为头像的图片。

操作提示:

(1) 在网站chapter9中,添加9-7.aspx页面,放置一个GridView控件。配置GridView的数据源,选择已经存在的连接串studentConnectionString,再选择studentInfo表及所有字段。在【配置Select语句】对话框中,单击【高级】按钮(如图9.50所示)。

(2) 在弹出的【高级SQL生成选项】对话框中,勾选【生成INSERT、UPDATE和DELETE语句】复选框,将会基于已选择的表、表的主键和字段生成对应的INSERT、UPDATE和DELETE语句。生成这些编辑语句的前提是必须选择所有的主键字段,否则无法勾选此项。

勾选【使用开放式并发】选项,在修改数据集中的数据时会自动检测自该记录加载到DataSet中以来数据库是否更改,勾选该项有助于防止并发冲突,如图9.51所示。

配置完成数据源后,自动生成GridView的代码如下。

```
<asp:GridView ID="GridView1" runat="server" AutoGenerateColumns="False"
DataKeyNames="stuNo" DataSourceID="SqlDataSource1">
    <Columns>
        <asp:BoundField DataField="stuName" HeaderText="stuName"
        SortExpression="stuName" />
        <asp:BoundField DataField="stuGender" HeaderText="stuGender"
        SortExpression="stuGender" />
        <asp:BoundField DataField="stuBirth" HeaderText="stuBirth"
```

图 9.50　配置 Select 语句中的【高级】按钮

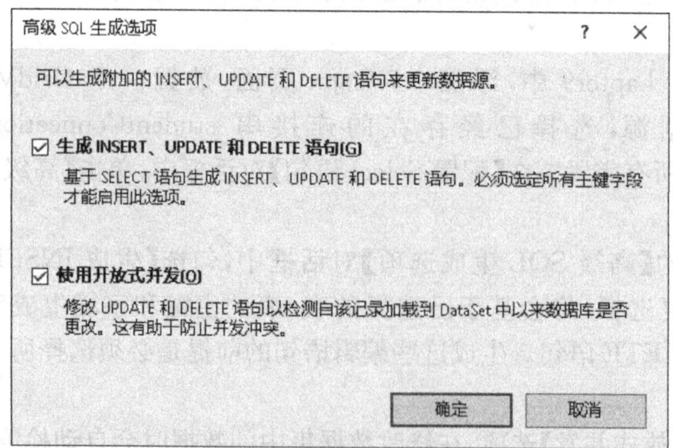

图 9.51　高级 SQL 生成选项

```
            SortExpression="stuBirth" />
            <asp:BoundField DataField="stuImage" HeaderText="stuImage"
            SortExpression="stuImage" />
            <asp:BoundField DataField="classNo" HeaderText="classNo"
            SortExpression="classNo" />
            <asp:BoundField DataField="stuNo" HeaderText="stuNo" ReadOnly=
            "True" SortExpression="stuNo" />
        </Columns>
    </asp:GridView>
```

主键列自动设为只读列,ReadOnly="True"。

生成的 SqlDataSource1 的代码如下。

```
<asp:SqlDataSource ID="SqlDataSource1" runat="server" ConflictDetection=
"CompareAllValues" ConnectionString="<%$ConnectionStrings:studentConne-
ctionString %>"
DeleteCommand="DELETE FROM [studentInfo] WHERE [stuNo]=@original_stuNo AND
(([stuName]=@original_stuName) OR ([stuName] IS NULL AND @original_stuName IS
NULL)) AND (([stuGender]=@original_stuGender) OR ([stuGender] IS NULL AND
@original_stuGender IS NULL)) AND (([stuBirth]=@original_stuBirth) OR
([stuBirth] IS NULL AND @original_stuBirth IS NULL)) AND (([stuImage]=
@original_stuImage) OR ([stuImage] IS NULL AND @original_stuImage IS NULL))
AND (([classNo]=@original_classNo) OR ([classNo] IS NULL AND @original_classNo
IS NULL))"
InsertCommand="INSERT INTO [studentInfo] ([stuName], [stuGender],
[stuBirth], [stuImage], [classNo], [stuNo]) VALUES (@stuName, @stuGender,
@stuBirth, @stuImage, @classNo, @stuNo)" OldValuesParameterFormatString=
"original_{0}"
SelectCommand="SELECT [stuName], [stuGender], [stuBirth], [stuImage],
[classNo], [stuNo] FROM [studentInfo]"
UpdateCommand="UPDATE [studentInfo] SET [stuName]=@stuName, [stuGender]=
@stuGender, [stuBirth]=@stuBirth, [stuImage]=@stuImage, [classNo]=@classNo
WHERE [stuNo]=@original_stuNo AND (([stuName]=@original_stuName) OR ([stuName]
IS NULL AND @original_stuName IS NULL)) AND (([stuGender]=@original_stuGender)
OR ([stuGender] IS NULL AND @original_stuGender IS NULL)) AND (([stuBirth]=
@original_stuBirth) OR ([stuBirth] IS NULL AND @original_stuBirth IS NULL))
AND (([stuImage]=@original_stuImage) OR ([stuImage] IS NULL AND @original_
stuImage IS NULL)) AND (([classNo]=@original_classNo) OR ([classNo] IS NULL
AND @original_classNo IS NULL))">
<DeleteParameters>
  <asp:Parameter Name="original_stuNo" Type="String" />
  <asp:Parameter Name="original_stuName" Type="String" />
  <asp:Parameter Name="original_stuGender" Type="String" />
  <asp:Parameter Name="original_stuBirth" Type="DateTime" />
  <asp:Parameter Name="original_stuImage" Type="String" />
  <asp:Parameter Name="original_classNo" Type="Int32" />
</DeleteParameters>
<InsertParameters>
  <asp:Parameter Name="stuName" Type="String" />
  <asp:Parameter Name="stuGender" Type="String" />
  <asp:Parameter Name="stuBirth" Type="DateTime" />
  <asp:Parameter Name="stuImage" Type="String" />
  <asp:Parameter Name="classNo" Type="Int32" />
  <asp:Parameter Name="stuNo" Type="String" />
</InsertParameters>
<UpdateParameters>
```

```
        <asp:Parameter Name="stuName" Type="String" />
        <asp:Parameter Name="stuGender" Type="String" />
        <asp:Parameter Name="stuBirth" Type="DateTime" />
        <asp:Parameter Name="stuImage" Type="String" />
        <asp:Parameter Name="classNo" Type="Int32" />
        <asp:Parameter Name="original_stuNo" Type="String" />
        <asp:Parameter Name="original_stuName" Type="String" />
        <asp:Parameter Name="original_stuGender" Type="String" />
        <asp:Parameter Name="original_stuBirth" Type="DateTime" />
        <asp:Parameter Name="original_stuImage" Type="String" />
        <asp:Parameter Name="original_classNo" Type="Int32" />
    </UpdateParameters>
    </asp:SqlDataSource>
```

从代码中可以看出通过配置数据源过程中的【高级SQL选项】，SqlDataSource1控件自动生成了InsertCommand、UpdateCommand和DeleteCommand属性，分别用于保存Insert语句、Update语句和Delete语句，使用InsertParameters、UpdateParameters和DeleteParameters元素声明了对应语句中的参数。

(3) 配置完成后，在9-7.aspx页面的GridView1控件的【GridView任务】中，勾选【启用编辑】和【启用删除】复选框(如图9.52所示)，GridView1控件中将会添加【编辑】和【删除】按钮。也可以在【编辑列】窗口中添加相应的CommandField。

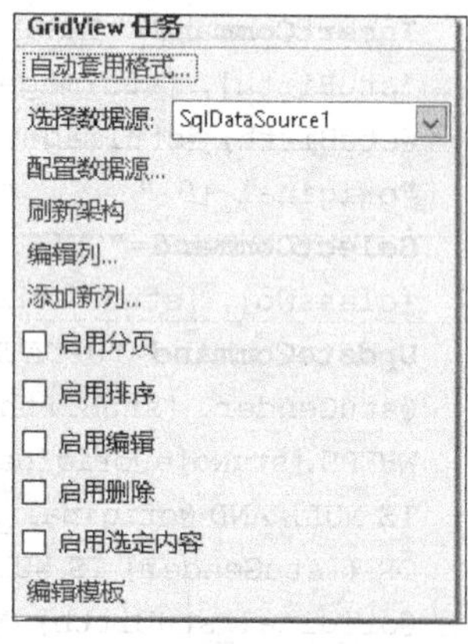

图 9.52 启用编辑和删除功能

(4) 运行9-7.aspx，页面如图9.53所示。单击【删除】按钮将会删除单击行的数据。运行时单击【编辑】按钮时，该行会呈现编辑状态，【编辑】和【删除】按钮变为【更新】和【取消】按钮可以对非主键的字段进行更改，单击【更新】按钮可以将当前行中的数据更新到数据库，单击【取消】按钮可以恢复到单击【编辑】按钮前的状态(如图9.53所示)。

localhost
localhost:1955/9-7.aspx

	stuNo	stuName	stuGender	stuBirth	stuImage	classNo
更新 取消	2016010101	Mary	female	1995/1/1 0:00:00	~/image/0001.bmp	1
编辑 删除	2016010102	Smith	male	1995/2/2 0:00:00	~/image/0002.bmp	1
编辑 删除	2016010103	Dan	male	1996/5/6 0:00:00	~/image/0003.bmp	1
编辑 删除	2016010104	John	male	1998/1/5 0:00:00	~/image/0004.bmp	2
编辑 删除	2016010105	Lili	female	1997/5/8 0:00:00	~/image/0005.bmp	2

图 9.53 编辑删除的运行效果

字段stuNo是GridView控件数据源的主键，不能修改。在第(2)步中生成的代码有GridView控件的属性DatKeyNames="stuNo"，表明stuNo标题字段为主键，不能对它进行修改。

(5) 在【GridView 任务】中，单击【编辑列】按钮，选中 stuName 字段单击【将此字段转换为 TemplateField】将 stuName 转换为模板列。然后将需要使用编辑模板的列：stuGender、stuBirth、stuImage 和 classNo 都转换为模板列(如图 9.54 所示)。

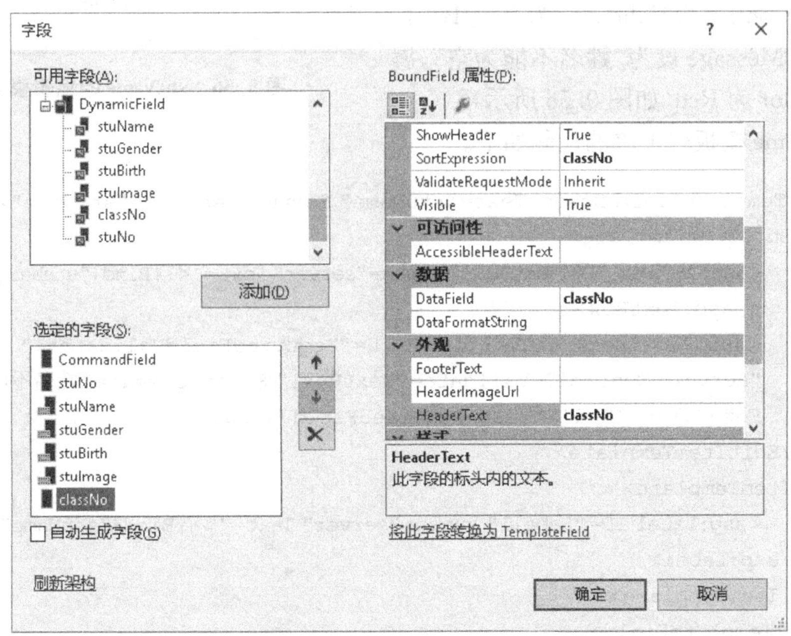

图 9.54 转换为 TemplateField

(6) 在【GridView 任务】中，单击【编辑模板】项，GridView 将显示为可编辑的模板状态。此时在【GridView 任务】中【显示】下拉列表框中可选择需要编辑的模板，每列都提供有 ItemTemplate、AlternatingItemTemplate、EditItemTemplate、HeaderTemplate、FooterTemplater 模板，可以根据需要设计相应的模板。还可以选择 EmptyDataTemplate 或 PagerTemplate 模板设置 GridView 的空数据模板和页模板。单击【GridView 任务】中的【结束编辑模板】可以返回到 GridView 控件的显示状态，如图 9.55 所示。

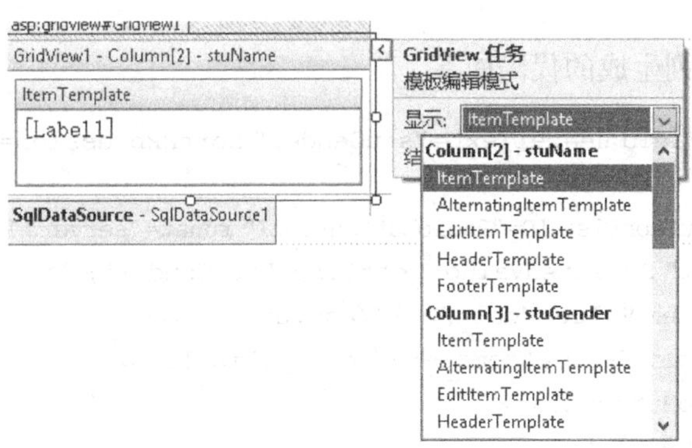

图 9.55 编辑模板

(7) 选择 stuName 列的 EditItemTemplate 模板，可以看到有一个 TextBox 控件，它已经绑定了 stuName 字段(Text='<%# Bind("stuName") %>')。在模板中放置一个 RequiredFieldValidator 空验证控件，并设置其属性 ControlToValidator 为 TextBox1，属性 ErrorMessage 设为"姓名不能为空"，属性 ForeColor 为 Red(如图 9.56 所示)。

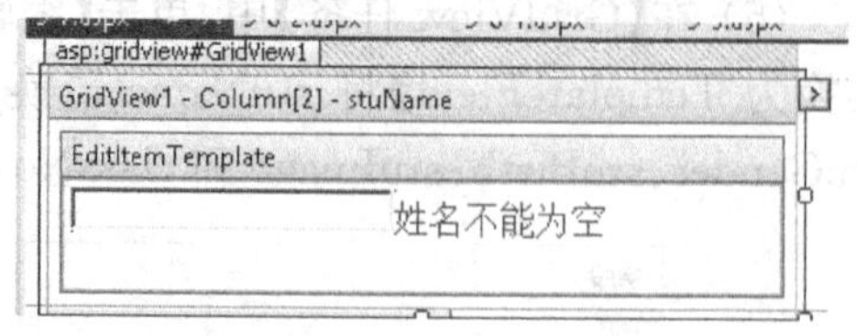

图 9.56　stuName 的编辑模板

stuName 模板列生成的代码如下。

```
<asp:TemplateField HeaderText="stuName" SortExpression="stuName">
    <EditItemTemplate>
        <asp:TextBox ID="TextBox1" runat="server" Text='<%#Bind("stuName") %>'>
        </asp:TextBox>
        <asp:RequiredFieldValidator ID="RequiredFieldValidator1" runat=
        "server" ControlToValidate="TextBox1" ErrorMessage="姓名不能为空"
        ForeColor="Red"></asp:RequiredFieldValidator>
    </EditItemTemplate>
    <ItemTemplate>
        <asp:Label ID="Label1" runat="server" Text='<%#Bind("stuName")%>'>
    </asp:Label>
    </ItemTemplate>
</asp:TemplateField>
```

(8) 选择 stuGender 列的 EditItemTemplate 模板，可以看到有一个 TextBox 控件，它已经绑定了 stuGender 字段(Text='<%# Bind("stuGender")%>')。将该控件删除，添加一个 RadioButtonList1。编辑项如图 9.57 所示，Text 设为"男"和"女"，Value 值需要与数据源中的值一致，这里设为 male 和 female。RepeatDerection 设为 Horizontal。在【RadioButtonList 任务】中，单击【编辑 DataBinding】，在弹出的对话框中选择 RadioButtonList 控件的字段 SelectedValue 绑定数据源中的 stuGender 字段，勾选【双向数据绑定】复选框，将自动生成对应的代码，如图 9.58 所示。单击【确定】按钮完成设置。

stuGender 模板列生成的代码如下。

```
<asp:TemplateField HeaderText="stuGender" SortExpression="stuGender">
    <EditItemTemplate>
    <asp:RadioButtonList ID="RadioButtonList1" runat="server" RepeatDirection=
    "Horizontal" SelectedValue='<%#Bind("stuGender") %>'>
    <asp:ListItem Value="male">男</asp:ListItem>
    <asp:ListItem Value="female">女</asp:ListItem>
    </asp:RadioButtonList>
    </EditItemTemplate>
    <ItemTemplate>
    <asp:Label ID="Label2" runat="server" Text='<%#Bind("stuGender") %>'>
```

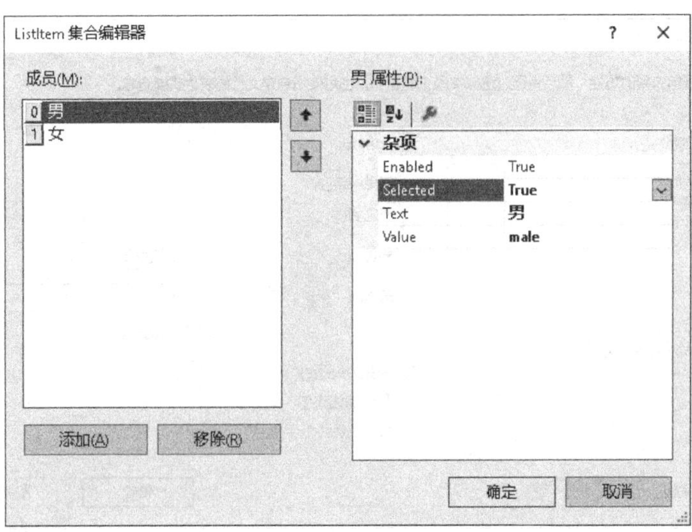

图 9.57 设置 RadioButtonList 的项集合

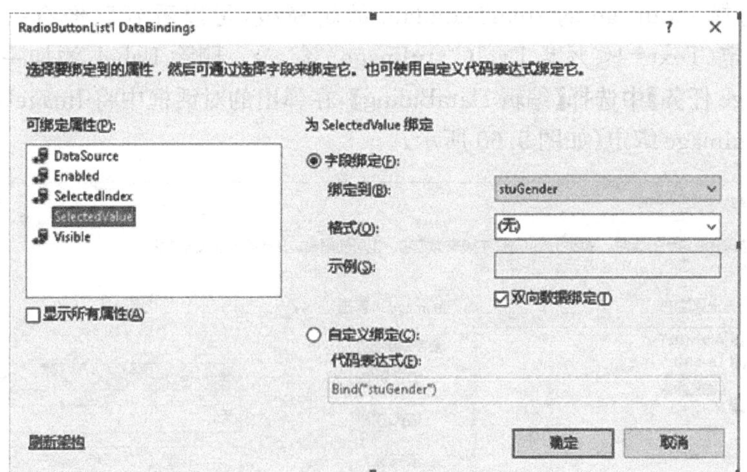

图 9.58 编辑 RadioButtonList 的数据绑定

```
    </asp:Label>
    </ItemTemplate>
</asp:TemplateField>
```

(9) 选择 stuBirth 的 ItemTemplate 显示模板，可以看到已经有一个 Label 与 stuBirth 绑定(Text='<%# Eval("stuBirth"%>')。在【Label 任务】中选择【编辑 DataBiding】，在弹出的对话框中将【格式】设置为【短日期-{0:d}】(如图 9.59 所示)。

(10) 选择 stuBirth 的 EditItemTemplate 编辑模板，可以看到已经有一个 TextBox 与 stuBirth 绑定(Text='<%# Bind("stuBirth"%>')。在【TextBox 任务】中选择【编辑 DataBiding】，在弹出的对话框中将【格式】设置为【短日期-{0:d}】，使其只显示日期，不显示时间部分。

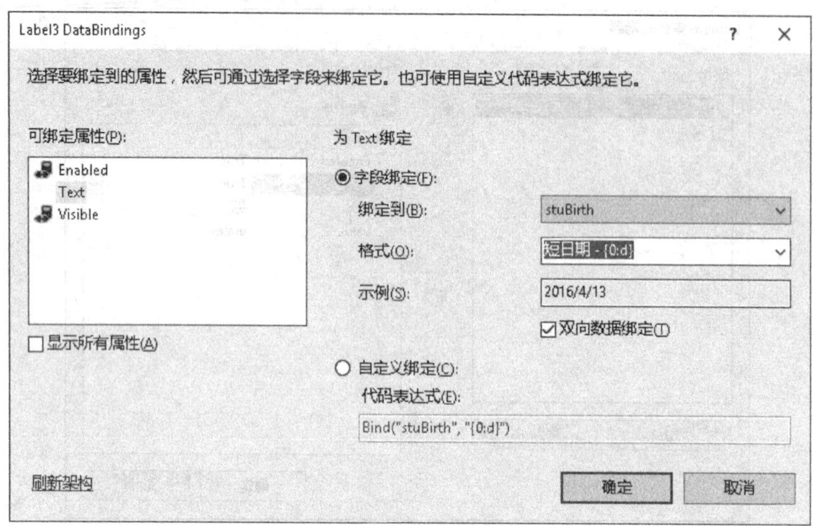

图 9.59 日期格式设置

(11) 选择 stuImage 的 ItemTemplate 编辑模板，可以看到已经有一个 Label 与 stuImage 绑定(Text='＜％＃ Eval("stuImage"％＞')。删除 Label，添加一个 Image 控件。在【Image 任务】中选择【编辑 DataBiding】，在弹出的对话框中将 ImageUrl 属性与数据源字段 stuImage 绑定(如图 9.60 所示)。

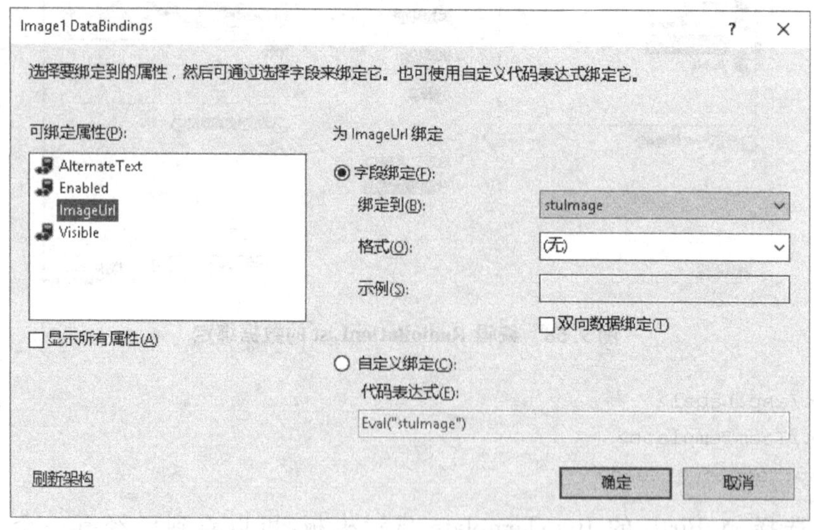

图 9.60 ImageUrl 的绑定

stuImage 生成的模板列代码如下。

```
<asp:TemplateField HeaderText="stuImage" SortExpression="stuImage">
    <EditItemTemplate>
    <asp:TextBox ID="TextBox4" runat="server" Text='<%#Bind("stuImage")%>'>
    </asp:TextBox>
```

```
        </EditItemTemplate>
        <ItemTemplate>
        <asp:Image ID="Image1" runat="server" ImageUrl='<%#Eval("stuImage")%>'/>
        </ItemTemplate>
    </asp:TemplateField>
```

(12) 选择 classNo 的 EditItemTemplate 编辑模板，添加一个空验证控件，操作同第(7)步。

(13) 选择 GridView 控件的 EmptyDataTemplate 模板，添加“暂无数据!”的文本信息。

(14) 单击【GridView 任务】中的【结束模板编辑】可回到 GridView 控件的表格状态。

(15) 运行 9-7.aspx 页面，效果如图 9.61～图 9.65 所示。单击【编辑】按钮，使单击行变为可编辑状态，显示编辑模板中的内容，可以修改数据，这里将 1995-2-2 修改为 1998-5-29，单击【更新】按钮后将更新数据库，单击【取消】按钮将不修改。单击【删除】按钮将删除。

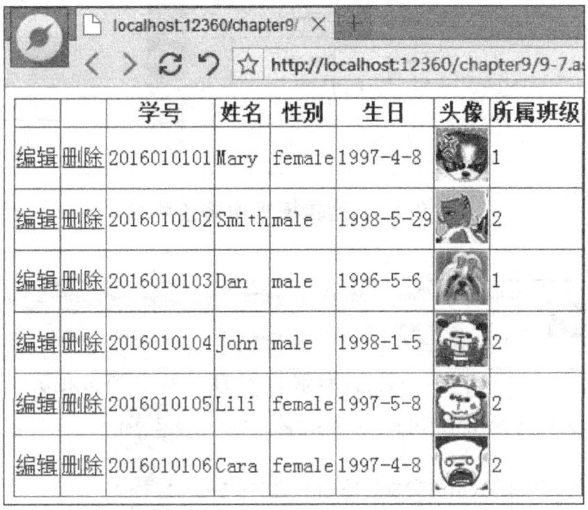

localhost:12360/chapter9/
http://localhost:12360/chapter9/9-7.a

		学号	姓名	性别	生日	头像	所属班级
编辑	删除	2016010101	Mary	female	1997-4-8		1
编辑	删除	2016010102	Smith	male	1998-5-29		2
编辑	删除	2016010103	Dan	male	1996-5-6		1
编辑	删除	2016010104	John	male	1998-1-5		2
编辑	删除	2016010105	Lili	female	1997-5-8		2
编辑	删除	2016010106	Cara	female	1997-4-8		2

图 9.61　9-7.aspx 的显示模板运行效果

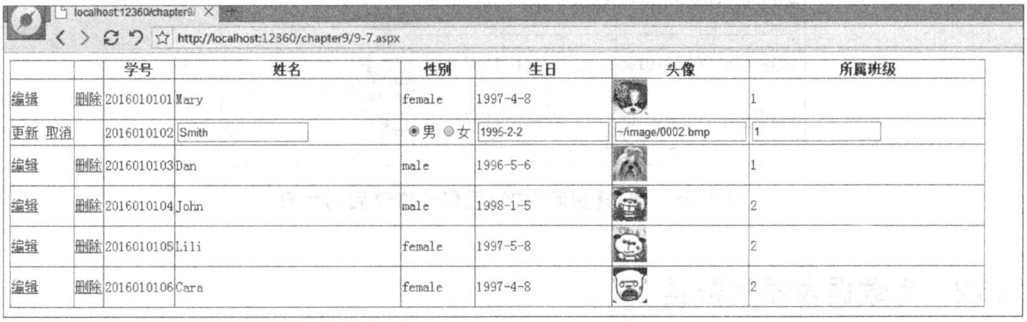

localhost:12360/chapter9/
http://localhost:12360/chapter9/9-7.aspx

		学号	姓名	性别	生日	头像	所属班级
编辑	删除	2016010101	Mary	female	1997-4-8		1
更新 取消		2016010102	Smith	◉男 ◎女	1995-2-2	~/image/0002.bmp	1
编辑	删除	2016010103	Dan	male	1996-5-6		1
编辑	删除	2016010104	John	male	1998-1-5		2
编辑	删除	2016010105	Lili	female	1997-5-8		2
编辑	删除	2016010106	Cara	female	1997-4-8		2

图 9.62　单击【编辑】按钮后的运行效果

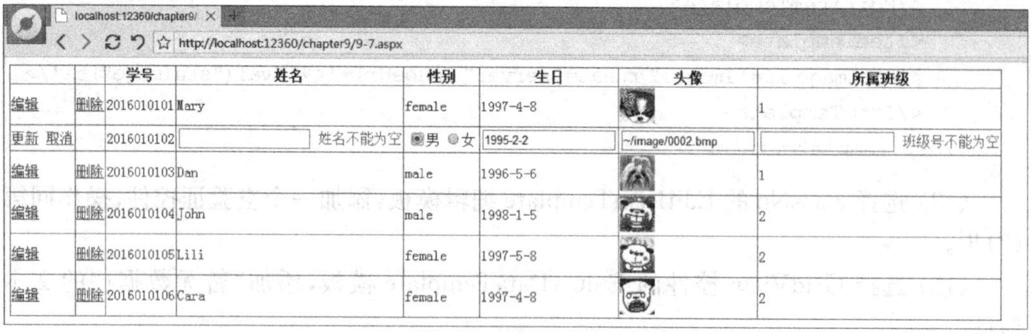

localhost:12360/chapter9/

http://localhost:12360/chapter9/9-7.aspx

		学号	姓名	性别	生日	头像	所属班级
编辑	删除	2016010101	Mary	female	1997-4-8		1
更新 取消		2016010102	姓名不能为空	◉男 ○女	1995-2-2	~/image/0002.bmp	班级号不能为空
编辑	删除	2016010103	Dan	male	1996-5-6		1
编辑	删除	2016010104	John	male	1998-1-5		2
编辑	删除	2016010105	Lili	female	1997-5-8		2
编辑	删除	2016010106	Cara	female	1997-4-8		2

图 9.63　编辑模板中的验证功能

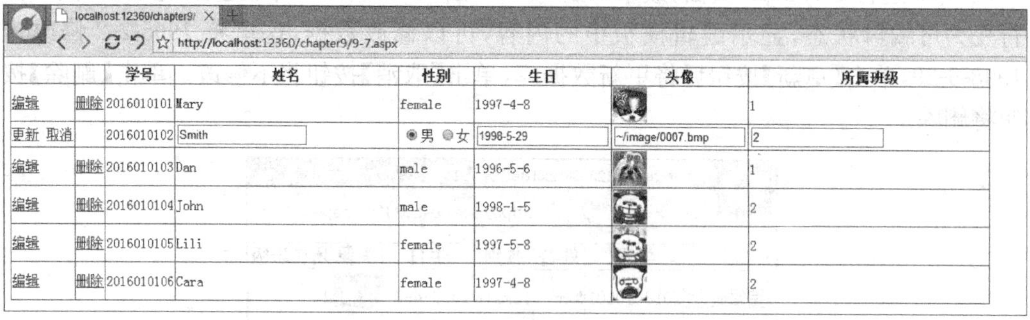

localhost:12360/chapter9/

http://localhost:12360/chapter9/9-7.aspx

		学号	姓名	性别	生日	头像	所属班级
编辑	删除	2016010101	Mary	female	1997-4-8		1
更新 取消		2016010102	Smith	◉男 ○女	1998-5-29	~/image/0007.bmp	2
编辑	删除	2016010103	Dan	male	1996-5-6		1
编辑	删除	2016010104	John	male	1998-1-5		2
编辑	删除	2016010105	Lili	female	1997-5-8		2
编辑	删除	2016010106	Cara	female	1997-4-8		2

图 9.64　编辑模板中修改生日

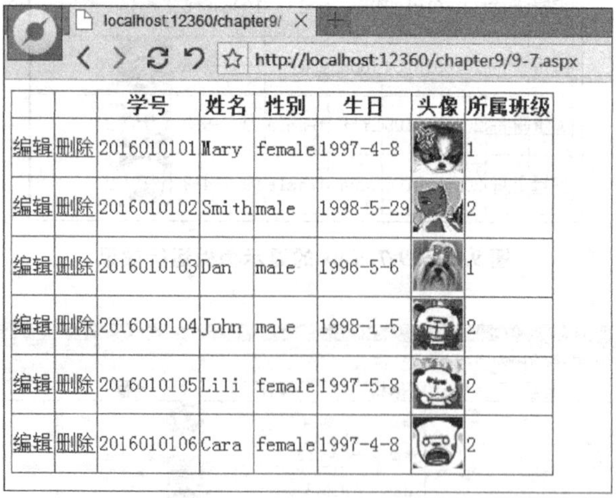

localhost:12360/chapter9/

http://localhost:12360/chapter9/9-7.aspx

		学号	姓名	性别	生日	头像	所属班级
编辑	删除	2016010101	Mary	female	1997-4-8		1
编辑	删除	2016010102	Smith	male	1998-5-29		2
编辑	删除	2016010103	Dan	male	1996-5-6		1
编辑	删除	2016010104	John	male	1998-1-5		2
编辑	删除	2016010105	Lili	female	1997-5-8		2
编辑	删除	2016010106	Cara	female	1997-4-8		2

图 9.65　单击【更新】按钮后显示修改后的生日

9.5.2　为数据表添加数据

【实例 9-8】 为数据表添加数据。

(1) 在网站 chapter9 中，打开 9-7. aspx，继续添加一个 RadioButton、五个 TextBox，

用来输入添加的新数据。拖放一个 Button 控件用于执行添加功能。

(2) 双击 Button1,在 Button1_Click 事件中编写代码如下。

```
protected void Button1_Click1(object sender, EventArgs e)
{
    //清空数据源控件插入语句中的待定参数
    SqlDataSource1.InsertParameters.Clear();
    //向数据源控件 SqlDataSource1 中添加插入语句需要的待定参数,并赋值
    SqlDataSource1.InsertParameters.Add("stuNo", TextBox6.Text);
    SqlDataSource1.InsertParameters.Add("stuName", TextBox7.Text);
    SqlDataSource1.InsertParameters.Add("stuGender",
    RadioButtonList1.SelectedValue);
    SqlDataSource1.InsertParameters.Add("stuBirth", TextBox8.Text);
    SqlDataSource1.InsertParameters.Add("stuImage", TextBox9.Text);
    SqlDataSource1.InsertParameters.Add("classNo", TextBox10.Text);
    SqlDataSource1.Insert();
}
```

注意上面的这段代码中,SqlDataSource1. InsertParameters. Add()语句添加的参数与 9-7. aspx 页面中要使用添加功能的 SqlDataSource1 控件配置的 InsertParameters 标记中的参数保持个数和类型的匹配。SqlDataSource1. Insert();方法用于向数据库中插入数据。

可以继续在页面增加验证功能,或在代码中增加数据有效性判断的代码。修改数据库时可能发生主键重复的错误,下面的代码将使用 try catch 语句捕捉异常。当主键重复时弹出一个消息框。代码如下。

```
protected void Button1_Click1(object sender, EventArgs e)
{
    if (TextBox6.Text=="" || TextBox7.Text=="" || TextBox8.Text=="" ||
    TextBox9.Text=="" || TextBox10.Text=="")
    {
        Response.Write("<script type='text/javascript'>alert('请输入完整信息');
        </script>");
    }
    else
    {
        SqlDataSource1.InsertParameters.Clear();
        SqlDataSource1.InsertParameters.Add("stuNo", TextBox6.Text);
        SqlDataSource1.InsertParameters.Add("stuName", TextBox7.Text);
        SqlDataSource1.InsertParameters.Add("stuGender",
        RadioButtonList1.SelectedValue);
        SqlDataSource1.InsertParameters.Add("stuBirth", TextBox8.Text);
        SqlDataSource1.InsertParameters.Add("stuImage", TextBox9.Text);
        SqlDataSource1.InsertParameters.Add("classNo", TextBox10.Text);
```

```
        try
        {
            SqlDataSource1.Insert();
        }
        //SqlException:sqlserver 发生错误或警告时返回
        catch (System.Data.SqlClient.SqlException en)
        {
            //MSSQL 的对应的异常信息 2627 可在系统表中获得,为主键重复
            if (en.Number==2627)
                Response.Write("<script language='javascript'>alert('对不起,
                主键重复');</script>");
            else
                Response.Write(en.Message);
        }
    }
}
```

(3) 运行 9-7. aspx,效果如图 9. 66 所示。单击【添加】按钮后,输入学号为“2016010106”的那条记录,即可添加到数据表中,并在 GridView 中显示出来。

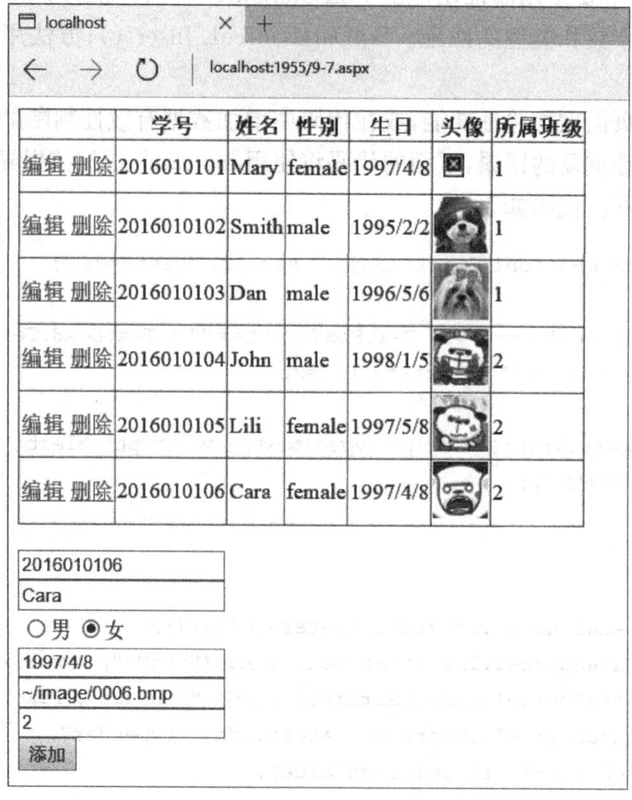

图 9. 66 9-7. aspx 页面的添加功能

在许多时候，需要单击 GridView 中的按钮，触发 GridView 的 RowCommand 事件。如果在实例 9-7 中的 GridView 控件中放置【添加】按钮，可以通过【编辑列】中添加 ButtonField 字段，并设置 CommandName 是"insert"(如图 9.67 所示)实现。

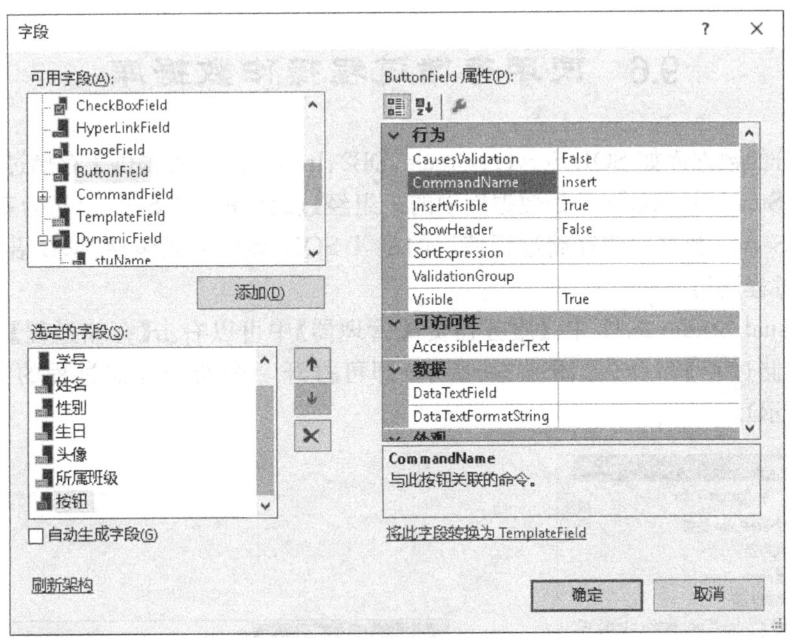

图 9.67　添加按钮列

然后在【事件】窗口中，双击 GridView 控件的 RowCommand 事件的右侧空白格即可添加 RowCommand 事件(如图 9.68 所示)。

将 Button1_Click 中的代码放入 RowCommand 事件中。GridView 控件中可以存在多个按钮，都会触发该事件，因此，在代码中需要用 CommandName 属性判断是哪个按钮触发的，代码如下。

图 9.68　在【事件】窗口中添加事件

```
if (e.CommandName=="insert")
{
    SqlDataSource1.InsertParameters.Clear();
    SqlDataSource1.InsertParameters.Add
    ("stuNo", TextBox6.Text);
    SqlDataSource1.InsertParameters.Add("stuName", TextBox7.Text);
    SqlDataSource1.InsertParameters.Add("stuGender",
    RadioButtonList1.SelectedValue);
    SqlDataSource1.InsertParameters.Add("stuBirth", TextBox8.Text);
    SqlDataSource1.InsertParameters.Add("stuImage", TextBox9.Text);
    SqlDataSource1.InsertParameters.Add("classNo", TextBox10.Text);
```

```
    SqlDataSource1.Insert();
}
```

注意：代码中的 insert 值区分大小写。

9.6 使用存储过程操作数据库

大部分的数据库如 SQL Server、Oracle、DB2、Informix 等都提供了存储过程的功能。存储过程(Stored Procedure)是数据库中的一组经过编译的、以 SQL 语句为基础的命令集。SQL Server 数据库的存储过程使用的是 T-SQL，该语言既包括 SQL 语句，还可以包括一些过程语句。

在 Visual Studio 2012 中，【服务器资源管理器】中可以右击【存储过程】节点，选择【添加新存储过程】命令(如图 9.69 所示)即可打开一个新的存储过程的代码段(如图 9.70 所示)。

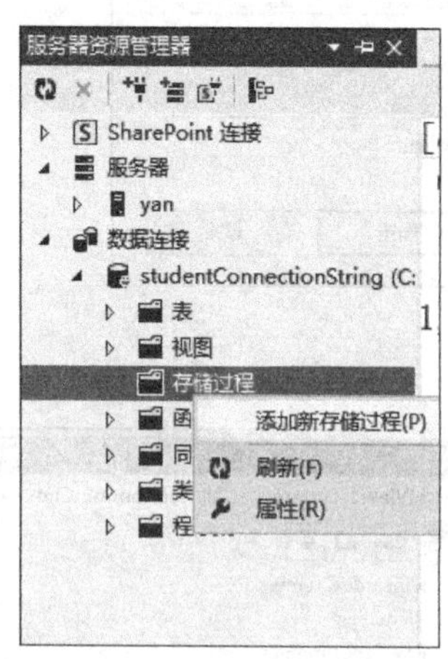

图 9.69 添加新存储过程

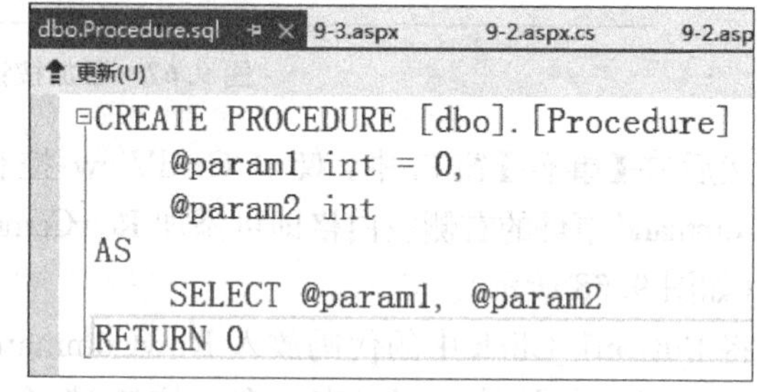

图 9.70 新建存储过程中的代码

代码段中的 CREATE PROCEDURE 是关键字表示创建存储过程，以前的版本当创建成功后，该关键字将变为 ALTER PROCEDURE，在 Visual Studio 2012 中不再改变，仍然显示为 CREATE PROCEDURE，以后修改存储过程时系统自动检测修改的内容。可以在代码段的基础上修改完成的存储过程功能。dbo 是存储过程所属的数据库用户。[Procedure]可以修改为需要的存储过程名称。以@开头的@param1 和@param2 表示参数，参数必须指定参数名和类型，类型一般与数据表中的字段一致。在此处可以添加需要的参数，参数之间用逗号(,)隔开，最后一个参数后面无逗号(,)。AS 关键字后面是需要执行的 T-SQL 语句。RETURN 用来指明存储过程的返回值。

下面的代码就是一个创建存储过程 Pr_GetProductsByCategoryID 的代码，实现从 Product 表和 Category 表中查询某个类别(CategoryID)商品的有关信息。它含有一个参数 CategoryID。使用 CategoryID 字段作为两个表的连接条件，并使用 LasterDate 字段降序排序结果集。

```
CREATE PROCEDURE [dbo].[Pr_GetProductsByCategoryID]
    @CategoryID int
AS
SELECT
[Product].*,
Category.Name AS CategoryName,
FROM
[Product]
INNER JOIN
Category
On [Product].CategoryID=Category.ID
Where [Product].CategoryID=@CategoryID
ORDER BY
LasterDate DESC
```

在第 8 章中介绍的命令对象的 CommandType 属性可以指定要执行的语句为存储过程(StoredProcedure)。使用数据源控件也可以配置使用存储过程,下面以实例的形式来演示该功能。

【实例 9-9】 数据源控件也可以配置调用存储过程 Pr_GetStudentAge。

(1) 在 studentDB. mdf 中新建存储过程,编写如下代码。

```
CREATE PROCEDURE [Pr_GetStudentAge]
    @CurrentDate DateTime
AS
    SELECT [stuNo], [stuName], [stuGender],
DATEDIFF(year,[stuBirth],@CurrentDate) as stuAge,[stuImage], [classNo]
    FROM [studentInfo]
RETURN 0
```

代码中 DATEDIFF(year,[stuBirth],@CurrentDate)是计算字段[stuBirth]与参数@CurrentDate 两个日期相隔的年数,相当于 year(@CurrentDate)－year([stuBirth])。单击窗口中的【更新】按钮,再单击【预览数据库更新】对话框中的【更新数据库】按钮即可更新数据库,否则不更新数据库(如图 9.71 所示)。

(2) 在网站 chapter9 中添加 9-8. aspx,添加一个 TextBox1、一个 Button 和一个 Gridview 控件。设置 TextBox1 的 TextMode 属性为 DateTime,以便选择日期。

(3) 配置 GridView 控件的数据源,选择已有连接串 studnetConnectionString,在【配置 Select 语句】对话框中选择【指定自定义 SQL 语句或存储过程】单选按钮,单击【下一步】按钮,将弹出自定义语句或存储过程的窗口,选择【存储过程】单选按钮,然后选择存储过程 Pr_GetStudentAge(如图 9.72 所示)。

注意该窗口中,如果有存储过程自动会出现在【存储过程】的下拉列表框中,可供选择。如果没有存储过程则【存储过程】为灰色不可选。此外,还可以配置需要的 SELECT、UPDATE、INSERT 或 DELETE 语句连接字符串中指定的数据库中。

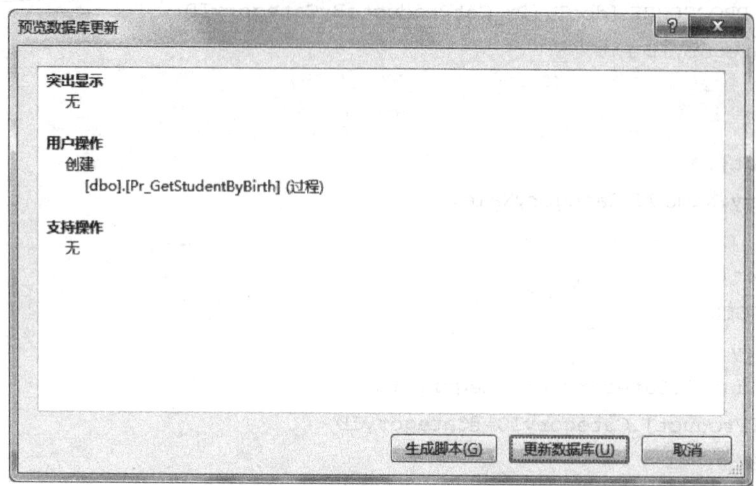

图 9.71 更新存储过程到数据库

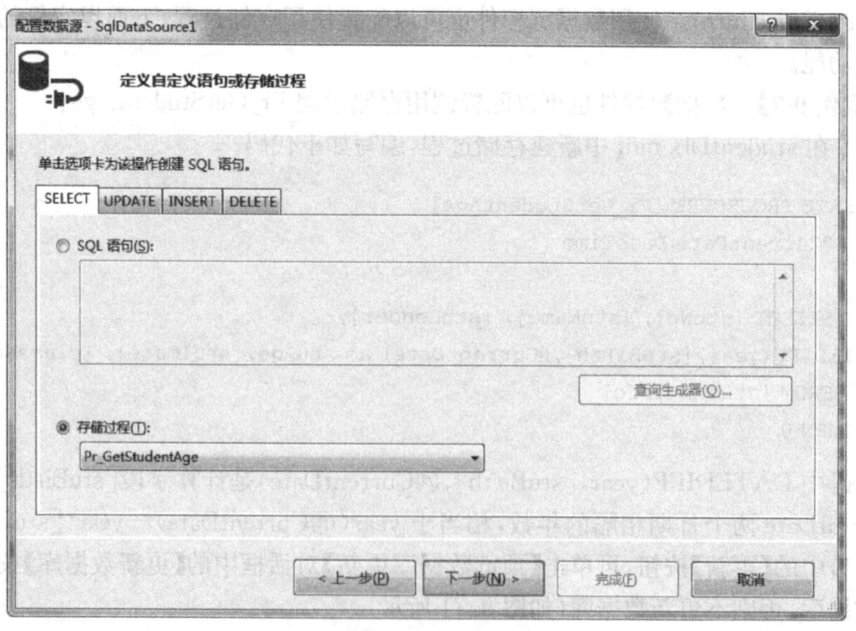

图 9.72 选择存储过程

继续单击【下一步】按钮，如果存储过程中有参数将会弹出【定义参数】对话框，这里的参数来自控件(Control) TextBox1 (ControlID)，继续单击【下一步】→【完成】按钮(如图 9.73 所示)。

生成的控件代码如下。

```
<div>
<br />
当前日期: <asp:TextBox ID="TextBox1" runat="server" TextMode="Date"></asp:
```

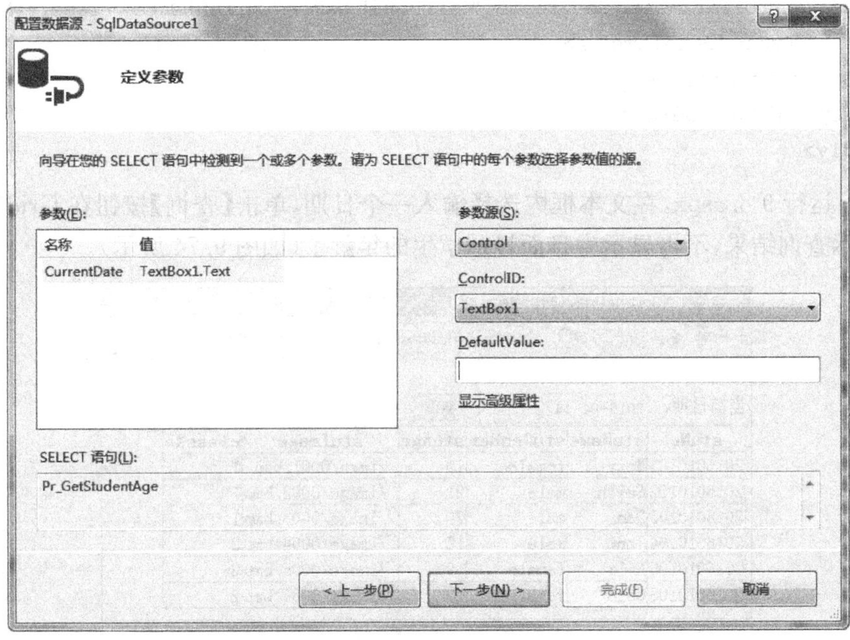

图 9.73 为存储过程定义参数

```
TextBox>
<asp:Button ID="Button1" runat="server" OnClick="Button1_Click" Text="查询" />
<br />
<asp:GridView ID="GridView1" runat="server" DataSourceID="SqlDataSource1"
AutoGenerateColumns="False" DataKeyNames="stuNo">
<Columns>
<asp:BoundField DataField="stuNo" HeaderText="stuNo" ReadOnly="True"
SortExpression="stuNo" />
<asp:BoundField DataField="stuName" HeaderText="stuName" SortExpression=
"stuName" />
<asp:BoundField DataField="stuGender" HeaderText="stuGender" SortExpression=
"stuGender" />
<asp:BoundField DataField="AgeYear" HeaderText="AgeYear" ReadOnly="True"
SortExpression="AgeYear" />
<asp:BoundField DataField="stuImage" HeaderText="stuImage" SortExpression=
"stuImage" />
<asp:BoundField DataField="classNo" HeaderText="classNo" SortExpression=
"classNo" />
</Columns>
</asp:GridView>
<asp:SqlDataSource ID="SqlDataSource1" runat="server" ConnectionString=
"<%$ConnectionStrings:studentConnectionString %>" SelectCommand=
"Pr_GetStudentAge" SelectCommandType="StoredProcedure">
<SelectParameters>
```

```
<asp:ControlParameter ControlID="TextBox1" Name="CurrentDate" PropertyName=
"Text" Type="DateTime" />
</SelectParameters>
</asp:SqlDataSource>
</div>
```

(4) 运行 9-8. aspx,在文本框内选择输入一个日期,单击【查询】按钮在 GridView 控件中显示查询结果,不再显示生日而显示学生的年龄了(如图 9. 74 所示)。

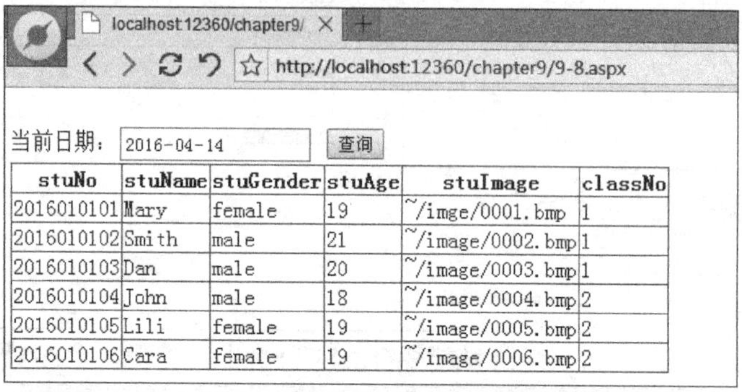

localhost:12360/chapter9/
http://localhost:12360/chapter9/9-8.aspx

当前日期: 2016-04-14 查询

stuNo	stuName	stuGender	stuAge	stuImage	classNo
2016010101	Mary	female	19	~/imge/0001.bmp	1
2016010102	Smith	male	21	~/image/0002.bmp	1
2016010103	Dan	male	20	~/image/0003.bmp	1
2016010104	John	male	18	~/image/0004.bmp	2
2016010105	Lili	female	19	~/image/0005.bmp	2
2016010106	Cara	female	19	~/image/0006.bmp	2

图 9. 74　9-8. aspx 的运行效果

9.7　连接字符串的配置

1. 配置连接字符串

Web. config 中用 connectionStrings 标记保存连接字符串,一般直接放在根元素 configuration 中。connectionStrings 中可以有多条 add 标记,每条对应一个连接字符串。add 中的属性 name 表示连接字符串的名称,引用时使用该名称;connectionString 属性表示连接字符串的具体内容,表示连接的数据库服务器、名称、登录方式等。下面是连接的本地数据库服务器,文件路径是网站的共享文件 App_Data 中的 StudentDB. mdf。登录方式采用 Windows 集成身份验证。

```
<configuration>
    <connectionStrings>
        <add name="studentConnectionString" connectionString="Data Source=
        (LocalDB)\v11.0;AttachDbFilename=|DataDirectory|\StudentDB.mdf;
        Integrated Security=True" providerName="System.Data.SqlClient" />
    </connectionStrings>
</configuration>
```

在数据库操作中,可以通过 DataSource 控件配置自动生成相应的连接字符串代码,也可以手动添加该代码。

2. 获取连接字符串

配置完毕，就可以在应用程序中调用 Web.config 中保存的连接字符串。

(1) SqlDataSource 控件使用属性 ConnectionString 与连接字符串绑定，如 ConnectionString="<%$ ConnectionStrings:studentConnectionString%>"。

(2) 使用 System.Configuration 命名空间中的 ConfigurationManager 调用，编写代码时使用。具体代码如下。

```
using System.Configuration;
string connectionString=ConfigurationManager.ConnectionStrings["student
CONNECTIONSTRING"].ConnectionString;
```

代码中的“studentCONNECTIONSTRING”是 Web.config 中连接字符串定义中 name 属性的值。

数据库连接字符串写在 Web.config 中后，可以在程序中重复使用。一旦有变化，只修改这一处代码即可，可避免错误提高开发效率。

小结

本章首先介绍了数据绑定的概念，每当数据源中的数据发生变化且重新启动网页时，被绑定对象中的数据将随数据源而改变。

然后介绍了 ASP.NET 提供的数据源控件，并重点使用了 SqlDataSource 数据源控件连接 SQL Server 的方法及在配置过程中的各项功能，包括 SQL 语句定义、WHERE 子句的添加和修改、Insert 等编辑语句的生成和使用、存储过程的调用。

还介绍了 GridView 控件的分页、排序、选择、美化和模板的设置和使用。

通过数据源控件 GridView 控件演示了显示数据、单一条件查询、多条件查询和数据表同步的实现。在此过程中，还涉及 DropDownList 控件、RadioButtonList 控件、TextBox 控件、Label 控件、Image 控件等控件实现数据绑定的方法。

最后介绍了连接数据源必须使用的连接字符串保存在 Web.config 中的方法及调用它的方法。

课后习题

1. 填空题

(1) ________数据源控件可以访问内存中的对象。

(2) GridView 控件的________属性设为 true 表示启用排序功能。

(3) 启用选择功能后，可以使用________属性设置被选择行的外观。

(4) 当显示数据多的时候就可以设置 GridView 控件的________属性为 true，以允许分页。

(5) GridView 控件提供的体模板有________、________、________、________。

(6) 数据绑定控件的________属性,可以设置与某数据源控件的关联。

(7) Bind("字段名")和 Eval("字段名")方法必须写在________标签中。双向绑定应使用________。

(8) 当一条记录处于编辑状态时使用的是________模板。

(9) DATEDIFF(year,[stuBirth],@CurrentDate)返回________。

(10) Web. config 中用________标记保存连接字符串,一般直接放在根元素 configuration 中。

2. 上机操作题

上机目的:

掌握 SqlDataSource 数据源控件配置数据源的方法;

掌握 SqlDataSource 控件和 GridView 控件实现显示数据和编辑数据表的方法;

理解 GridView 控件模板的使用。

上机内容:

创建一个数据库 Product. mdf 保存服装信息,包括 ProductInfo(商品信息)和 CategoryInfo(商品种类信息)两个表,使用 SqlDataSource 控件和 GridView 控件实现显示商品信息和编辑商品信息的方法。ProductInfo 表中可以包含种类编号、商品编号、名称、价格、库存量、图片、尺寸、添加日期、浏览量等。CategoryInfo 可以包含种类编号和名称。

(1) 查询所有的商品信息,并显示到 GridView 控件中。

(2) 查询价格>500 元的所有商品信息,并显示到 GridView 控件中。

(3) 查询所有的价格在 500 元以下的连衣裙(种类)信息并显示。

(4) 向数据表中添加商品信息。

(5) 删除浏览量在 10 以下的商品信息。

第 10 章 chapter 10

其他数据控件

在第 9 章中介绍了数据源控件配置数据源连接访问数据源的方法，及 GridView 控件以表格形式显示数据、编辑数据的方法。通过第 9 章的学习，对数据控件的作用和基本使用方法有了一个基本认识。在 ASP. NET 中除了 GridView 控件，还提供了多个复杂的数据绑定控件，如 FormView、DataList、Repeater、ListView、DetailsView 和 DataPage 控件。这些数据绑定控件也可以通过配置数据源控件绑定数据库，它们显示数据的风格各有特点。本章将介绍这些数据控件的特点和基本使用方法。

本章学习目标：

- 了解 FormView、DataList、Repeater、ListView 控件显示数据的特点；
- 掌握 FormView、DataList、Repeater、ListView 和 DataPage 控件的基本使用方法。

10.1 FormView 控件

FormView 控件可以显示数据源中的单条记录(如图 10.1 所示)，一条记录显示为一页。FormView 控件没有预定义布局，它显示用户定义的模板，可以定义显示模板(ItemTemplate)、编辑模板(EditItemTemplate)和插入模板(InsertItemTemplate)。FormView 支持分页显示功能。FormView 的 DefaultMode 属性用于设置初始时的模式，及在执行取消、插入和更新命令后恢复的模式，属性值有 ReadOnly、Insert 和 Edit。下面以实例的形式演示它的数据绑定功能。

【实例 10-1】 使用 FormView 控件绑定 Films 数据库中的 filmInfo 表。

(1) 新建一个网站 chapter10，添加一个数据库 Films. mdf。数据库 Films. mdf 中包含一个表 filmInfo，用于保存影片基本信息。它包含 10 个字段：影片编号(Id)、影片名称、主要演员、发布时间、影片所属类别、长度、添加时间、浏览次数、影片简介，长度的单位是分钟。生成的脚本如下。

```
CREATE TABLE [dbo].[filmInfo] (
    [Id]           INT            IDENTITY(1, 1) NOT NULL,
    [filmName]     NVARCHAR(100) NULL,
    [Roles]        NVARCHAR(50)  NULL,
```

```
    [releaseTime]  DATE            NULL,
    [CategoryName] NVARCHAR(50)    NULL,
    [length]       INT             NULL,
    [createTime]   DATETIME        NULL,
    [viewCount]    INT             NULL,
    [description]  NVARCHAR(500)   NULL,
    [picture]      VARCHAR(50)     NULL,
    PRIMARY KEY CLUSTERED ([Id] ASC)
);
```

并添加一些测试数据。本章将以此数据库演示控件的使用。

(2) 在网站根目录添加页面 10-1. aspx，并从【数据】选项卡向页面中添加一个 FormView 控件。在【FormView 任务】中新建数据源，操作参考第 9 章。连接 Films 数据库，从 filmInfo 表中查询所有字段，配置完毕后。设置它的 AllowPaging 为 true。运行页面 10-1. aspx 如图 10.1 所示。

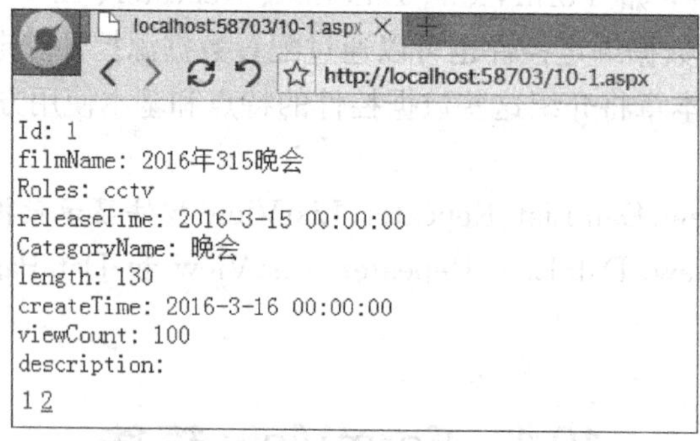

图 10.1　FormView 控件的显示效果

(3) 从图 10. 1 中可以看出，配置完毕默认显示的是表中的字段名。可以使用【FormView 任务】中的【编辑模板】，选择 ItemTemplate 模板，修改字段名(如图 10. 2 所示)。

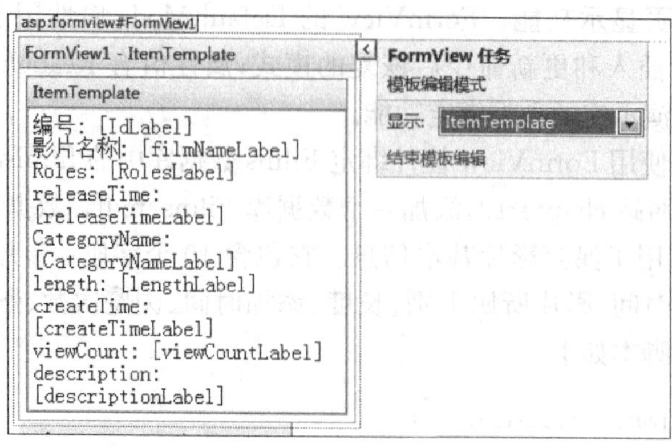

图 10.2　FormView 的 ItemTemplate 模板

(4) 配置完成后，FormView 控件自动生成了 ItemTemplate、EditItemTemplate 和 InsertItemTemplate 相应的代码。也可以打开源视图进一步修改，如字段名称、绑定格式等。修改部分字段名称后的代码如下。

```
<asp:FormView ID="FormView1" runat="server" AllowPaging="True" DataKeyNames=
"Id" DataSourceID="SqlDataSource1">
    <EditItemTemplate>
        Id:
        <asp:Label ID="IdLabel1" runat="server" Text='<%#Eval("Id") %>' />
        <br />
        filmName:
        <asp:TextBox ID="filmNameTextBox" runat="server" Text=
        '<%#Bind("filmName") %>' />
        <br />
        Roles:
        <asp:TextBox ID="RolesTextBox" runat="server" Text=
        '<%#Bind("Roles") %>' />
        <br />
        releaseTime:
        <asp:TextBox ID="releaseTimeTextBox" runat="server" Text=
        '<%#Bind("releaseTime") %>' />
        <br />
        CategoryName:
        <asp:TextBox ID="CategoryNameTextBox" runat="server" Text=
        '<%#Bind("CategoryName") %>' />
        <br />
        length:
        <asp:TextBox ID="lengthTextBox" runat="server" Text=
        '<%#Bind("length") %>' />
        <br />
        createTime:
        <asp:TextBox ID="createTimeTextBox" runat="server" Text=
        '<%#Bind("createTime") %>' />
        <br />
        viewCount:
        <asp:TextBox ID="viewCountTextBox" runat="server" Text=
        '<%#Bind("viewCount") %>' />
        <br />
        description:
        <asp:TextBox ID="descriptionTextBox" runat="server" Text=
        '<%#Bind("description") %>' />
        <br />
        <asp:LinkButton ID="UpdateButton" runat="server" CausesValidation=
        "True" CommandName="Update" Text="更新" />
         <asp:LinkButton ID="UpdateCancelButton" runat="server"
        CausesValidation="False" CommandName="Cancel" Text="取消" />
```

```
    </EditItemTemplate>
    <InsertItemTemplate>
        filmName:
        <asp:TextBox ID="filmNameTextBox" runat="server" Text=
        '<%#Bind("filmName") %>' />
        <br />
        Roles:
        <asp:TextBox ID="RolesTextBox" runat="server" Text=
        '<%#Bind("Roles") %>' />
        <br />
        releaseTime:
        <asp:TextBox ID="releaseTimeTextBox" runat="server" Text=
        '<%#Bind("releaseTime") %>' />
        <br />
        CategoryName:
        <asp:TextBox ID="CategoryNameTextBox" runat="server" Text=
        '<%#Bind("CategoryName") %>' />
        <br />
        length:
        <asp:TextBox ID="lengthTextBox" runat="server" Text=
        '<%#Bind("length") %>' />
        <br />
        createTime:
        <asp:TextBox ID="createTimeTextBox" runat="server" Text=
        '<%#Bind("createTime") %>' />
        <br />
        viewCount:
        <asp:TextBox ID="viewCountTextBox" runat="server" Text=
        '<%#Bind("viewCount") %>' />
        <br />
        description:
        <asp:TextBox ID="descriptionTextBox" runat="server" Text=
        '<%#Bind("description") %>' />
        <br />
        <asp:LinkButton ID="InsertButton" runat="server" CausesValidation=
        "True" CommandName="Insert" Text="插入" />
         <asp:LinkButton ID="InsertCancelButton" runat="server"
        CausesValidation="False" CommandName="Cancel" Text="取消" />
    </InsertItemTemplate>
    <ItemTemplate>
        编号:
        <asp:Label ID="IdLabel" runat="server" Text='<%#Eval("Id") %>' />
        <br />
        影片名称:
        <asp:Label ID="filmNameLabel" runat="server" Text=
        '<%#Bind("filmName") %>' />
```

```
        <br />
        演员：
        <asp:Label ID="RolesLabel" runat="server" Text='<%#Bind("Roles")%>' />
        <br />
        发布时间：
        <asp:Label ID="releaseTimeLabel" runat="server" Text=
        '<%#Bind("releaseTime") %>' />
        <br />
        影片分类：
        <asp:Label ID="CategoryNameLabel" runat="server" Text=
        '<%#Bind("CategoryName") %>' />
        <br />
        长度：
        <asp:Label ID="lengthLabel" runat="server" Text='<%#Bind("length") %>'/>
        <br />
        添加时间：
        <asp:Label ID="createTimeLabel" runat="server" Text=
        '<%#Bind("createTime") %>' />
        <br />
        浏览次数：
        <asp:Label ID="viewCountLabel" runat="server" Text=
        '<%#Bind("viewCount") %>' />
        <br />
        简介：
        <asp:Label ID="descriptionLabel" runat="server" Text=
        '<%#Bind("description") %>' />
        <br />
    </ItemTemplate>
</asp:FormView>
```

(5) 运行页面 10-1. aspx，效果如图 10.3 所示。每条记录显示为一页。

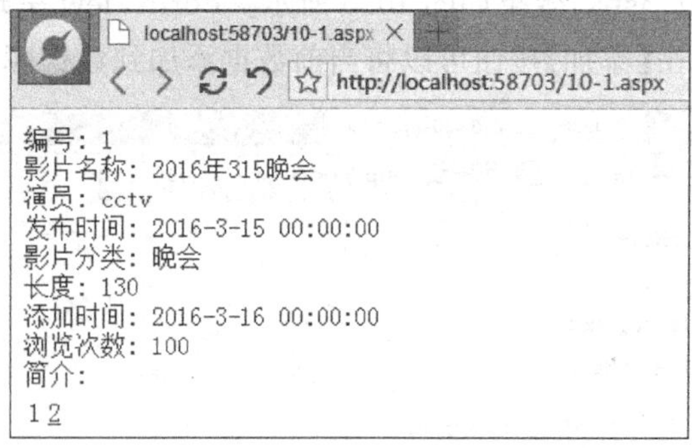

图 10.3 修改字段名后的运行效果

【实例 10-2】 FormView 控件实现编辑数据。

具体要求：使用 FormView 控件绑定 Films 数据库中的 filmInfo 表，并更新记录和插入记录。

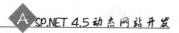

具体的操作步骤如下。

(1) 打开 10-1. aspx 页面，将 FormView 控件的 DefaultMode 属性设为 Edit，运行页面时 FormView 将呈现编辑模板的设置，如图 10. 4 所示。单击页码选择需要更新的记录，在 TextBox 框内输入要更新的文本，单击【更新】按钮，可以将更新的文本数据更新到数据库中，单击【取消】按钮不更新。

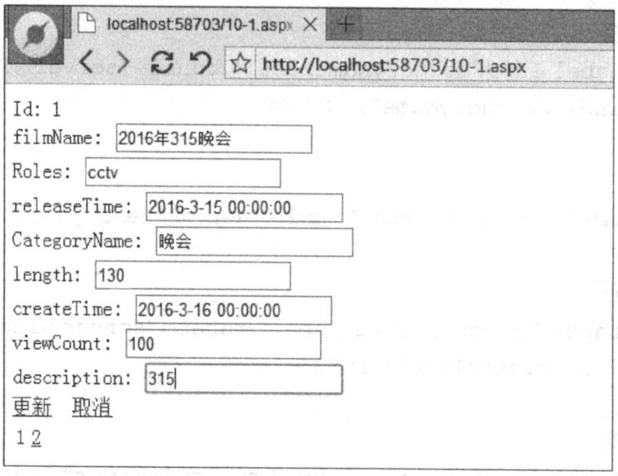

图 10. 4　页面运行默认为编辑模板

(2) 将 FormView 控件的 DefaultMode 属性设为 Insert，或者在 Page_Load 中添加以下代码。

```
protected void Page_Load(object sender, EventArgs e)
{
    FormView1.DefaultMode=FormViewMode.Insert;
}
```

(3) 运行页面 10-1. aspx，效果如图 10. 5 所示。FormView 呈现插入数据的状态，在文本框中填写数据，单击【添加】按钮可以将当前数据添加到数据库中。

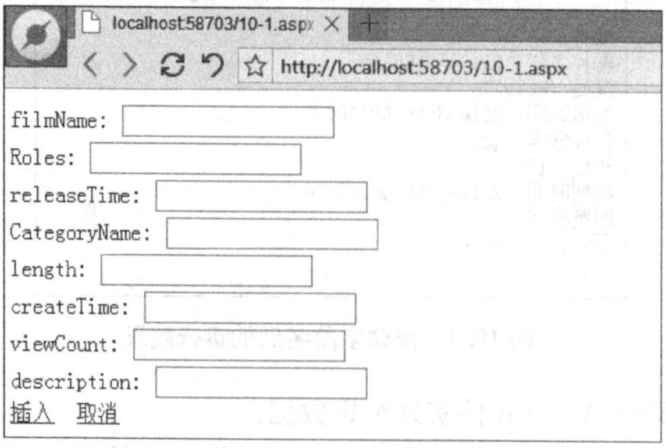

图 10. 5　FormView 的 Insert 模板运行效果

10.2 DetailsView 控件

DetailsView 控件同 FormView 控件一样可以显示数据源中的单条记录，只是以表格的形式（如图 10.6 所示）。它既支持分页功能（AllowPaging 属性），也提供显示模板、编辑模板、插入模板，可以进行更新、删除和插入操作。

图 10.6 为 DetailsView 控件的默认显示效果（ReadOnly），也可以通过改变 DefaultMode 的值改变默认显示模式（Edit、Insert）。

1 Button

Id	1
filmName	2016年315晚会
Roles	cctv
releaseTime	2016/3/15 0:00:00
CategoryName	晚会
length	130
createTime	2016/3/16 0:00:00
viewCount	200
description	3·15晚会是中央电视台经济部于1991年3月15日首先推出现场直播3·15国际消费者权益日消费者之友专题晚会。从开播以来，晚会揭穿了无数的骗局、陷阱和黑幕，维护了公平公正，改变了无数人的命运和人生。每年的3月15日，3·15晚会都将为保护消费者权益发出强烈呼声。
picture	~/images/1.jpg

图 10.6　DetailsView 控件的默认显示效果

同 GridView 控件一样，通过【DetailsView 任务】的【编辑字段】命令打开【字段】对话框（如图 10.7 所示）。

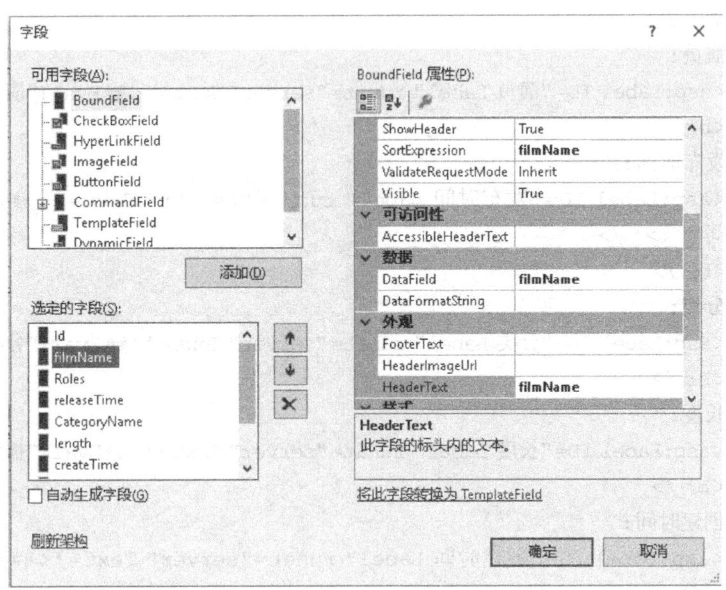

图 10.7　DetailsView 控件的编辑字段对话框

10.3 DataList控件

DataList控件在数据的显示格式上有很大的灵活性，它允许开发人员自定义数据显示模板。该控件没有数据操作的功能，一般与其他控件(如GridView控件)配合使用。该控件本身不具备分页功能，但可编写一个方法或存储过程，根据传入的URL参数返回需要显示的数据。

可以通过DataList控件的属性RepeatDirection设置数据显示的方向(Vertical和Horizontal)，RepeatColumns属性设置列的数目，RepeatLayout设置用表结构还是流结构显示。下面用实例演示DataList数据绑定和设置显示格式的方法。

【实例10-3】 DataList实现数据绑定显示表数据。

(1) 在网站chapter10中新建10-2.aspx，拖放一个控件DataList，配置数据源，选择Films数据库中的filmInfo表。并使用自定义语句，为字段增加别名，使其显示为汉字。DataList的代码如下，默认只有ItemTemplate元素。

```
<asp:DataList ID="DataList1" runat="server" DataKeyField="编号" DataSourceID=
"SqlDataSource1" RepeatDirection="Vertical">
   <ItemTemplate>
      编号:
      <asp:Label ID="编号Label" runat="server" Text='<%#Eval("编号") %>' />
      <br />
      影片名称:
      <asp:Label ID="影片名称Label" runat="server" Text='<%#Eval("影片名
      称") %>' />
      <br />
      演员:
      <asp:Label ID="演员Label" runat="server" Text='<%#Eval("演员") %>' />
      <br />
      发布时间:
      <asp:Label ID="发布时间Label" runat="server" Text='<%#Eval("发布时
      间") %>' />
      <br />
      分类:
      <asp:Label ID="分类Label" runat="server" Text='<%#Eval("分类") %>' />
      <br />
      长度:
      <asp:Label ID="长度Label" runat="server" Text='<%#Eval("长度") %>' />
      <br />
      创建时间:
      <asp:Label ID="创建时间Label" runat="server" Text='<%#Eval("创建时
      间") %>' />
      <br />
```

```
        浏览次数:
        <asp:Label ID="浏览次数 Label" runat="server" Text='<%#Eval("浏览次
        数") %>' />
        <br />
        简介:
        <asp:Label ID="简介 Label" runat="server" Text='<%#Eval("简介") %>' />
        <br />
        <br />
    </ItemTemplate>
</asp:DataList>
```

默认的运行效果如图 10.8 所示。

图 10.8 DataList 的默认显示效果

(2) 设置 DataList 控件的 RepeatDirection 属性为 Horizontal。RepeatColumns 属性设置为 3,运行效果如图 10.9 所示。

【实例 10-4】 使用 DataList 模板设计显示效果。

(1) 将数据库中影片相关的图像文件(如 1.jpg)放在网站 chapter10 根目录下的 images 文件夹中,并在数据表 filmInfo 的字段 picture 中录入影片的图片路径,如~/images/1.jpg。

(2) 在网站 chapter10 中新建 10-3.aspx,拖放一个控件 DataList,配置数据源,选择 Films 数据库中的 filmInfo 表中的 Id、filmName 和 picture 字段。

(3) 配置完成后,在【DataList 任务】中选择【编辑模板】,DataList 呈现模板状态(如图 10.10 所示)。只保留原来显示影片名称的 Label 控件,删除其他控件。添加 Image 控件,用 Image 控件的 ImageUrl 属性绑定图片字段。添加 table,将 Label 控件和 Image 控件放到表格中,并使用【格式】菜单中的【对齐】→【居中对齐】,设置 Label 居中显示。效果如图 10.11 所示。

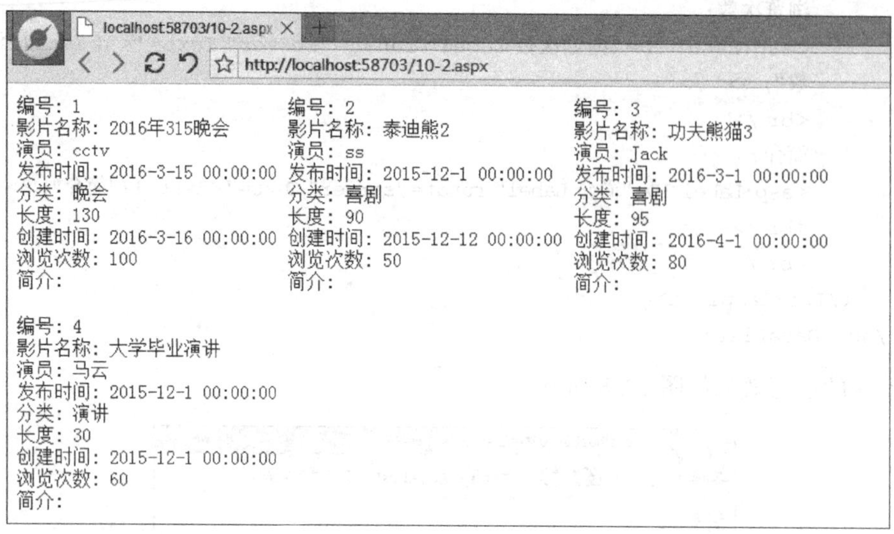

图 10.9 修改 DataList 的显示方向和列数的显示效果

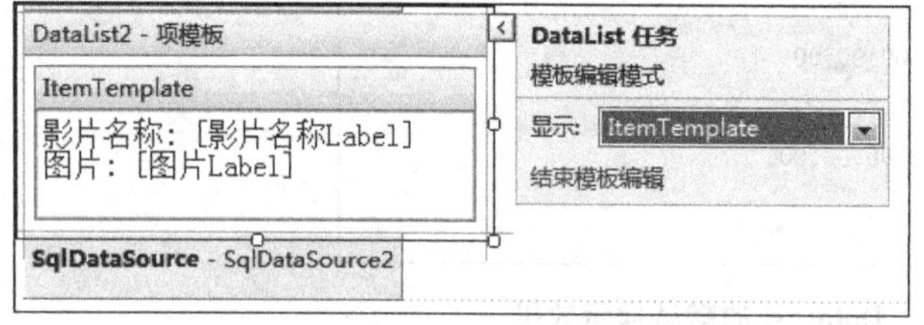

图 10.10 DataList 的编辑模板

图 10.11 DataList 设计的模板效果

(4) 设置 DataList 控件的 RepeatDirection 属性为 Horizontal。RepeatColumns 属性设置为 4,生成的 DataList 代码如下。

```
<asp:DataList ID="DataList2" runat="server" DataSourceID="SqlDataSource1"
RepeatColumns="4" RepeatDirection="Horizontal">
    <ItemTemplate>
        <table>
            <tr>
            <td>
            <asp:Image ID="Image1" runat="server" Height="173px" ImageUrl=
            '<%#Eval("图片") %>' Width="170px" />
            </td>
            </tr>
            <tr>
```

```
            <td style="text-align: center">
            <asp:Label ID="影片名称 Label" runat="server" Text='<%#Eval("影片
            名称") %>' />
            </td>
            </tr>
        </table>
        <br />
    </ItemTemplate>
</asp:DataList>
```

SqlDataSource1 生成的代码如下。

```
<asp:SqlDataSource ID="SqlDataSource1" runat="server" ConnectionString=
"<%$ConnectionStrings:filmConnectionString %>" SelectCommand="SELECT
[filmName] as 影片名称, [picture] as 图片 FROM [filmInfo]"></asp:SqlDataSource>
```

(5) 运行 10-3. aspx，效果如图 10. 12 所示，只显示图片和名称。名称也可以单击时链接到该影片的详细页面 detailsView. aspx，只需将代码<asp：Label ID＝"影片名称 Label" runat＝"server" Text＝'<%# Eval("影片名称") %>'/>改为<a href＝"detailsView. aspx? filmId＝<%# Eval("Id") %>"><asp：Label ID＝"影片名称 Label" runat＝"server" Text＝'<%# Eval("影片名称") %>'/></a>。对应地在 detailsView. aspx 页面接收参数 filmId 或直接作为 detailsView 控件的条件来源(具体配置方法参见 9. 4. 3 节)。

图 10. 12 DataList 编辑模板后的浏览效果

10.4 Repeater 控件

Repeater 控件被称作模板控件，是以非表格的形式显示数据。设计者可以自定义其模板，数据的呈现方式取决于控件模板的定制，它没有自己的默认呈现形式。当数据的显示形式并不仅仅是表格时就可以使用该控件。

每个 Repeater 控件必须至少包含一个对 ItemTemplate 的定义，也就是说 ItemTemplate 是必选的模板。还有 4 个可选模板用来自定义列表的外观：AlternatingItemTemplate、SeparatorTemplate、HeaderTemplate、FooterTemplate。下面以实例的形式演示 Repeater 控件的使用。

【实例 10-5】 演示 Repeater 控件显示影片信息的使用方法。

(1) 在网站 chapter9 中，添加 10-4. aspx 页面，添加一个 Repeater 控件，然后配置数据源，选择 filmInfo 表中的所有信息。完成后生成的 Repeater 相关代码如下。

```
<asp:Repeater ID="Repeater1" runat="server" DataSourceID="SqlDataSource1">
</asp:Repeater>
```

生成的 SqlDataSource1 相关的代码如下。

```
<asp:SqlDataSource ID="SqlDataSource1" runat="server" ConnectionString=
"<%$ConnectionStrings:filmConnectionString %>" SelectCommand="SELECT [Id],
[filmName], [Roles], [releaseTime], [CategoryName], [length], [createTime],
[viewCount], [description],[picture] FROM [filmInfo]"></asp:SqlDataSource>
```

(2) Repeater 中的模板需要手动添置。手动添加后的代码如下。

```
<asp:Repeater ID="Repeater1" runat="server" DataSourceID="SqlDataSource1">
    <HeaderTemplate>
        <hr color="#990033"/>
    </HeaderTemplate>
    <ItemTemplate>
        影片名称：<%#Eval("filmName")%>
        <br>
        主要演员：<%#Eval("Roles")%>
        <br>
        剧情简介：<%#Eval("description")%>
        <br>
    </ItemTemplate>
    <SeparatorTemplate>
        <hr/>
    </SeparatorTemplate>
    <FooterTemplate>
        <hr color="#990033"/>
```

```
    </FooterTemplate>
</asp:Repeater>
```

HeaderTemplate 定义头模板的显示内容。ItemTemplate 定义体模板的显示内容。SeparatorTemplate 定义记录间的分隔部分。FooterTemplate 定义尾模板的显示内容。

(3) 运行 10-4.aspx，效果如图 10.13 所示。头尾显示红色的水平线。记录间用灰色的水平线分隔开。

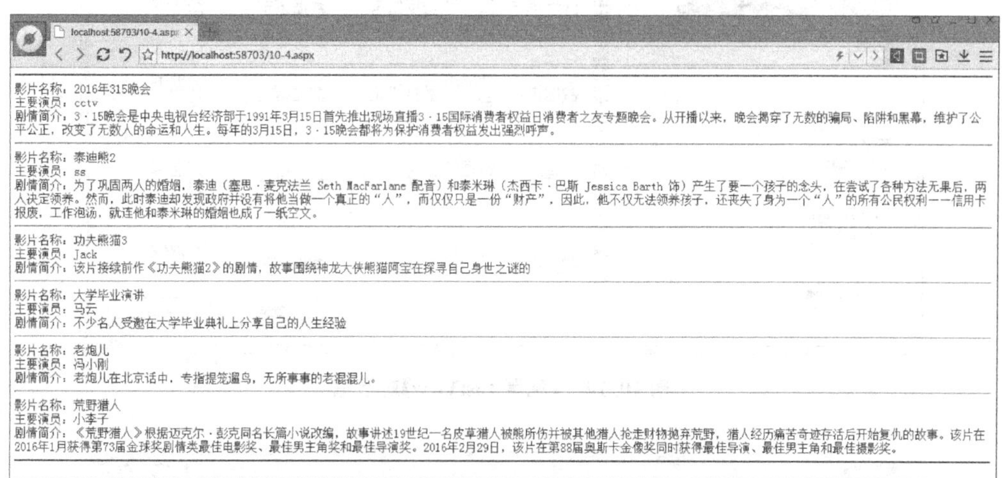

图 10.13 Repeater 控件的运行效果

10.5 ListView 控件

ListView 控件为显示、创建、读取、更新和删除数据库操作提供了基于模板的布局。ListView 控件旨在建立以数据为中心的 Web 应用程序，很好地集成了 GridView、DataList 和 Repeater 的优点。类似于 GridView，它支持数据编辑、删除和分页；类似于 DataList，它支持多列和多行布局；类似于 Repeater，它允许完全控制控件生成的标记。

在使用 ListView 控件时首先配置数据源，然后自定义模板。

ListView 控件可使用 4 种不同的布局来显示数据。单击【ListView 任务】中的【配置 ListView】，可以打开【配置 ListView】对话框（如图 10.14 所示）。在此对话框中提供了网格、平铺、项目符号列表、流、单行 5 种布局形式供选择。每种布局还可以选择样式（如图 10.15 所示）。此外，还可以启用分页、启用编辑等功能。

当单击【确定】按钮配置完成后，将自动为 ListView 生成相应的模板。

ListView 控件内置了丰富的模板，如下。

(1) AlternatingItemTemplate：设置交替项目的显示模板，便于区别连接不断的项目。

(2) EditItemTemplate：设置编辑状态时的显示项目。

(3) InsertItemTemplate：设置插入状态时的显示内容。

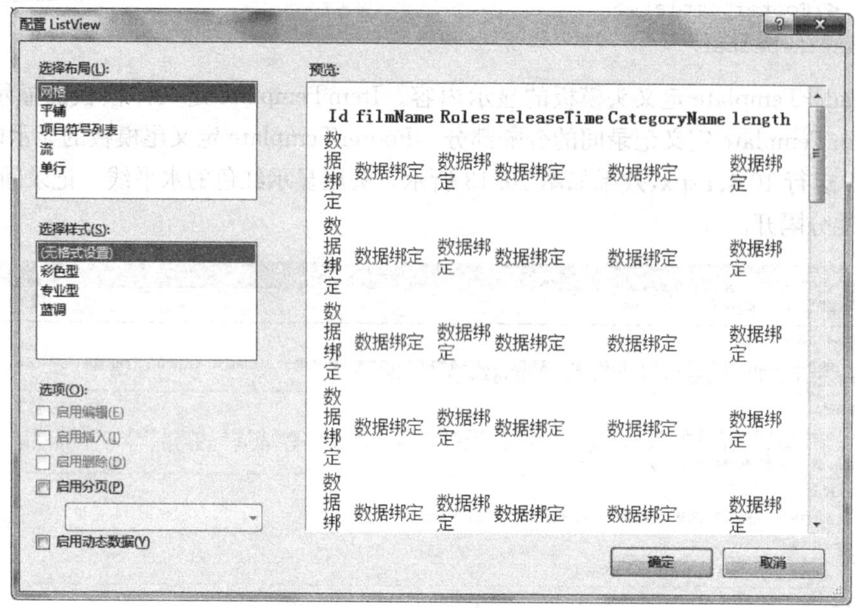

图 10.14 【配置 ListView】对话框

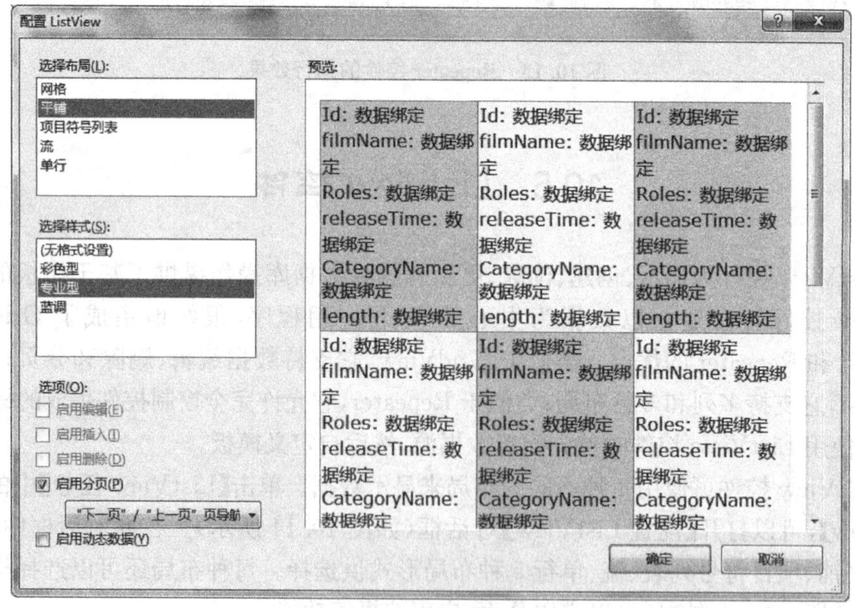

图 10.15 选择布局及样式

(4) ItemTemplate：设置 ListView 的显示内容，为默认显示模板。

(5) SelectedItemTemplate：指定当前选中项目内容的显示。

(6) ItemSeparatorTemplate：设置项目之间显示的内容。

(7) EmptyDataTemplate：设置 ListView 数据源返回空数据时的显示。

(8) EmptyItemTemplate：设置空项目时的显示。

(9) LayoutTemplate：指定定义容器对象的根组件，如 table、div、span 组件包装 ItemTemplate 或 GroupTemplate。

(10) GroupTemplate：为内容指定一个容器对象，如一个 table、div 或 span 组件。

(11) GroupSeparatorTemplate：设置项目组内容的显示。

选择平铺布局和专业样式后，自动生成的代码如下。

```
<asp:ListView ID="ListView1" runat="server" DataKeyNames="Id" DataSourceID=
"SqlDataSource1" GroupItemCount="3">
    <AlternatingItemTemplate>
        <td runat="server" style="background-color:#FFF8DC;">Id:
            <asp:Label ID="IdLabel" runat="server" Text='<%#Eval("Id") %>' />
            <br />filmName:
            <asp:Label ID="filmNameLabel" runat="server" Text=
            '<%#Eval("filmName") %>' />
            <br />Roles:
            <asp:Label ID="RolesLabel" runat="server" Text=
            '<%#Eval("Roles") %>' />
            <br />releaseTime:
            <asp:Label ID="releaseTimeLabel" runat="server" Text=
            '<%#Eval("releaseTime") %>' />
            <br />CategoryName:
            <asp:Label ID="CategoryNameLabel" runat="server" Text=
            '<%#Eval("CategoryName") %>' />
            <br />length:
            <asp:Label ID="lengthLabel" runat="server" Text=
            '<%#Eval("length") %>' />
            <br /></td>
    </AlternatingItemTemplate>
    <EditItemTemplate>
        <td runat="server" style="background-color:#008A8C;color: #FFFFFF;">Id:
            <asp:Label ID="IdLabel1" runat="server" Text='<%#Eval("Id") %>' />
            <br />filmName:
            <asp:TextBox ID="filmNameTextBox" runat="server" Text=
            '<%#Bind("filmName") %>' />
            <br />Roles:
            <asp:TextBox ID="RolesTextBox" runat="server" Text=
            '<%#Bind("Roles") %>' />
            <br />releaseTime:
            <asp:TextBox ID="releaseTimeTextBox" runat="server" Text=
            '<%#Bind("releaseTime") %>' />
            <br />CategoryName:
```

```
                <asp:TextBox ID="CategoryNameTextBox" runat="server" Text=
                '<%#Bind("CategoryName") %>' />
                <br />length:
                <asp:TextBox ID="lengthTextBox" runat="server" Text=
                '<%#Bind("length") %>' />
                <br />
                <asp:Button ID="UpdateButton" runat="server" CommandName=
                "Update" Text="更新" />
                <br />
                <asp:Button ID="CancelButton" runat="server" CommandName=
                "Cancel" Text="取消" />
                <br /></td>
        </EditItemTemplate>
        <EmptyDataTemplate>
            <table runat="server" style="background-color: #FFFFFF;border-
            collapse: collapse;border-color: #999999;border-style:none;
            border-width:1px;">
            <tr>
                <td>未返回数据。</td>
            </tr>
            </table>
        </EmptyDataTemplate>
        <EmptyItemTemplate>
        <td runat="server" />
        </EmptyItemTemplate>
        <GroupTemplate>
            <tr id="itemPlaceholderContainer" runat="server">
                <td id="itemPlaceholder" runat="server"></td>
            </tr>
        </GroupTemplate>
        <InsertItemTemplate>
            <td runat="server" style="">filmName:
                <asp:TextBox ID="filmNameTextBox" runat="server" Text=
                '<%#Bind("filmName") %>' />
                <br />Roles:
                <asp:TextBox ID="RolesTextBox" runat="server" Text=
                '<%#Bind("Roles") %>' />
                <br />releaseTime:
                <asp:TextBox ID="releaseTimeTextBox" runat="server" Text=
                '<%#Bind("releaseTime") %>' />
                <br />CategoryName:
```

```
            <asp:TextBox ID="CategoryNameTextBox" runat="server" Text=
            '<%#Bind("CategoryName") %>' />
            <br />length:
            <asp:TextBox ID="lengthTextBox" runat="server" Text='<%#Bind
            ("length") %>' />
            <br />
            <asp:Button ID="InsertButton" runat="server" CommandName=
            "Insert" Text="插入" />
            <br />
            <asp:Button ID="CancelButton" runat="server" CommandName=
            "Cancel" Text="清除" />
            <br /></td>
    </InsertItemTemplate>
    <ItemTemplate>
        <td runat="server" style="background-color:#DCDCDC;color: #000000;">Id:
            <asp:Label ID="IdLabel" runat="server" Text='<%#Eval("Id") %>' />
            <br />filmName:
            <asp:Label ID="filmNameLabel" runat="server" Text=
            '<%#Eval("filmName") %>' />
            <br />Roles:
            <asp:Label ID="RolesLabel" runat="server" Text=
            '<%#Eval("Roles") %>' />
            <br />releaseTime:
            <asp:Label ID="releaseTimeLabel" runat="server" Text=
            '<%#Eval("releaseTime") %>' />
            <br />CategoryName:
            <asp:Label ID="CategoryNameLabel" runat="server" Text=
            '<%#Eval("CategoryName") %>' />
            <br />length:
            <asp:Label ID="lengthLabel" runat="server" Text=
            '<%#Eval("length") %>' />
            <br /></td>
    </SelectedItemTemplate>
</asp:ListView>
```

生成的 SqlDataSource1 相关的代码如下。

```
<asp:SqlDataSource ID="SqlDataSource1" runat="server" ConnectionString=
"<%$ConnectionStrings:filmConnectionString %>" SelectCommand="SELECT [Id],
[filmName], [Roles], [releaseTime], [CategoryName], [length] FROM [filmInfo]">
</asp:SqlDataSource>
</div>
```

ListView控件内置了丰富的模板，可以通过【ListView任务】中的【当前视图】来选择不同的模板进行设置(如图10.16所示)。

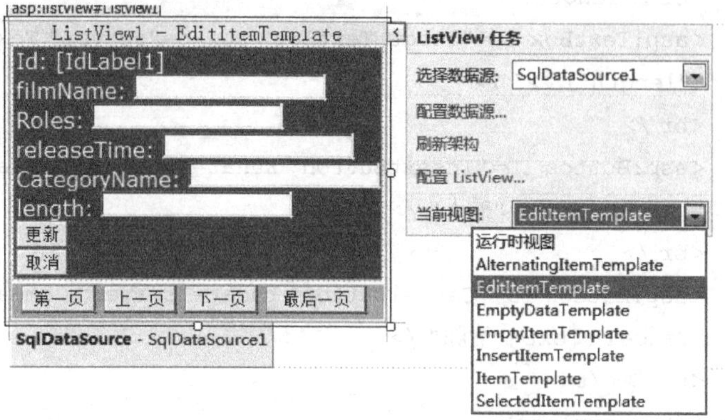

图10.16 ListView控件选择不同的模板功能

当选择【启用分页】后自动增加一个DataPage控件，来实现分页功能。代码如下。

```
<asp:DataPager ID="DataPager1" runat="server" PageSize="12">
    <Fields>
        <asp:NextPreviousPagerField ButtonType="Button" ShowFirstPage-
        Button="True" ShowLastPageButton="True" />
    </Fields>
</asp:DataPager>
```

DataPager控件可以实现数据分页的功能，可以放在ListView控件的LayOutTemplate模板内，为ListView控件实现分页功能。PageSize设置一页显示的记录数。

10.6 DataPager控件

DataPager是一个单独的控件，可用它来扩展另一个数据绑定控件。目前，只能使用DataPager为ListView控件提供分页功能，将DataPager与ListView控件关联后，分页将自动完成。将DataPager与ListView控件关联有以下两种方法。

(1) 在ListView控件的LayoutTemplate模板中定义它。此时，DataPager将明确它将给哪个控件提供分页功能(见10.4节)。

(2) 在ListView控件外部定义它。需要将DataPager的PagedControlID属性设置为有效ListView控件的ID。如果想将DataPager控件放到页面不同的地方，例如Footer或SideBar区域，也可以在ListView控件的外部进行定义。

DataPager控件包括两种样式，一种是“上一页/下一页”样式，第二种是“数字”样式(如图10.17所示)。ButtonType设置按钮的显示外观，有Link、Image和Button可选。在图10.17中可以设置第一页、上一页、下一页、最后一页的显示文字、图片等。

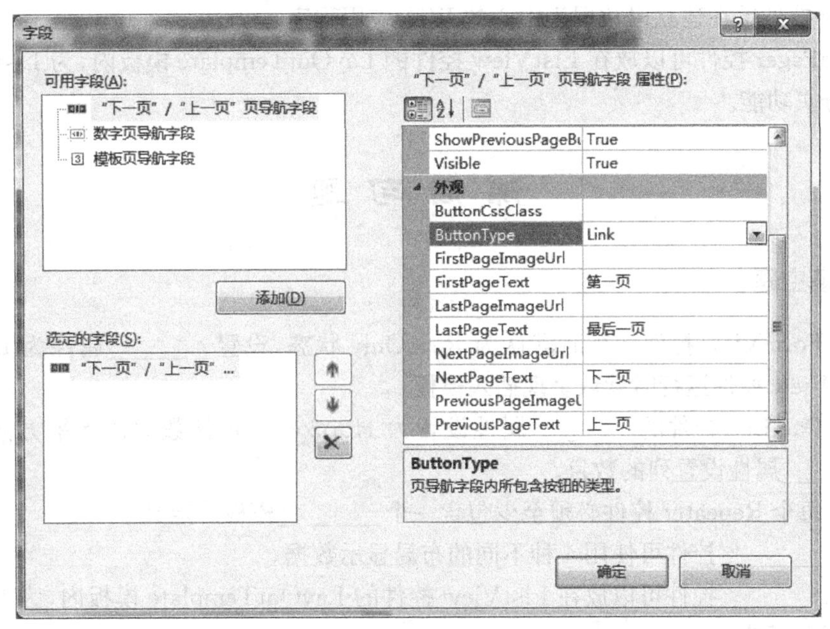

图 10.17 DataPager 控件的分页样式设置

小 结

ASP.NET 提供了多个复杂的数据绑定控件，本章介绍了除 GridView 控件外的其他复杂数据绑定控件：FormView、DataList、Repeater、ListView 和 DataPage 控件。通过实例介绍了这些数据绑定控件的特点和基本使用方法。GridView 是以表格形式呈现的，具有很强的数据呈现和编辑功能。有时候也需要非表格形式呈现，或需要更灵活的数据呈现形式，这时候可以借助于其他数据绑定控件来实现。

FormView 控件可以显示数据源中的单条记录，一条记录显示为一页。FormView 控件没有预定义布局，它显示用户定义的模板，可以定义显示模板(ItemTemplate)、编辑模板(EditItemTemplate)和插入模板(InsertItemTemplate)。FormView 支持分页显示功能。

DetailsView 控件同 FormView 控件一样可以显示数据源中的单条记录，只是以表格的形式。它也支持分页功能(AllowPaging 属性)，也提供显示模板、编辑模板、插入模板，可以进行更新、删除和插入操作。

DataList 控件在数据的显示格式上有很大的灵活性，它允许开发人员自定义数据显示模板。该控件没有数据操作的功能，一般与其他控件(如 GridView 控件)配合使用。该控件本身不具备分页功能。

Repeater 控件被称作模板控件，是以非表格的形式显示数据。设计者可以自定义其模板，数据的呈现方式取决于控件模板的定制，它没有自己的默认呈现形式。

ListView 控件为显示、创建、读取、更新和删除数据库操作提供了基于模板的布局。

ListView 控件旨在建立以数据为中心的 Web 应用程序。

DataPager 控件可以放在 ListView 控件的 LayOutTemplate 模板内，为 ListView 控件实现分页功能。

课后习题

1. 填空题

(1) FormView 控件运行时默认为 ReadOnly 状态，设置________属性为 Insert，可使 FormView 控件运行时默认呈现插入模板。

(2) DataList 控件的________属性设置为 Horizontal 可使数据按水平方向排序显示，________属性设置列的数目。

(3) 每个 Repeater 控件必须至少包含一个________模板的定义。

(4) ________控件可使用 4 种不同的布局显示数据。

(5) ________控件可以放在 ListView 控件的 LayOutTemplate 模板内，为 ListView 控件实现分页功能。

2. 上机操作题

上机目的：

了解 FormView、DataList、Repeater、ListView 控件呈现数据的形式；

掌握 FormView、DataList、Repeater、ListView 控件显示或编辑数据的方法。

上机内容：

在数据库 Films. mdf 中添加表 filmComment 保存影片评论信息。filmComment 表中可以包含影片编号、用户编号、评论内容、评论时间、评分等。选择合适的数据绑定控件显示影片评论信息，并可以添加新的影片评论。

第 11 章 chapter 11

LINQ 技术

LINQ(Language Integrated Query,语言集成查询)是.NET 中一项具有突破性的创新,是一种统一的查询模式,它在对象和数据之间架起了一座桥梁。LINQ 不仅查询外部数据,还可以方便地对内存中的数据进行查询。此外,LINQ 还提供了语法检查、丰富的元数据、智能感知、静态类型等强类型语言的优点。使用 LINQ 模仿 SQL 语句的形式进行查询,极大地降低了开发难度。

本章首先介绍 LINQ 的作用,然后介绍查询运算符和查询表达式的使用,最后介绍 LINQ 到 SQL 和 LINQ 到 XML 等的使用。

本章学习目标:

- 理解 LINQ 的作用;
- 掌握 LINQ 到 SQL 的查询操作;
- 了解 LINQ 到 XML 的查询操作;
- 掌握 LINQ 的基本运算符和查询表达式。

11.1 LINQ 及其作用

一个完整的网站肯定离不开对各种数据的操作,如获取数据、存储数据、修改数据等。程序中的外部数据来源主要有两方面:一个是关系数据库中的信息;另一个是很流行的 XML 数据格式文件,如 Web.config、*.XML 等。除了这两个常见的外部数据源外,还可以处理数组、List<>泛型中的数据。

.NET 3.5 以上版本提供了一种 LINQ 技术。它的目的是提供一种统一且对等的方式,让程序员在广义的数据上操作"数据"。通过使用 LINQ 能够在编程语言内直接创建查询表达式的实体。这些查询表达式是基于许多查询运算符的,它类似于 SQL 表达式。LINQ 允许查询表达式以统一的方式来操作任何实现了 IEnumerable<T>接口的对象、关系数据库或 XML 文档。

1. LINQ 的组件

LINQ 提供了 4 个组件:LINQ to SQL、LINQ to XML、LINQ to Objects 和 LINQ to DataSet(见表 11.1)。

表 11.1 LINQ 的 4 个组件

组 件 名	作 用
LINQ to SQL	访问并操作关系数据库
LINQ to XML	访问并操作 XML 文档
LINQ to Objects	访问并操作内存中集合类型的数据对象
LINQ to DataSet	访问并操作 DataSet 对象类型的数据对象

LINQ to SQL 实现将查询转换为 SQL 语句，然后该 SQL 语句被发送到数据库执行一般的操作。访问数据库的代码简便了许多。

LINQ to XML 可以对内存中的 XML 文档查询元素和属性的集合。可以实现从文件或流加载 XML；将 XML 序列化为文件或流；使用函数构造从头开始创建 XML 等。

LINQ to Objects 可以从任何实现了 IEnumerable<T>接口的对象中查询数据。IEnumerable<T>接口的对象在 LINQ 中叫作序列。在.NET 框架中，几乎所有的泛型类型的集合都实现了 IEnumerable<T>接口。通过 LINQ to Objects 可以查询的集合类型有数组、泛型列表、泛型字典、字符串等。

2. LINQ 相关的命名空间

当使用 LINQ 技术时，常用的命名空间有以下几个。

System.Data.Linq：包含与 LINQ to SQL 应用程序中的关系数据库进行交互的类。

System.Data.Linq.Mapping：包含用于生成表示关系数据库的结构和内容的 LINQ to SQL 对象模型的类。

System.Data.Linq.SqlClient：包含与 SQL Server 进行通信的提供程序类，以及查询帮助器方法的类。

System.Linq：提供支持使用 LINQ 进行查询的类和接口。

System.Linq.Expression：包含一些类、接口和枚举，它们使语言级别的代码表达式表示为树形式的对象。

System.XML.Linq：包含 LINQ to XML 的类。

11.2 LINQ 查询表达式

LINQ 查询包含三个不同的、独立的步骤：

(1) 获取数据源；

(2) 创建查询；

(3) 执行查询。

LINQ 中使用隐含类型局部变量定义方式，可以用关键字 var 定义任何类型的变量，可以是整型或字符串，甚至可以是自定义类型。例如：

```
var no="2016010101";
```

```
var name="rose";
var age=20;
var arr1=new string[3];
```

LINQ中还可以使用匿名类型。匿名类型是程序员自定义的一个类型，但不需要显式地定义，匿名类型经常会和var一起使用。例如：

```
var student=new{name="rose",age=20};
```

并引用，格式如下：

```
Response.Write("姓名："+student.name);
Response.Write("性别："+student.age);
```

LINQ查询的常用子句包括from、select、where、orderby和group等。下面介绍如何通过这些子句构建LINQ查询表达式。

每个LINQ查询表达式都是使用from、in和select运算符来建立的，语法格式如：

```
var <linqResult>=from <item>in <dataSource>select <item>;
```

其中，linqResult是一个变量，item(项目)是项目名称，dataSource(数据源)是数据源。

查询表达式就是从一个数据源(dataSource)中挑出每个符合条件的项目(item)。查询结果保存在结果变量中。例如：

```
var linqResult=from name in student select name;
```

如果要获取数据源中的特定子集，可以使用where运算符，后跟条件表达式(condition expression)，语法格式是：

```
var <linqResult>=from <item>in <dataSource>where<condition expression>
select <item>;
```

例如：

```
var linqResult=from name in student where name.Length<10 select name;
```

如果要按照某项对查询结果集进行排序，可以使用orderby运算符。默认情况下，按升序排列，字符串按字母表来排序，数值数据从小到大排序。如果要降序排列，需要包含一个descending运算符。语法格式：

```
var <linqResult>=from <item>in <dataSource>where<condition expression>
                 orderby <field>ascending/descending
                 select <item>;
```

例如：

```
var linqResult=from name in student where name.Length<10
               order by name descending
               select name;
```

读取查询结果集中的数据项时，使用 foreach 语句，格式：

```
foreach (var i in linqResult)
    Response.Write(i+"<br>");
```

11.3 使用 LINQ 查询数组

使用 LINQ to Objects 可以查询实现了 IEnumerable<T>接口的对象中的数据，下面演示从数组中查询并显示数据。

【实例 11-1】 使用 LINQ to Objects 查询数组 studentNo 中大于 3 的数值。

（1）新建空网站 chapter11，添加页面 11-1.aspx。向页面中添加一个 Button1 按钮，在 Click 事件中添加如下代码。

```
using System.Linq;
protected void Button1_Click(object sender, EventArgs e)
{
    int[] studentNo=new int[10];       //定义 int 型数组 studentNo
    for (int i=0; i<10; i++)           //使用循环为数组 studentNo 元素赋值: 1~10
    {
        studentNo[i]=i+1;
    }
    var result=from no in studentNo where no >3 select no;    //定义 LINQ 查询表达式
    foreach (var no in result)         //读取结果并输出
        Response.Write(no+"<br>");
}
```

（2）运行页面 11-1.aspx，单击按钮时效果如图 11.1 所示。输出了数组中大于 3 的值。

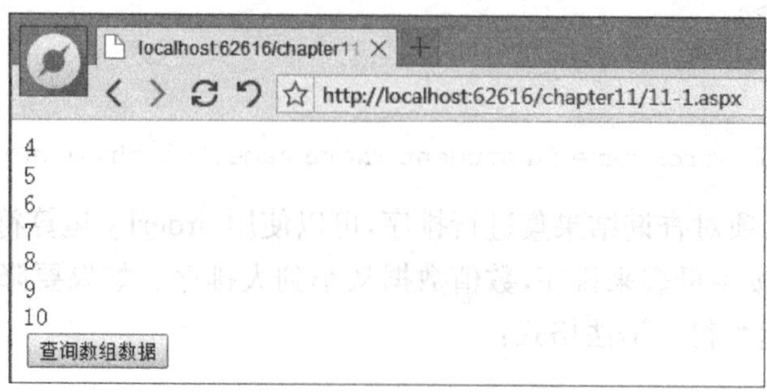

图 11.1　11-1.aspx 的运行效果

11.4 使用 LINQ to SQL 查询关系数据库

LINQ to SQL 就是把 LINQ 查询表达式访问关系数据库，进行查询、修改、插入和删除等操作，就如同访问内存中的集合一样。主要目的是在关系数据库和它们进行交互的编程逻辑间提供一致性。例如,不再使用一个字符串而使用强类型的 LINQ 查询来表示数据库查询。特别是,以往 SQL 语句的语法错误在运行时才能发现,LINQ 语句在编译期间就会检查语法错误。LINQ to SQL 允许读者把数据访问直接集成在 C#代码库中,提高了开发效率。

当用 LINQ to SQL 编程时,不需要使用 SqlConnection、SqlCommand、SqlDataAdapter 等常见的 ADO.NET 对象。通过 LINQ 查询表达式和定义的实体类、DataContext 类型,读者可以进行数据库的创建、获取、更新和删除操作,定义事务性上下文,创建新的数据库实体(或整个数据库),调用存储过程以及其他以数据库为中心的活动等。

11.4.1 DataContext 类和实体对象

DataContext 类位于 System.Data.Linq 命名空间下,是一个用于操作数据库的类,它的功能描述如下。

(1) 把查询语句转换成 SQL 语句。

(2) 从数据库中查询数据。

(3) 将实体的修改写入数据库。

(4) 以日志的形式记录生成的 SQL 语句。

(5) 实体对象的识别。

要实现 LINQ to SQL,分为以下两大步。

(1) 必须根据现有关系数据库的元数据创建对象模型。可以使用对象关系设计器或直接编写代码。

(2) 请求和操作数据库。

Visual Studio 2012 提供了自动将数据表生成实体类的功能。下面说明使用对象关系设计器来生成表 bookInfo 的实体类的主要步骤。

(1) 在网站 chapter11 中,右击网站名,选择【添加新项】,在弹出的对话框中,选择 LINQ to SQL 类,修改名称,这里是 BookClasses.dbml(如图 11.2 所示)。单击【确定】按钮将弹出如图 11.3 所示的提示框,单击【是】按钮,将要生成的文件放入 App_Code 文件夹中。

(2) 完成后,将在【解决方案资源管理器】中生成 BookClasses.dbml 文件,用于定义数据库的框架。它包含的 BookClasses.dbml.layout 文件用于定义每个表在设计视图中的布局。包含的 BookClasses.designer.cs 文件用于包含自动生成的类(如图 11.4 所示)。

(3) 从【服务器资源管理器】中,将 bookInfo 表拖入 BookClasses.dbml 文件中,系统将自动生成 bookInfo 表的实体类,如图 11.5 所示。如果【服务器资源管理器】中没有数据连接,可以右击【数据连接】选择【添加连接】。

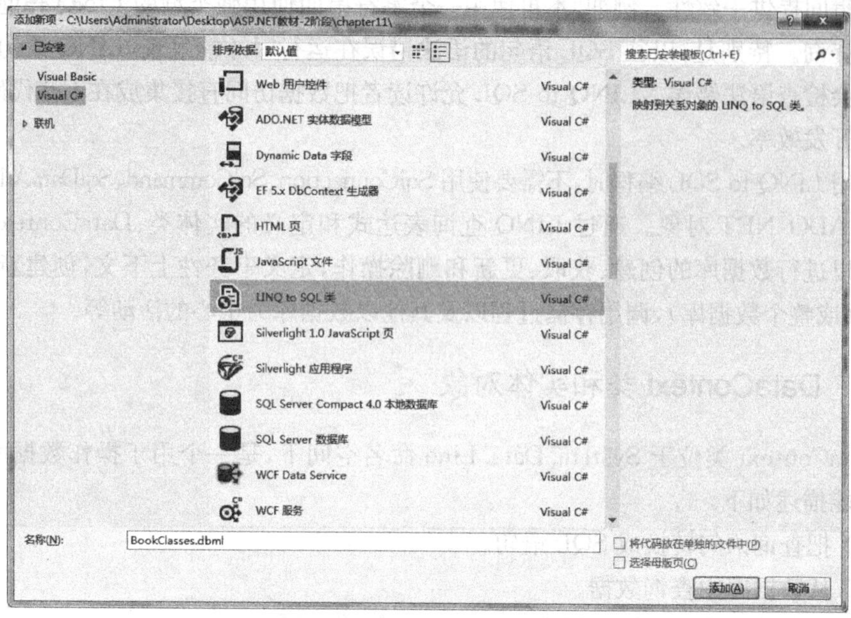

图 11.2　添加 LINQ to SQL 类

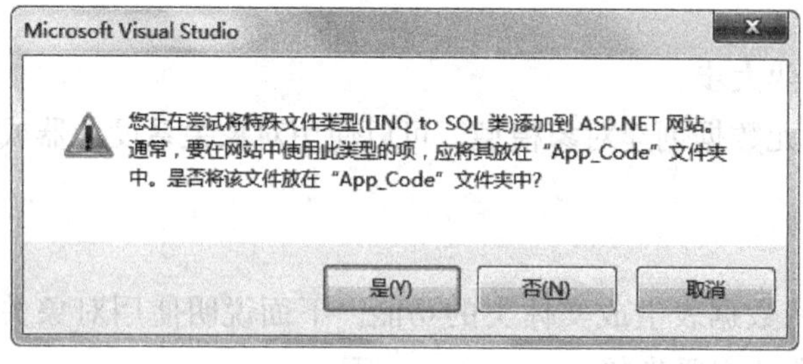

图 11.3　提示框

图 11.4　生成的 BookClasses. dbml 文件

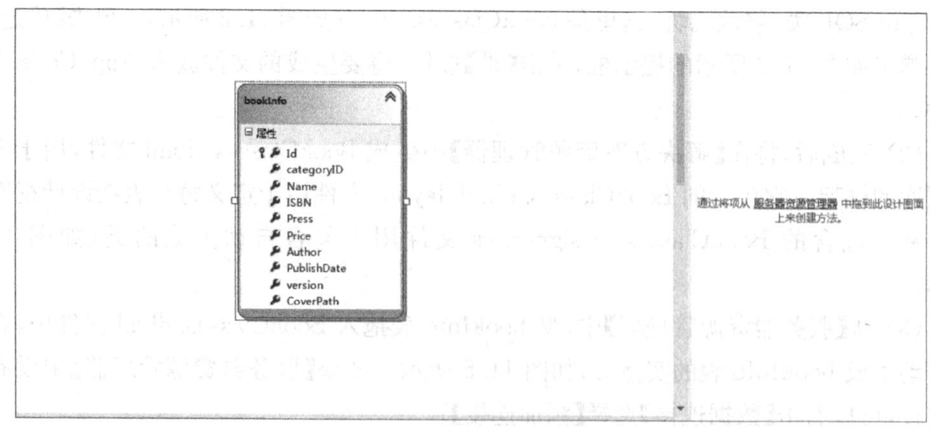

图 11.5　bookInfo 表的实体类

11.4.2 LINQ 数据操作

本节介绍如何通过 LINQ to SQL 实现对 SQL Server 的查询、增加、修改和删除数据操作。

在添加引用命名空间代码 using System. Data. Linq;之前，需要手动添加引用。具体操作为，在【解决方案资源管理器】中，右击网站名，选择【添加引用】，在弹出的对话框中选择需要的程序集，这里选择 System. Data. Linq(如图 11. 6 所示)。

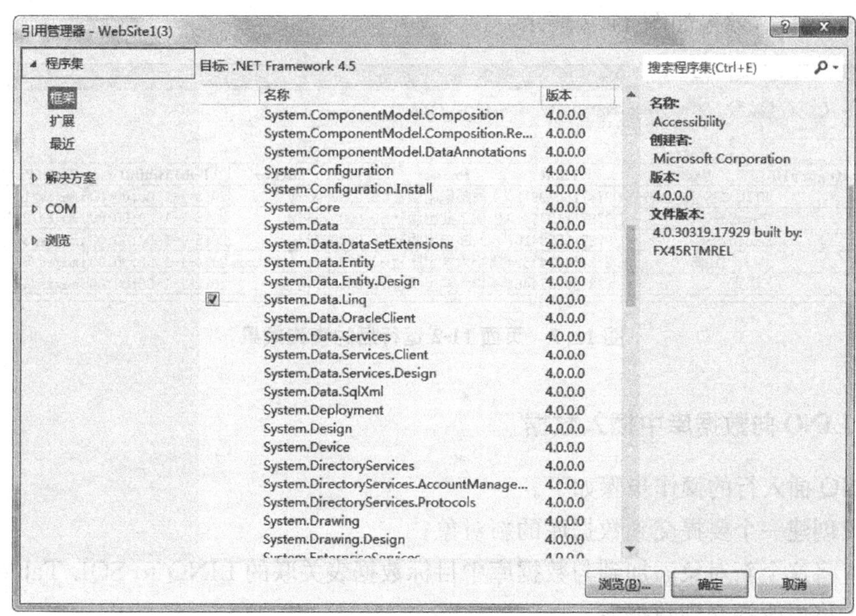

图 11.6 添加引用

下面用案例来演示使用 LINQ to SQL 操作数据库的方法。

1. LINQ 查询数据

【实例 11-2】 利用 11. 4. 1 节中创建 bookInfo 表的实体类，使用 LINQ to SQL 查询 bookInfo 中的所有信息。

(1) 在网站 chapter11 中，添加 11-2. aspx 页面，添加一个 Textbox、一个 Button 和一个 GridView 控件。

(2) 在 11-2. aspx . cs 文件中，添加引用：

```
using System.Data.Linq;
```

(3) 双击 Button1 按钮，在 Button1_Click 事件中添加如下代码。

```
protected void Button1_Click(object sender, EventArgs e)
{
    //从 TextBox1 中获取查询条件,并转换为 int 型
```

```
    int strCond=int.Parse(TextBox1.Text);
    //实例化 BookClassesDataContext
    BookClassesDataContext db=new BookClassesDataContext();
    var bookIn=from book in db.bookInfo where book.Price <strCond select book;
    GridView1.DataSource=bookIn;
    GridView1.DataBind();
}
```

(4) 运行 11-2. aspx,在文本框内输入“100”,单击【查询】按钮,即可查询价格低于 100 的图书信息,效果如图 11.7 所示。

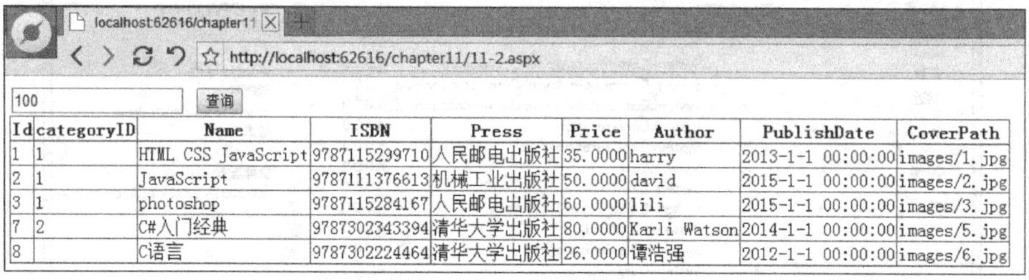

localhost:62616/chapter11
http://localhost:62616/chapter11/11-2.aspx
100 查询

Id	categoryID	Name	ISBN	Press	Price	Author	PublishDate	CoverPath
1	1	HTML CSS JavaScript	9787115299710	人民邮电出版社	35.0000	harry	2013-1-1 00:00:00	images/1.jpg
2	1	JavaScript	9787111376613	机械工业出版社	50.0000	david	2015-1-1 00:00:00	images/2.jpg
3	1	photoshop	9787115284167	人民邮电出版社	60.0000	lili	2015-1-1 00:00:00	images/3.jpg
7	2	C#入门经典	9787302343394	清华大学出版社	80.0000	Karli Watson	2014-1-1 00:00:00	images/5.jpg
8		C语言	9787302224464	清华大学出版社	26.0000	谭浩强	2012-1-1 00:00:00	images/6.jpg

图 11.7　页面 11-2 运行后的查询效果

2. LINQ 向数据库中插入数据

LINQ 插入行的操作步骤如下。

(1) 创建一个要提交到数据库的新对象;

(2) 将这个新对象添加到与数据库中目标数据表关联的 LINQ to SQL Table 集合;

(3) 将更改提交到数据库。

【实例 11-3】 利用 11. 4. 1 节中创建 bookInfo 表的实体类,使用 LINQ to SQL 向 bookInfo 中插入记录。

(1) 在网站 chapter11 中添加页面 11-3. aspx,并添加 4 个 TextBox 控件、一个 Button 控件和一个 GridView 控件。修改页面和控件的显示文本(如图 11. 8 所示)。

(2) 在 11-3. aspx. cs 文件中,添加代码实现页面加载时 GridView 进行数据绑定,代码如下。

```
protected void Page_Load(object sender, EventArgs e)
{
    gvBind();                              //调用自定义方法 gvBind()
}
private void gvBind()
{
    BookClassesDataContext db=new BookClassesDataContext();
    var bookIn=from book in db.bookInfo select book;
    GridView1.DataSource=bookIn;
    GridView1.DataBind();
```

```
}
```

gvBind()是一个自定义的方法，借助 BookClassesDataContext 对象实现对数据库的查询。

(3) 在 Button1_Click 事件中，添加代码，实现插入新书功能。

```
protected void Button1_Click(object sender, EventArgs e)
{
    BookClassesDataContext db=new BookClassesDataContext();
    bookInfo book=new bookInfo();
    book.categoryID=int.Parse(txtCategory.Text.Trim());
    book.Name=txtName.Text;
    book.ISBN=txtISBN.Text.Trim();
    book.Press=txtPress.Text;
    db.bookInfo.InsertOnSubmit(book);
    db.SubmitChanges();
    gvBind();
}
```

代码中创建了一个 bookInfo 对象 book，通过相应的文本框对其各个属性进行赋值，然后通过 BookClassesDataContext 对象 db 把数据插入到数据库中。

(4) 运行页面 11-3.aspx，在文本框内输入信息，单击【添加新书】按钮，即可实现插入功能，效果如图 11.8 所示。

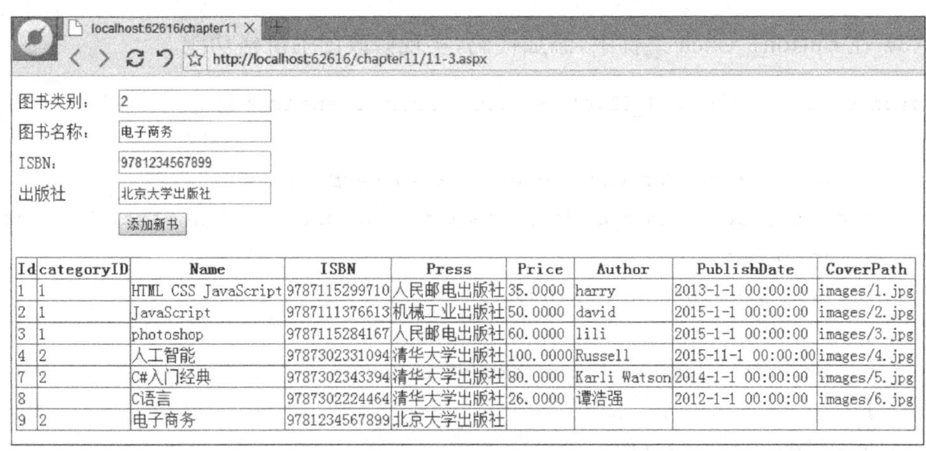

Id	categoryID	Name	ISBN	Press	Price	Author	PublishDate	CoverPath
1	1	HTML CSS JavaScript	9787115299710	人民邮电出版社	35.0000	harry	2013-1-1 00:00:00	images/1.jpg
2	1	JavaScript	9787111376613	机械工业出版社	50.0000	david	2015-1-1 00:00:00	images/2.jpg
3	1	photoshop	9787115284167	人民邮电出版社	60.0000	lili	2015-1-1 00:00:00	images/3.jpg
4	2	人工智能	9787302331094	清华大学出版社	100.0000	Russell	2015-11-1 00:00:00	images/4.jpg
7	2	C#入门经典	9787302343394	清华大学出版社	80.0000	Karli Watson	2014-1-1 00:00:00	images/5.jpg
8		C语言	9787302224464	清华大学出版社	26.0000	谭浩强	2012-1-1 00:00:00	images/6.jpg
9	2	电子商务	9781234567899	北京大学出版社				

图 11.8 页面 11-3 添加新书后的效果

3. LINQ 更新数据操作

LINQ 修改数据库数据的操作步骤如下。

(1) 查询数据库中要更新的数据行；

(2) 更改 LINQ to SQL 对象中的成员值；

(3) 将更改提交到数据库。

【实例 11-4】 利用 11. 4. 1 节中创建 bookInfo 表的实体类，使用 LINQ to SQL 根据 ISBN 号修改 bookInfo 中的价格。

(1) 在网站 chapter11 中添加页面 11-4. aspx，并添加两个 Label 控件、两个 TextBox 控件、一个 Button 控件和一个 GridView 控件。修改页面和控件的显示文本(如图 11. 9 所示)。

(2) 在 11-4. aspx. cs 文件中，添加代码实现页面加载时对 GridView 进行数据绑定，代码如下。

```
protected void Page_Load(object sender, EventArgs e)
{
    gvBind();
}
private void gvBind()
{
    BookClassesDataContext db=new BookClassesDataContext();
    var bookIn=from book in db.bookInfo select book;
    GridView1.DataSource=bookIn;
    GridView1.DataBind();
}
```

gvBind()是一个自定义的方法，借助 BookClassesDataContext 对象实现对数据库的查询。

(3) 在 Button1_Click 事件中，添加代码，实现修改图书价格功能。

```
protected void Button1_Click(object sender, EventArgs e)
{
    BookClassesDataContext db=new BookClassesDataContext();
    var linqQuery=from book in db.bookInfo where book.ISBN==txtISBN.Text
    select book;
    foreach (bookInfo bk in linqQuery)
    {
        bk.Price=decimal.Parse(txtPrice.Text);
    }
    db.SubmitChanges();
    gvBind();
}
```

代码中创建了一个 bookInfo 对象 book，根据文本框 txtISBN 的内容修改图书的 Price 字段值为 txtPrice 文本框内的值，然后通过 BookClassesDataContext 对象 db 把数据更新到数据库中。

(4) 运行页面 11-4. aspx，在文本框内输入 ISBN 号，单击【更新】按钮，即可根据文本框内的 ISBN 号更新图书的价格，更新后的效果如图 11. 9 所示。

ISBN 9781234567899
价格 29
更新

Id	categoryID	Name	ISBN	Press	Price	Author	PublishDate	CoverPath
1	1	HTML CSS JavaScript	9787115299710	人民邮电出版社	35.0000	harry	2013-1-1 00:00:00	images/1.jpg
2	1	JavaScript	9787111376613	机械工业出版社	50.0000	david	2015-1-1 00:00:00	images/2.jpg
3	1	photoshop	9787115284167	人民邮电出版社	60.0000	lili	2015-1-1 00:00:00	images/3.jpg
4	2	人工智能	9787302331094	清华大学出版社	100.0000	Russell	2015-11-1 00:00:00	images/4.jpg
7	2	C#入门经典	9787302343394	清华大学出版社	80.0000	Karli Watson	2014-1-1 00:00:00	images/5.jpg
8		C语言	9787302224464	清华大学出版社	26.0000	谭浩强	2012-1-1 00:00:00	images/6.jpg
9	2	电子商务	9781234567899	北京大学出版社	29.0000			

图 11.9　页面 11-4 添加新书后的效果

4. 删除数据操作

可以通过将对应的 LINQ to SQL 对象从相关的集合中移除来实现删除数据库中的行。不过，LINQ to SQL 不支持且无法识别级联删除操作。如果要在对行有约束的表中删除数据，则必须符合以下条件之一。

(1) 在数据库的外键约束中设置 ON DELETE CASCADE 规则。

(2) 先删除约束表的级联关系。

LINQ 删除数据库数据的操作步骤如下。

(1) 查询数据库中要删除的数据行；

(2) 更改调用 DeleteOnSubmit 方法；

(3) 将更改后的数据提交到数据库。

【实例 11-5】　利用 11.4.1 节中创建 bookInfo 表的实体类，使用 LINQ to SQL 删除 bookInfo 表中某 ISBN 号的记录。

(1) 在网站 chapter11 中添加页面 11-5.aspx，并添加一个 Label 控件、一个 TextBox 控件、一个 Button 控件和一个 GridView 控件。修改页面和控件的显示文本(如图 11.10 所示)。

(2) 在 11-5.aspx.cs 文件中，添加代码实现页面加载时对 GridView 进行数据绑定，代码如下。

```
protected void Page_Load(object sender, EventArgs e)
{
    gvBind();
}
private void gvBind()
{
    BookClassesDataContext db=new BookClassesDataContext();
    var bookIn=from book in db.bookInfo select book;
    GridView1.DataSource=bookIn;
    GridView1.DataBind();
```

```
}
```

gvBind()是一个自定义的方法，借助 BookClassesDataContext 对象实现对数据库的查询。

(3) 在 Button1_Click 事件中，添加代码，实现删除图书记录的功能。

```
protected void Button1_Click(object sender, EventArgs e)
{
    BookClassesDataContext db=new BookClassesDataContext();
    var linqDel=from book in db.bookInfo where book.ISBN==txtISBN.Text
    select book;
    foreach (bookInfo bk in linqDel)
    {
        db.bookInfo.DeleteOnSubmit(bk);
    }
    db.SubmitChanges();
    gvBind();
}
```

代码中创建了一个 bookInfo 对象 book，删除图书 ISBN 号为文本框 txtISBN 的值的记录，通过 BookClassesDataContext 对象 db 把数据更新到数据库中。

(4) 运行页面 11-5. aspx，如图 11. 10 所示。在文本框内输入要删除的 ISBN 号，单击【删除】按钮，即可实现删除功能，删除后的效果如图 11. 11 所示。

localhost:62616/chapter11
http://localhost:62616/chapter11/11-5.aspx

ISBN [ ] 删除

Id	categoryID	Name	ISBN	Press	Price	Author	PublishDate	CoverPath
1	1	HTML CSS JavaScript	9787115299710	人民邮电出版社	35.0000	harry	2013-1-1 00:00:00	images/1.jpg
2	1	JavaScript	9787111376613	机械工业出版社	50.0000	david	2015-1-1 00:00:00	images/2.jpg
3	1	photoshop	9787115284167	人民邮电出版社	60.0000	lili	2015-1-1 00:00:00	images/3.jpg
4	2	人工智能	9787302331094	清华大学出版社	100.0000	Russell	2015-11-1 00:00:00	images/4.jpg
7	2	C#入门经典	9787302343394	清华大学出版社	80.0000	Karli Watson	2014-1-1 00:00:00	images/5.jpg
8		C语言	9787302224464	清华大学出版社	26.0000	谭浩强	2012-1-1 00:00:00	images/6.jpg
9	2	电子商务	9781234567899	北京大学出版社	29.0000			

图 11. 10　页面 11-5 运行的初始效果

localhost:62616/chapter11
http://localhost:62616/chapter11/11-5.aspx

ISBN 9781234567899 删除

Id	categoryID	Name	ISBN	Press	Price	Author	PublishDate	CoverPath
1	1	HTML CSS JavaScript	9787115299710	人民邮电出版社	35.0000	harry	2013-1-1 00:00:00	images/1.jpg
2	1	JavaScript	9787111376613	机械工业出版社	50.0000	david	2015-1-1 00:00:00	images/2.jpg
3	1	photoshop	9787115284167	人民邮电出版社	60.0000	lili	2015-1-1 00:00:00	images/3.jpg
4	2	人工智能	9787302331094	清华大学出版社	100.0000	Russell	2015-11-1 00:00:00	images/4.jpg
7	2	C#入门经典	9787302343394	清华大学出版社	80.0000	Karli Watson	2014-1-1 00:00:00	images/5.jpg
8		C语言	9787302224464	清华大学出版社	26.0000	谭浩强	2012-1-1 00:00:00	images/6.jpg

图 11. 11　页面 11-5 单击【删除】按钮后的效果

11.5 LINQDataSource控件

LINQDataSource控件可以使用LINQ技术查询应用程序中的数据对象。它与SqlDatasource等其他数据源控件的使用方法类似。它可以从关系数据库中检索数据，可以编辑、插入、删除和更新数据等。下面用实例演示如何使用LINQDataSource控件连接到SQL Server数据库。

【实例11-6】 使用LINQDataSource控件查询SQL Server数据库。

(1) 在网站chapter11中添加一个11-6.aspx。向页面添加一个GridView控件和一个LINQDataSource控件。单击【LINQDataSource任务】，选择【配置数据源】，在弹出的【选择上下文对象】对话框中选择数据对象(如图11.12所示)。

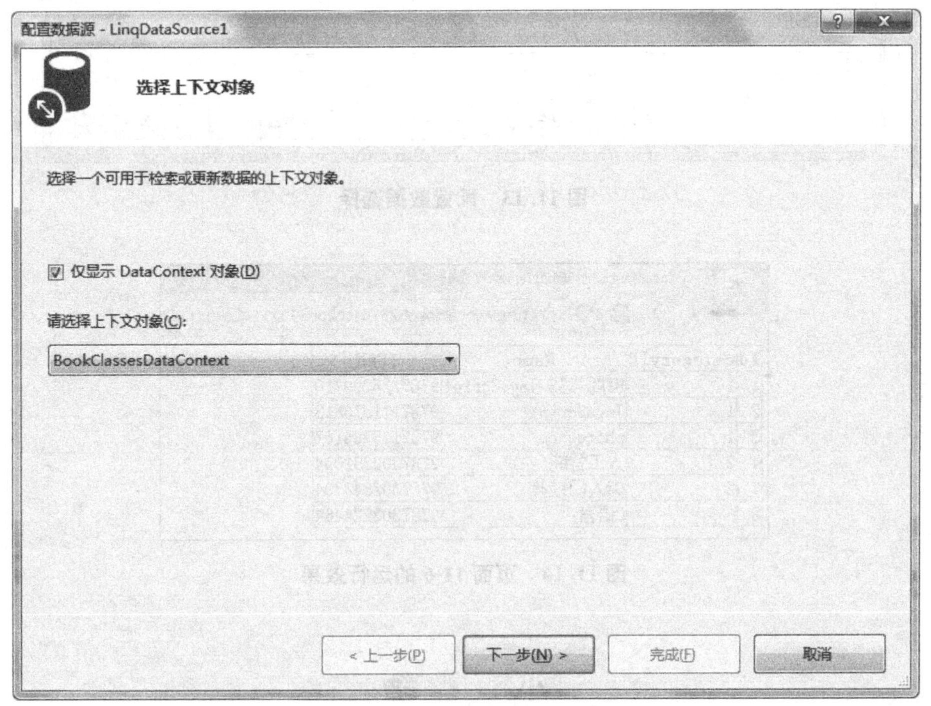

图11.12 选择上下文对象

(2) 单击【下一步】按钮，在【配置数据选择】对话框中选择表bookInfo及要筛选的字段，单击【完成】按钮，即配置完毕(如图11.13所示)。

(3) 指定GridView的数据源控件为LINQDataSource1。

(4) 运行11-6.aspx页面，效果如图11.14所示。

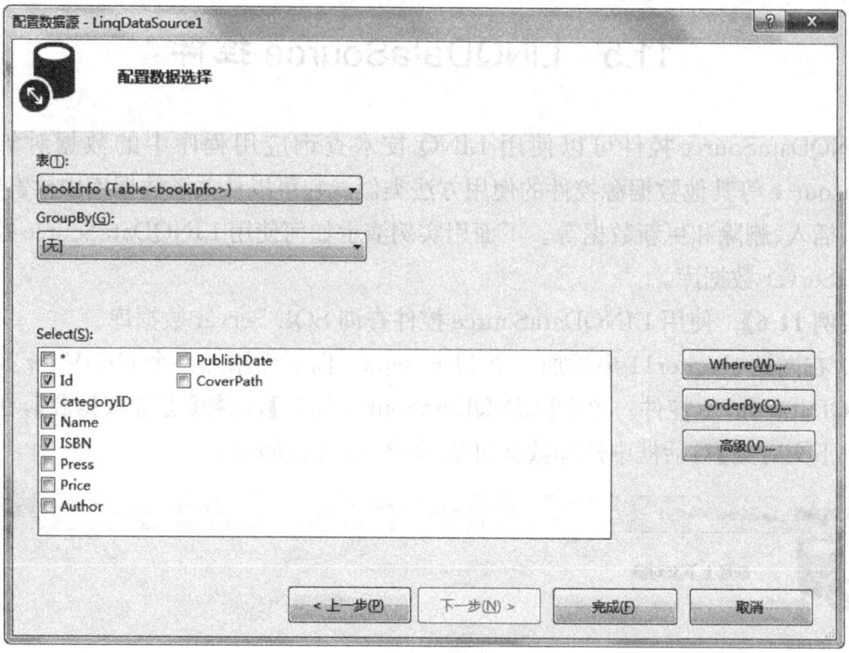

图 11.13　配置数据选择

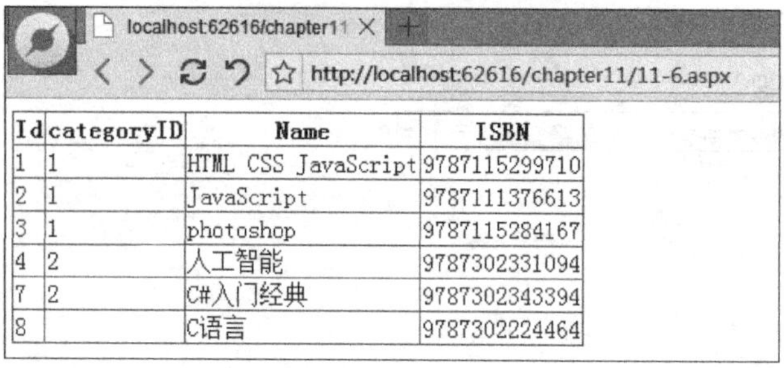

Id	categoryID	Name	ISBN
1	1	HTML CSS JavaScript	9787115299710
2	1	JavaScript	9787111376613
3	1	photoshop	9787115284167
4	2	人工智能	9787302331094
7	2	C#入门经典	9787302343394
8		C语言	9787302224464

图 11.14　页面 11-6 的运行效果

小　　结

LINQ 是一种统一查询语言，不仅查询外部数据，还可以方便地对内存中的数据进行查询。使用 LINQ 模仿 SQL 语句的形式进行查询，但 LINQ 具有语法检查、智能感知等强类型语言的优点，极大地降低了开发难度，提高了开发效率。

LINQ 查询包含三个步骤：获取数据源，创建查询，执行查询。常用的子句有 from、select、where、orderby 和 group。LINQ 提供了 4 个组件：LINQ to SQL、LINQ to XML、LINQ to Objects 和 LINQ to DataSet。用于访问关系数据库、XML 文件、内存对象和 DataSet 对象。

本章重点介绍了使用 LINQ to SQL 操作数据库中的方法，包括生成实体类、从数据库查询数据、向数据库插入数据、删除和修改数据。

课后习题

1. 填空题

(1) LINQ是____________________的缩写。

(2) LINQ提供了4个组件：________、LINQ to XML、LINQ to Objects和LINQ to DataSet。

(3) 使用LINQ to Objects可以查询实现了________接口的对象中的数据。

2. 上机操作题

上机目的：

掌握LINQ to SQL操作数据库的方法。

上机内容：

利用LINQ to SQL实现对数据库Films.mdf中的filmInfo表的操作。具体功能如下。

(1) 查询所有的影片信息，并显示到GridView控件中。

(2) 根据影片编号(ID)修改影片的角色(Roles)和影片类别(CategoryID)，并显示到GridView控件中。

(3) 根据影片编号(ID)删除影片记录，并显示到GridView控件中。

(4) 向数据表中添加新影片信息。

第12章 chapter 12

AJAX技术

AJAX(无刷新数据处理)是一种创建交互式网页的网页开发技术。在传统的Web应用程序中,用户在客户端提交表单,向服务器端发送请求,然后服务器端接收请求,处理并返回一个表单。当两次提交的表单内容变化不大时,会比较浪费带宽资源,服务器的处理速度也会比较慢。为了解决这种问题,.NET引入了AJAX技术。本章将介绍AJAX技术的功能和具体使用方法。

本章学习目标:

- 理解什么是AJAX;
- 理解AJAX的作用和工作原理;
- 掌握AJAX控件的使用方法。

12.1 AJAX简介

Web 2.0时代是一个共同建设的时代,是以用户为中心。AJAX是一种浏览器技术,它实现了页面的局部刷新功能,是Web 2.0的关键技术。Google公司的Google Maps可以使用发往服务器的异步请求来快速替换被显示地图的一小部分内容,使人们体验到了这种Web应用程序的强大交互功能。

12.1.1 AJAX是什么

AJAX是Asynchronous JavaScript and XML(异步JavaScript和XML)的缩写,是综合异步通信、JavaScript以及XML等多种网络技术的编程方式。

XMLHttpRequest是最为核心的内容,它能够为页面中的JavaScript脚本提供特定的通信方式,从而使页面通过JavaScript脚本和服务器之间实现动态交互。XMLHttpRequest的最大优点是页面内的JavaScript脚本可以不用刷新页面,而直接和服务器完成数据交互。

AJAX的目的是使Web应用程序的交互速度提高,使用户体验更接近于桌面应用程序。AJAX可以只向服务器发送并取回所必须修改的数据,它在客户端采用JavaScript,处理来自服务器的响应。服务器和浏览器之间交换数据较少,客户端就能接收到更快的响应。同时,很多的处理工作都在客户端完成,所以 Web 服务器的处理时间也减少了。

AJAX Web 应用程序与传统的 Web 应用程序相比发生了两点变化:①从浏览器到服务器的通信是异步的。浏览器不需要等待服务器响应,当服务器查找并传送请求文档以及浏览器呈现新文档时,用户可以继续正在做的其他事情;②服务器提供的文档通常只是被显示文档的一小部分,传送和呈现花费的时间就会比较少。这就使浏览器和服务器之间的交互速度快了很多,使用户的频繁提交提供了可能。

实际上,从用户的角度看,它实现了页面局部刷新,提升了 Web 用户的体验;从开发人员的角度看,AJAX 主要是一组用户创建具有高度交互性 Web 应用程序的开发组件、工具和技术。

12.1.2 AJAX的工作原理

AJAX 的工作原理如下。

(1) 客户端浏览器在运行时首先加载一个 AJAX 引擎;

(2) AJAX 引擎创建一个异步调用的对象,向 Web 服务器发出一个 HTTP 请求;

(3) 服务器处理请求,并将处理结果以 XML 的形式返回;

(4) AJAX 引擎接收返回的结果,并通过 JavaScript 语句显示在浏览器上。

在 AJAX 处理模型中,使用 AJAX 中间引擎来处理浏览器和服务器的通信。AJAX 中间引擎实质上是一个 JavaScript 对象或函数。当 AJAX 引擎收到服务器响应时,将会触发一些操作,通常是完成数据解析,以及基于所提供的数据对用户界面做一些修改。

12.1.3 AJAX的优点

与完全基于服务器的 Web 应用程序相比,使用 ASP. NET 中的 AJAX 技术的 Web 应用程序有以下优点。

(1) 符合标准性。大部分流行和常用的浏览器都支持 AJAX 技术。包括 Microsoft Internet Explorer、Mozilla Firefox 和 Apple Safari 等。因此 AJAX Web 应用无须安装任何插件,也无须在 Web 服务器中安装应用程序。

(2) 增强效率:网页的大部分处理工作在浏览器中执行,减少了页面和服务器间的数据传输数量,从而大大提高了应用程序的处理效率。例如,在购物车页面,当更新其中的某项物品的数量时,使用 AJAX 计算新的总量,服务器只会返回新的总量值,这样下载的数据量比重新载入整个页面的数据量要少很多。

(3) 页面部分刷新:可以通过异步传输实现页面和服务器间的数据交互,能够获取服务器数据后灵活更新页面内的指定内容,而不需要刷新整个页面,也不需要终止用户当前的操作。例如动态更新购物车的物品数量,无须用户单击【更新】按钮并等待服务器重新发送整个页面。

(4) 客户端与用于 Forms 身份验证的 ASP. NET 应用程序服务、角色和用户配置文件的集成。

(5) 自动生成的代理类,可以简化从客户端脚本调用 Web 服务方法的过程。

(6) 熟悉 UI 元素：如进度指示器、工具提示和弹出窗口等。

12.2 AJAX 控件的使用

前面提到从开发人员的角度看，AJAX 主要是一组用户创建具有高度交互性 Web 应用程序的开发组件。ASP. NET 4. 5 的【工具箱】的【AJAX 扩展】选项卡中提供了 ScriptManager、Timer、UpdatePanel、UpdateProgress、ScriptManagereProxy 控件(如图 12. 1 所示)，便于开发人员快速开发 AJAX 应用程序。本节将介绍常用控件的基本功能，了解它们可以解决哪些技术问题。

图 12. 1　AJAX 控件

12.2.1 ScriptManager 控件

ScriptManager 控件是 ASP. NET 中 AJAX 功能的核心，该控件可以管理一个页面上的所有 AJAX 资源。它用于处理页面上的局部更新，同时生成相关的代理脚本，以便能够通过 JavaScript 访问 Web Service。

ScriptManager 控件在一个页面中只能使用一次，并且必须出现在所有 AJAX 控件之前。ScriptManager 控件的常用属性如下。

(1) AllowCustomErrorRedirect：获取或设置一个值，以确定异步回发出现错误时是否使用 Web. config 文件的自定义错误部分。

(2) AsyncPostBackTimeout：指定异步回发的超时时间，默认是 90s。

(3) AsyncPostBackErrorMessage：获取或设置异步回发期间发生未处理的服务器异常时发送到客户端的错误消息。

(4) EnablePartialRenderring：指定当前网页是否允许部分更新。默认值为 True，表示当页面添加 ScriptManager 控件时，将启用部分页刷新功能。

12.2.2 UpdatePanel 控件

UpdatePanel 控件可以生成功能丰富的、以客户端为中心的 Web 应用程序。通过使用 UpadatePanel 控件，可以刷新页的指定部分，而不是刷新整个页面。一个页面可以包含一个或多个 UpdatePanel 控件，与 ScriptManager 控件一起使用，可以实现部分刷新。

在 UpdatePanel 服务器控件中，所发出的 PostBack 都会自动以 AJAX 技术通过异步方式传送到服务器，待服务器将结果传回后再以“部分更新”的方式显示在网页中。

UpdatePanel 控件的属性主要有以下三个。

(1) RenderMode：获取或设置 UpdatePanel 控件的内容是否包含在 HTML 或元素中。Inline 表示其内容将显示在<span>中；Block 表示其内容将显示在<div>中。

(2) ChildrenAsTriggers：设置来自 UpdatePanel 控件的子控件的回发是否导致

UpdatePanel 控件的更新。默认为 True。

(3) Triggers：获取已经为 UpdatePanel 控件定义的所有触发器。可以通过<Triggers>元素定义触发器。该集合包含 AsynPostBackTrigger 和 PostBackTrigger 对象。

下面用一个例子来演示 ScriptManager 和 UpdatePanel 的使用。

【实例 12-1】 使用 ScriptManager 和 UpdatePanel 控件，实现局部刷新日历样式设置。

(1) 新建一个空网站 chapter12，添加 Web 窗体 12-1. aspx。

(2) 在页面中拖放一个 ScirptManager 控件和一个 UpdatePanel 控件。生成的代码如下。

```
<asp:ScriptManager ID="ScriptManager1" runat="server">
    </asp:ScriptManager>
    <asp:UpdatePanel ID="UpdatePanel1" runat="server">
    </asp:UpdatePanel>
```

(3) 再在 UpdatePanel 控件中放置两个 Label，一个 RadioButtonList 和一个 Calendar 控件。在 UpdatePanel 控件外面放置一个 Label 和一个 Button。并设置 RadioButtonList 的集合项内容、AutoPostBack＝"True"和 RepeatColumns＝"3"，生成的代码如下。

```
<div>
    <asp:ScriptManager ID="ScriptManager1" runat="server">
    </asp:ScriptManager>
    <asp:UpdatePanel ID="UpdatePanel1" runat="server">
        <ContentTemplate>
            <asp:Label ID="Label1" runat="server" Text="设置日历的风格: ">
            </asp:Label>
            <asp:RadioButtonList ID="RadioButtonList1" runat="server"
            AutoPostBack="True" RepeatColumns="3">
                    <asp:ListItem Value="Pink">梦幻粉</asp:ListItem>
                    <asp:ListItem Value="Purple">高贵紫</asp:ListItem>
                    <asp:ListItem Value="Blue">神秘蓝</asp:ListItem>
                    <asp:ListItem Value="Red">喜庆红</asp:ListItem>
                    <asp:ListItem Value="White">纯情白</asp:ListItem>
                    <asp:ListItem Value="Black">炫酷黑</asp:ListItem>
                </asp:RadioButtonList>
                <asp:Calendar ID="Calendar1" runat="server"></asp:Calendar>
                <br />
                <asp:Label ID="Label2" runat="server" Text="Label"></asp:Label>
        </ContentTemplate>
    </asp:UpdatePanel>
    <asp:Label ID="Label3" runat="server" Text="Label"></asp:Label>
    <asp:Button ID="Button1" runat="server" Text="提交" />
```

```
</div>
```

(4) 在页面的 Page_Load 中添加如下代码,在 Label3 中显示页面的启动时间。

```
protected void Page_Load(object sender, EventArgs e)
{
    Label3.Text=DateTime.Now.ToString();
}
```

(5) 添加 RadioButtonList1 控件的 SelectedIndexChanged 事件,并编写下面的代码,以更改日历中当天日期的背景颜色,Label2 中显示更新的时间。

```
protected void RadioButtonList1_SelectedIndexChanged(object sender, EventArgs e)
{
    Calendar1.TodayDayStyle.BackColor=
        System.Drawing.Color.FromName(RadioButtonList1.SelectedItem.Value);
    Label2.Text="最近一次的设置时间是: " +DateTime.Now.ToString();
}
```

(6) 运行 12-1.aspx,起始状态如图 12.2 所示,Label3 记录了起始时间。

在 RadioButtonList1 控件中选择【梦幻粉】后 12-1 页面的浏览效果如图 12.3 所示,UpdatePanel 控件中的 Label2 记录了选择的时间,日历控件修改了当天日期的背景色。而 UpdatePanel 控件外的 Label3 显示的时间未发生变化,说明 RadioButtonList 控件提交后,只进行了页面的局部刷新。

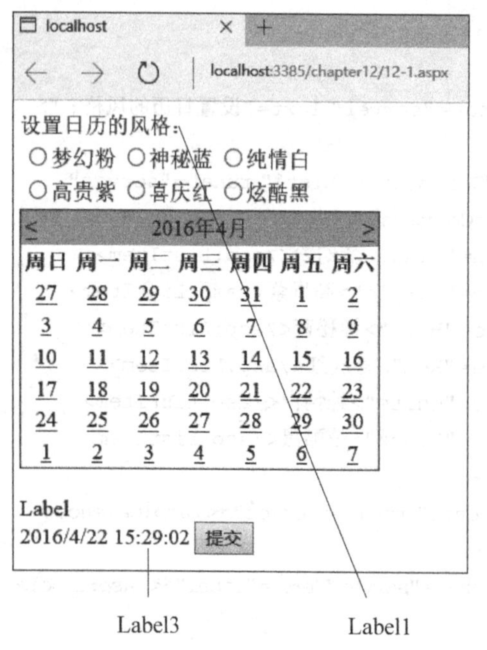

图 12.2 12-1 页面的初始效果

图 12.3 选择【梦幻粉】后 12-1 页面的浏览效果

当单击【提交】按钮后,页面重新加载。Label3 修改了显示时间,但 UpdatePanel 控件内的内容并未发生变化(如图12.4所示),说明UpdatePanel控件中的内容不受外部控件提交的影响。

图12.4 单击【提交】按钮后页面12-1的浏览效果

12.2.3 Timer控件

在C/S应用程序开发中,Timer控件是很常用的控件。它可以进行时间控制,能够在一定的时间间隔内触发某个事件。但由于Web应用是无状态的,在Web应用程序开发中,就比较难编程实现Timer控件。在AJAX中提供了一个Timer控件,用于按定义的时间间隔执行回发。将Timer控件和UpdatePanel控件一起使用,则可以按设定的时间间隔实现页面的部分更新。但是Timer控件不能多用,它会占用大量的服务器资源,如果不停地进行客户端和服务器的信息通信,很容易造成服务器超载。

Timer控件有以下两个重要属性。

(1) Interval属性:可以是指回发发生时间间隔,以ms为单位。默认为60 000ms(即60s)。

(2) Enable属性:设置Timer是否可用(True/False)。

Timer控件会将一个JavaScript组件嵌入到网页中。当经过Interval属性定义的时间间隔时,该JavaScript组件将从浏览器启动回发。如果回发是Timer控件启动的,则Timer控件将在服务器上引发Tick事件。当页发送到服务器时,可创建Tick事件的事件处理程序来执行一些操作。

下面用一个例子来演示Timer控件的使用。

【实例12-2】 使用Timer控件实现一定时间间隔后执行页面局部刷功能。

(1) 在网站chapter12中添加一个12-2.aspx页面。

(2) 向页面12-2.aspx中添加一个ScriptManager控件、一个UpdatePanel控件、两

个 Label 控件和一个 Timer 控件。Timer 控件的 Interval 属性设为“10000”。生成的代码如下。

```
<asp:ScriptManager ID="ScriptManager1" runat="server">
</asp:ScriptManager>
<asp:UpdatePanel ID="UpdatePanel1" runat="server">
    <ContentTemplate>
        <asp:Label ID="Label1" runat="server" Text="Label"></asp:Label>
        <asp:Timer ID="Timer1" runat="server" ></asp:Timer>
    </ContentTemplate>
</asp:UpdatePanel>
<asp:Label ID="Label2" runat="server" Text="Label"></asp:Label>
<asp:Button ID="Button1" runat="server" Text="提交" />
```

(3) 在页面 12-2.aspx 页面中,添加下面的代码。第一次访问页面时 Label2 显示初始化时间,回发页面时显示回发时间。

```
protected void Page_Load(object sender, EventArgs e)
{
    if (!IsPostBack)                //判断是否第一次访问页面
    {
        Label2.Text="页面初始化时间是: " +DateTime.Now.ToString();
    }
    else
    {
        Label2.Text="最近一次页面回发的时间是: " +DateTime.Now.ToString();
    }
}
```

IsPostBacks 是 Page 对象的属性,第一次访问页面时返回 false,否则返回 true。

(4) 双击 Timer1 控件,添加 Tick 事件,并添加代码,Label1 中显示局部刷新时间。

```
protected void Timer1_Tick(object sender, EventArgs e)
{
    Label1.Text="最近一次的页面局部刷新的时间是: " +DateTime.Now.ToString();
}
```

(5) 运行 12-2 页面,效果如图 12.5～图 12.7 所示。每过 10s,就会执行 Timer1_Tick 事件,局部刷新页面。

图 12.5 页面 12-2 的初始浏览效果

图 12.6　页面 12-2 的自动刷新浏览效果

图 12.7　页面 12-2 单击【提交】按钮的浏览效果

12.2.4　AJAX 工具包

AJAX 工具包(AJAX Control Toolkit)是一个封装好的组件库(AjaxControlToolkit. ddl)，包含多个 AJAX 控件。如果已经有 AjaxControlToolkit. ddl 文件，添加 AJAX 控件的步骤如下。

(1) 在网站根目录下新建 Bin 文件夹，并将 AjaxControlToolkit. dll 文件放入 Bin 文件夹；

(2) 右击【工具箱】的空白处，选择【添加选项卡】，并给它命名，如 AJAX；

(3) 右击 AJAX 选项卡，选择【选择项】，在打开的对话框中，单击【浏览】按钮(如图 12.8 所示)，选择 AjaxControlToolkit. dll 文件，单击【确定】按钮即可在 AJAX 选项卡中添加上相应的 AJAX 控件。

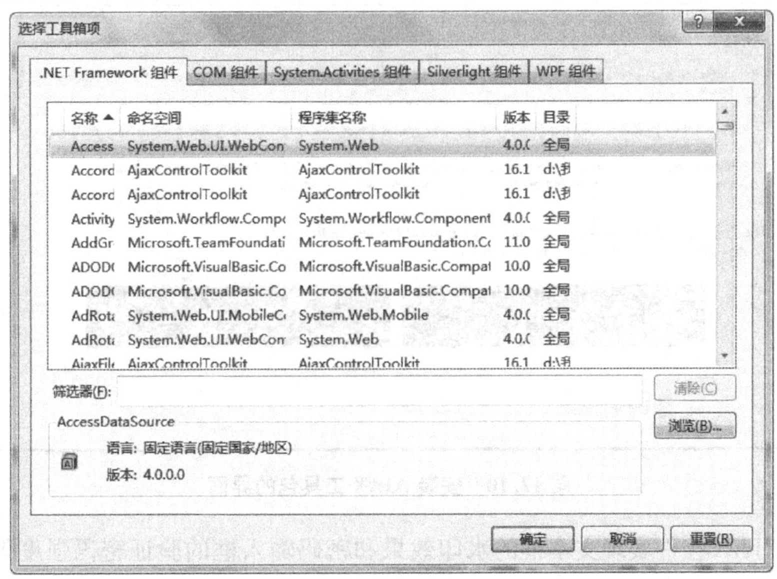

图 12.8　选择工具箱项

AJAX工具包可以到网站www.asp.net上下载，不同时期下载的版本和控件数量不同。如图12.9所示，单击Download按钮，可以下载一个exe文件，双击该文件可以安装AJAX工具包（如图12.10所示）。安装完成自动将在Bin文件夹中添加AjaxControlToolkit.dll文件，工具箱中出现AJAX控件（如图12.11所示）。

图12.9 AJAX工具包下载页面

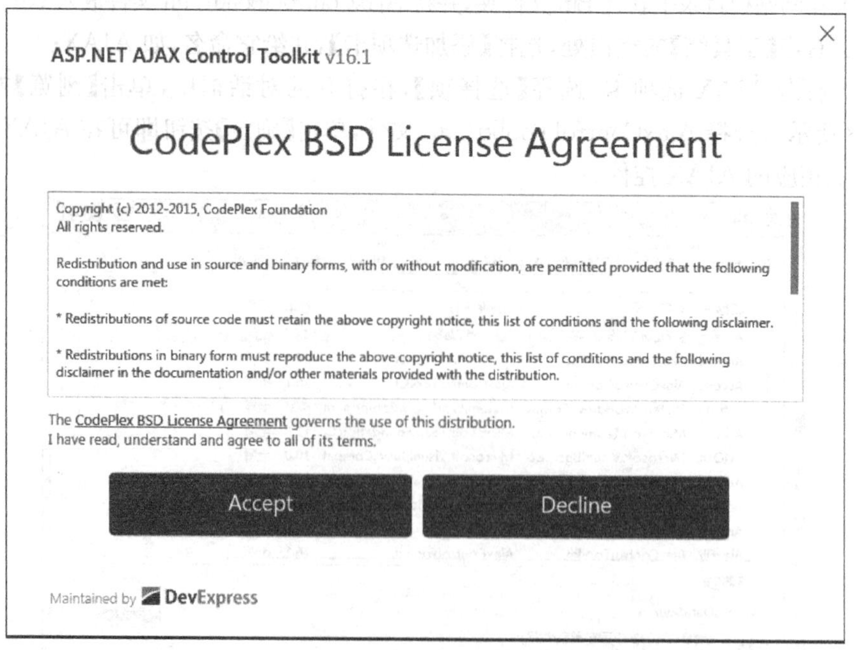

图12.10 安装AJAX工具包的界面

使用AJAX控件实现文本框的水印效果和密码输入框的验证密码强度效果等。验证密码强度就是对输入的密码强度进行验证。水印就是用户还没有填写文本框时，文本

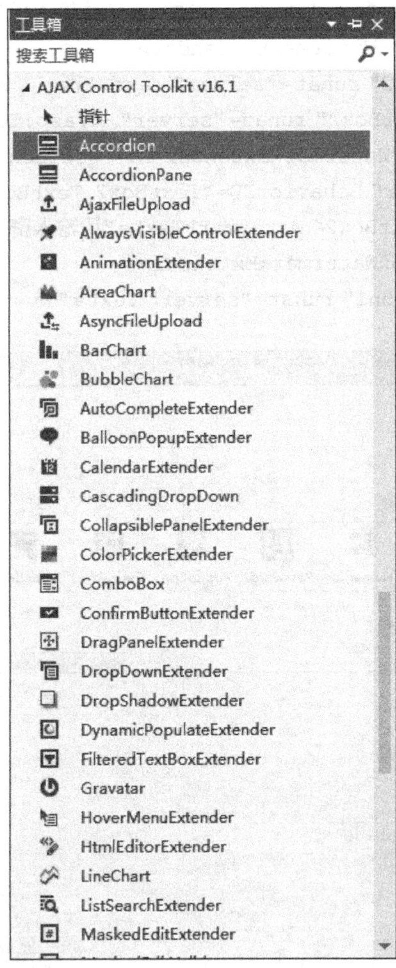

图 12.11　添加了 AJAX 控件的工具箱

框内给出一些提示文字,用户把光标放到文本框上时,这些提示文字自动消失。下面以实例来演示。

【实例 12-3】 设计一个登录页面,用 AJAX 控件实现文本框的水印效果。

(1) 在网站 chapter12 中,添加页面 12-3. aspx。并设计成登录页面。

(2) 分别单击【用户名】和【密码】文本框右侧的 按钮,选择【添加扩展程序...】。在打开的对话框中,选择 TextBoxWatermarkExtender 功能,单击【确定】按钮(如图 12.12 所示)。并分别设置这两个控件的 WatermarkText 属性为“请输入用户名”和“请输入密码”,用来设置水印显示的文本内容。生成的主要代码如下。

```
<asp:ScriptManager ID="ScriptManager1" runat="server"></asp:ScriptManager>
<asp:Label ID="Label1" runat="server" Text="用户名: "></asp:Label>
<asp:TextBox ID="TextBox1" runat="server"></asp:TextBox>
<ajaxToolkit:TextBoxWatermarkExtender ID="TextBox1_TextBoxWatermarkEx-
tender" runat="server" BehaviorID="TextBox1_TextBoxWatermarkExtender"
```

```
TargetControlID="TextBox1" WatermarkText="请输入用户名">
</ajaxToolkit:TextBoxWatermarkExtender>
<asp:Label ID="Label2" runat="server" Text="密    码: "></asp:Label>
<asp:TextBox ID="TextBox2" runat="server"></asp:TextBox>
<ajaxToolkit:TextBoxWatermarkExtender ID="TextBox2_TextBoxWatermarkEx-
tender" runat="server" BehaviorID="TextBox2_TextBoxWatermarkExtender"
TargetControlID="TextBox2" WatermarkText="请输入密码">
</ajaxToolkit:TextBoxWatermarkExtender>
<asp:Button ID="Button1" runat="server" Text="登    录" />
```

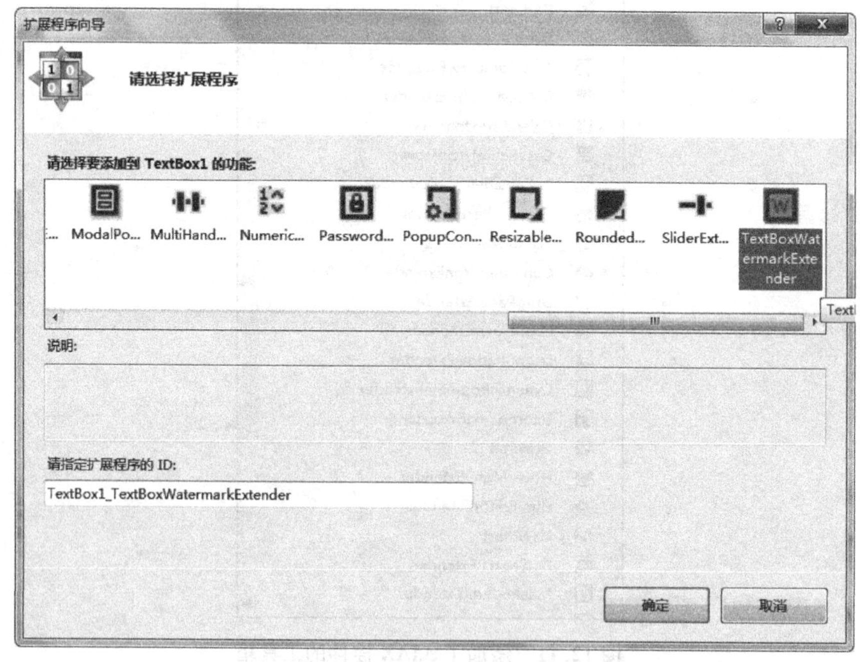

图 12.12 添加扩展程序

(3) 运行 12-3.aspx，效果如图 12.13 所示。WatermarkText 属性设置的值自动在文本框内显示，当鼠标单击时自动消失。

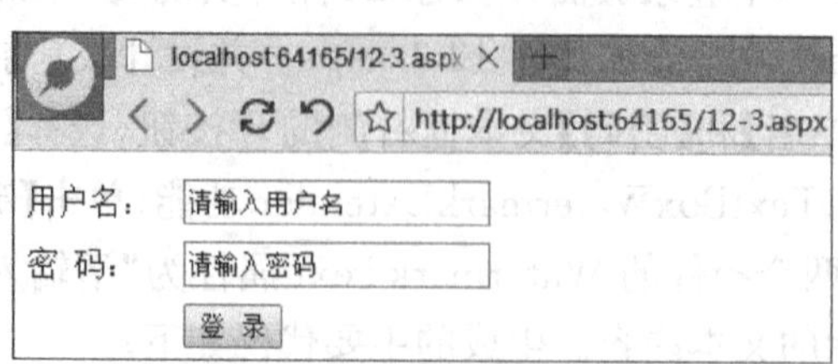

图 12.13 实例 12-3 的运行效果

在密码设置时，还可以单击密码文本框右侧的 按钮，选择【添加扩展程序...】。在打开的对话框中，选择 PasswordStrength 功能，来增加验证密码强度的功能。这里不再演示。

小 结

AJAX是一种创建交互式网页的网页开发技术。本章首先介绍引入AJAX技术的原因。在传统的Web应用程序中，用户在客户端提交表单，向服务器端发送请求，然后服务器端接收请求，处理并返回一个表单。当两次提交的表单内容变化不大时，仍会传送整个页面信息。这样会比较浪费带宽资源，服务器的处理速度也会比较慢。然后介绍了AJAX是什么，它的工作原理和优点，可以实现页面的局部刷新功能，提升网站效率和用户体验。

最后介绍了ASP.NET默认提供的ScriptManager、Timer、UpdatePanel控件的使用方法，及安装AJAX工具包的方法，并演示使用AJAX工具包实现文本框水印效果的方法。

课后习题

1. 填空题

(1) ________是一种浏览器技术，它实现了页面的局部刷新功能。

(2) ________是AJAX最为核心的内容，它能够为页面中的JavaScript脚本提供特定的通信方式，从而使页面通过JavaScript脚本和服务器之间实现动态交互。

(3) ________控件是ASP.NET中AJAX功能的核心，该控件可以管理一个页面上的所有AJAX资源。

(4) 在________服务器控件中，所发出的PostBack都会自动以AJAX技术通过异步方式传送到服务器，待服务器将结果传回后再以"部分更新"的方式显示在网页中。

(5) Timer控件的Interval属性可以设置回发发生时间间隔，以________为单位。当经过Interval属性定义的时间间隔时，该JavaScript组件将从浏览器启动回发，触发________事件。

2. 上机操作题

上机目的：

理解AJAX的作用和工作原理；

掌握AJAX控件的使用方法。

上机内容：

(1) 使用AJAX实现查询所有商品信息时页面局部刷新。

(2) 使用AJAX工具包为查询条件设置水印效果。

(3) 使用AJAX工具包为登录界面实现密码强度验证功能。

第13章 chapter 13

B2C网上购物系统

B2C(Business to Customer)是电子商务的一种模式，即企业通过互联网向个人消费者直接销售产品和提供服务的经营方式。B2C电子商务网站是指B2C电子商务模式所依赖的网站，如京东、天猫、当当都属于自主销售式B2C电子商务网站。本章将使用ASP.NET技术构建一个自主销售式的B2C电子商务网站。

本章学习目标：

将ASP.NET的基本技术和方法灵活利用，开发一个较为综合的购物系统。

13.1 网站需求分析

某童装零售商店为开拓网上购物市场，欲建立一个B2C模式的购物网站。网站功能要求不太复杂，主要分为前台会员和后台管理员两种角色。需满足以下功能。

1. 会员处理模块

(1) 新会员注册：会员可以通过填写信息申请会员账号。未注册会员可以浏览商品。

(2) 会员登录：已注册会员可以登录。登录用户可以购买商品。

2. 购物功能

(1) 商品显示：网站可以显示商城提供的商品类别和具体商品的信息，顾客可以浏览商城销售的童装。

(2) 购物车：顾客可以多次添加童装到购物车，并可以查看当前购物车中的商品信息、修改购物车中的商品数量。

(3) 提交订单：已注册的顾客即会员可以将购物车中的部分或全部商品提交订单，并可以查看会员自己的订单信息。

(4) 商品搜索：顾客可以按商品名称查找想要的童装。

3. 后台管理

(1) 商品管理：管理员可以对本店销售的童装进行管理(查询、增加、修改、删除)。

(2) 订单处理：管理员需要处理新提交的订单，改为已配送或已完成。

(3) 会员管理：管理员可以根据用户名或绑定手机号查询某用户，可以删除某会员。

(4) 商品类别管理：管理员可以对销售的商品划分类别，并可以添加、修改、删除、查询商品类别。

13.2 网站设计

13.2.1 功能设计

虽然商城目前只销售童装，以后业务扩展可能商品种类会增多，因此在设计时不只针对童装。本B2C购物商城分为前台网站的购物功能和后台管理功能两大部分。前台网站主要面向购物的客户，包括会员模块、商品显示模块、购物车模块和订单模块，还可以再划分子模块，如购物车分为添加购物车和查看购物车两个子模块。后台管理系统是网站管理员使用，包括会员管理、商品类别管理、商品管理和订单处理4大模块，还可以再划分子模块，如商品管理分为查询商品、添加新商品、修改商品信息和删除商品4个子模块，如图13.1所示。

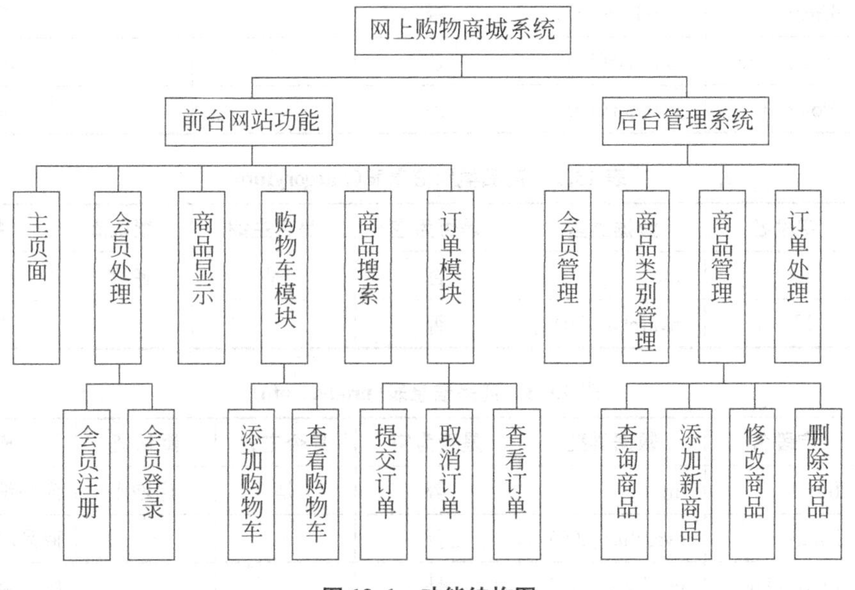

图13.1 功能结构图

13.2.2 数据库设计

根据网站需求设计数据库，共包含5个表，分别如下。

(1) 用户信息表：保存注册会员和管理员信息的信息。

(2) 商品类别表：保存商品的类别信息。

(3) 商品信息表：保存商品的基本信息。

(4) 订单信息表：保存订单的基本信息，一个订单可以包含多种商品，为避免数据冗余，不保存具体的商品。

(5) 订单详细信息表：保存订单包含的具体商品信息。

商品类别和商品是一对多的关系，每个类别可以包含多个商品，每个商品编号的商品只能属于一个商品类别。订单和商品属于多对多的关系，因此使用订单信息表保存订单的相关属性，如提交订单的用户、订单的商品数量、订单的配送信息等，订单详细信息表保存订单中的商品信息，如商品的编号、名称、数量等。

本网站采用 SQL Server 2012，数据库名为 shop，表名、字段及其他相关信息如表 13.1～表 13.5 所示。

表 13.1　用户信息表(userInfo)

序号	字段名	数据类型	是否为空	是否主键	默认值	描述
1	ID	int	否	是	递增 1	编号
2	Role	int	否			角色
3	Username	varchar(50)	否			用户名
4	Password	varchar(20)	否			密码
5	Email	varchar(255)	否			邮箱
6	Telephone	varchar(15)	是			电话
7	Postcode	varchar(10)	是			邮编

表 13.2　商品类别信息表(categoryInfo)

序号	字段名	数据类型	是否为空	是否主键	默认值	描述
1	ID	int	否	是	递增 1	编号
2	Name	nvarchar(50)	否			用户名

表 13.3　商品信息表(productInfo)

序号	字段名	数据类型	是否为空	是否主键	默认值	描述
1	ID	int	否	是	递增 1	商品编号
2	Name	nvarchar(100)	否			商品名称
3	PictureUrl	varchar(30)	是			图片路径
4	Price	money	是			价格
5	Brand	nvarchar(50)	是			品牌
6	Size	varchar(50)	是			尺码范围
7	ForAges	nvarchar(50)	是			适合的年龄
8	Stock	int	是			库存数

续表

序号	字段名	数据类型	是否为空	是否主键	默认值	描述
9	CategoryID	int	是			所属类别编号
10	CreateDate	datetime	是			上架时间
11	Status	nvarchar(20)	是			状态

表 13.4 订单信息表(orderInfo)

序号	字段名	数据类型	是否为空	是否主键	默认值	描述
1	ID	int	否	是	递增 1	订单编号
2	TotalMoney	money	否			订单总金额
3	TotalNum	int	是			商品总数量
4	CreateDate	datetime	是			创建时间
5	UserName	varchar(50)	是			订单所属用户
6	Addressee	nvarchar(30)	否			收货人姓名
7	Address	nvarchar(100)	否			配送地址
8	Tel	varchar(20)	否			联系电话
9	Status	nvarchar(20)	是			状态

表 13.5 订单详情信息表(orderItem)

序号	字段名	数据类型	是否为空	是否主键	默认值	描述
1	ID	int	否	是	递增 1	序号
2	OrderID	int	否			订单编号
3	ProductID	int	否			商品 ID
4	Number	int	是			商品数量
5	Price	money	是			价格

根据以上设计可以创建数据库 shop。

13.3 网站实现

本节根据以上需求分析和数据库设计,实现网站的具体功能。网站页面的跳转关系及参数传递关系如图 13.2 所示。首先运行 Default.aspx 页面,用 DataList 控件显示 productInfo 中的某类(categoryId)商品信息,当单击某商品时,打开 ProductDetail.aspx 页面,并传递商品 Id(productid)。ProductDetail.aspx 页面显示某个商品 Id(productid)的详细信息,当单击【购物车】按钮时,首先将当前显示商品添加到二维结构的内存表 Cart 中,然后保存到购物车(Session["ShoppingCart"])中,以便其他页面也可以访问购物车信息。shoppingCart.aspx页面可以查看当前购物车中的商品信息，并可以修改商品数量、删除商品，将要提交结算的商品信息保存到Session["ShoppingCart2"]中，继而在提交订单页面显示并确认要结算的订单商品信息。在AddOrder.aspx页面可以填写其他有关订单的信息，当单击提交订单时一起添加到数据库中的OrderInfo表和OrderItem表。会员用户登录后可以提交订单，管理员登录后可以进入后台管理页面。

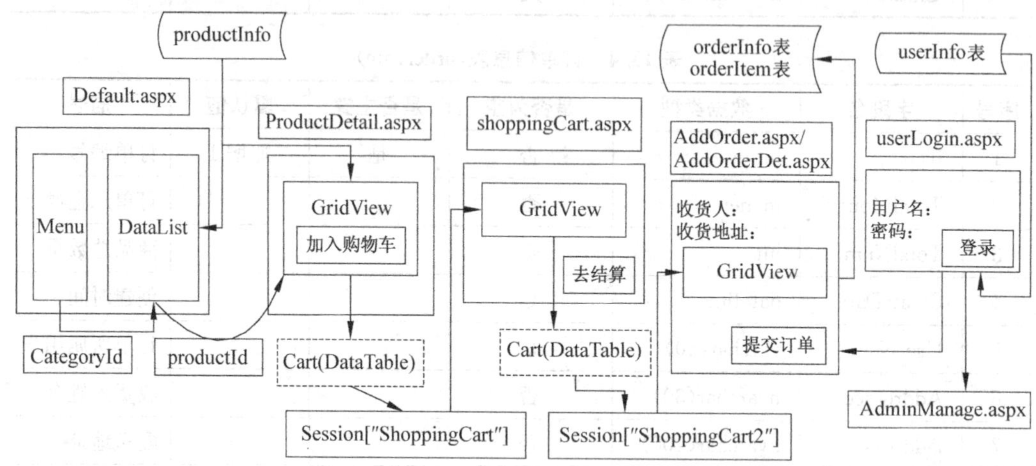

图13.2　网站页面的内部结构及信息传递

13.3.1　用户登录

用户注册是新用户可以通过填写信息申请一个会员昵称，用于登录网站。该功能只需作一个页面，从首页链接打开即可。这里不予介绍。用户登录功能是指当用户输入的用户名密码正确时，登录到相应的界面，错误时提示错误信息，不能登录到相应的界面。这里分为普通会员和管理员，数据库中UserInfo表中的Role字段为int型，0表示管理员，1表示普通会员。具体的步骤如下。

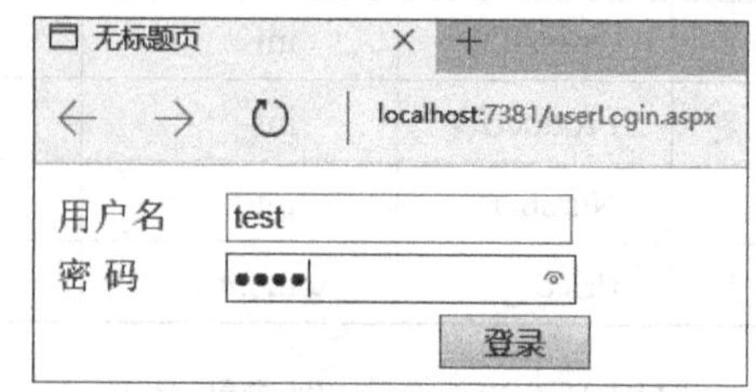

图13.3　登录功能的浏览效果

(1) 界面可以参照第5章中的实例5-2，【登录】按钮的Id设为btnLogin，如图13.3所示。

(2) 双击btnLogin，在Click事件中添加如下代码。

```
protected void btnLogin_Click(object sender, EventArgs e)
{
    //创建连接对象 conn
    SqlConnection conn=new SqlConnection();
    //读取 web.config 中的连接字符串作为 conn 的连接串
    conn.ConnectionString=
    ConfigurationManager.ConnectionStrings["shopConnectionString"].ToString();
```

```
    //保存用户名和密码
    string strUname=TextBox1.Text;
    string strpwd=TextBox2.Text;

    //创建 string 变量,用于保存 sql 语句
    string strsql="select Role from userInfo where username='"+strUname+"'
    and password='"+strpwd+"'";
    //打开连接
    conn.Open();
    //创建 command 对象,并传参: sql 语句和 connection 对象
    SqlCommand comm=new SqlCommand(strsql, conn);
    //执行查询语句,ExecuteScalar 的返回值是 object 类型
    object x=comm.ExecuteScalar();
    int intRole;
    //判断查询结果
    if (x==null)                //判断查询结果,为 null 表示输入的用户名或密码不正确
    {
        lblError.Text="你输入的用户名或密码不正确。";
        lblError.ForeColor=System.Drawing.Color.Red;
        Session["pass"]=null;
    }
    else
    {
        Session["pass"]="right";
        Session["username"]=strUname;
        intRole=(int)x;
        if (intRole==0)         //数据库中 Role 字段的值 0 表示管理员
        {
            lblError.Text="";
            //跳转到管理页面并传递登录的用户名
            Response.Redirect("AdminManage.aspx?name=" +TextBox1.Text);
        }
        else if (intRole==1)    //数据库中 Role 字段的值 1 表示普通会员
        {
            lblError.Text="";
            //跳转到网站首页,并传递登录的用户名
            Response.Redirect("default.aspx?name=" +TextBox1.Text);
        }
    }
    //关闭连接
    conn.Close();
}
```

代码实现了若输入的用户名或密码错误,则用 Session["pass"]标记登录失败;若输

入的用户名密码正确，则用 Session["pass"]标记登录成功，且若是管理员，则跳转到管理员页面 AdminManage. aspx，若是普通会员则跳转到 default. aspx 页面。

13.3.2 母版页设计

网站的首页和购物页面使用母版页设计相同功能部分，操作提示如下。

(1) 新建一个空网站 childShop，这里把数据库 shop 放在网站的 App_Data 中。

(2) 添加一个 MasterPage. master 母版页，并根据布局需要添加 table。这里添加一个 5 行 3 列的 table，并将 ContentPlaceHolder 控件拖入适当的位置，修改后的代码如下。

```
<table class="auto-style1">
    <tr>
        <td> </td>
        <td> </td>
        <td> </td>
    </tr>
    <tr>
        <td> </td>
        <td> </td>
        <td> </td>
    </tr>
    <tr>
        <td> </td>
        <td> </td>
        <td> </td>
    </tr>
    <tr>
        <td> </td>
        <td colspan="2">
            <asp:ContentPlaceHolder id="ContentPlaceHolder1" runat="server">
            </asp:ContentPlaceHolder>
        </td>
    </tr>
    <tr>
        <td colspan="3"> </td>
    </tr>
</table>
```

(3) 然后设计母版页，添加 HyperLink 控件、Image 控件等。一些功能还可以使用用户控件实现，如搜索功能、导航功能等。这里将导航栏目部分设计为用户控件，母版页的设计效果如图 13.4 所示。

(4) 生成的代码如下。

```
<%@Master Language="C#" AutoEventWireup="true" CodeFile="MasterPage.master.cs"
```

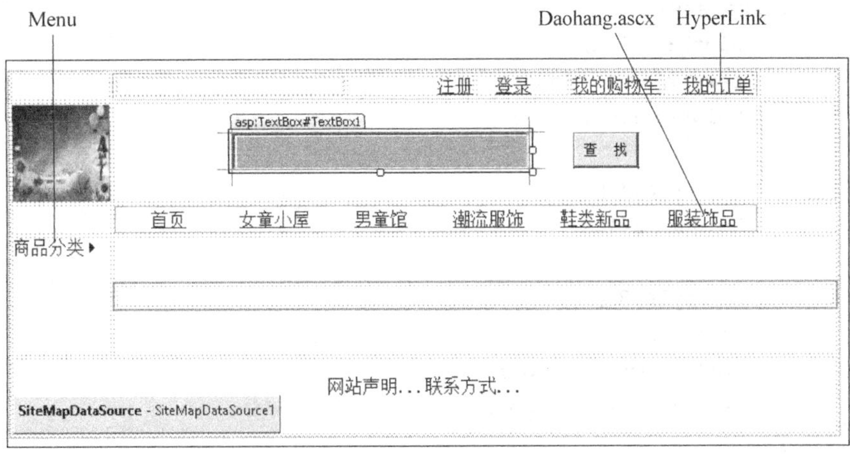

图 13.4 母版页设计效果

```
Inherits="MasterPage" %>
<%@Register src="daoHang.ascx" tagname="daoHang" tagprefix="uc1" %>
<!DOCTYPE html>
<html xmlns="http://www.w3.org/1999/xhtml">
<head id="Head1" runat="server">
<meta http-equiv="Content-Type" content="text/html; charset=utf-8"/>
    <title></title>
    <asp:ContentPlaceHolder id="head" runat="server">
    </asp:ContentPlaceHolder>
    <style type="text/css">
        .auto-style1 {
            width: 100%;
        }
        .auto-style5 {
            height: 261px;
            width: 131px;
            vertical-align: top;
        }
        .auto-style6 {
            width: 80px;
        }
        .auto-style8 {
            width: 579px;
            text-align: right;
            height: 69px;
        }
        .auto-style9 {
            height: 69px;
        }
```

```
        .auto-style10 {
            width: 579px;
            text-align: right;
            height: 20px;
        }
        .auto-style11 {
            height: 261px;
        }
        .auto-style12 {
            width: 100%;
            text-align: center;
            vertical-align: top;
        }
        .auto-style14 {
            width: 112px;
        }
        .auto-style15 {
            width: 131px;
        }
    </style>
    <script type="text/javascript" lang="javascript">
        function imgarray(len) {
            this.length=len;
        }
        imgname=new imgarray(5);
        imgname[0]="images/Ad1.png";
        imgname[1]="images/Ad2.png";
        imgname[2]="images/Ad3.png";
        var i=-1;
        function playing() {
            if (i==2) {
                i=0;
            }
            else {
                i++;
            }
            myimg.src=imgname[i];
            //10000表示每隔10s就执行playing()一次,即是自动显示下一张图片
            mytimeout=setTimeout("playing()", 10000);
        }
    </script>
</head>
<body onload="playing()">
    <form id="form1" runat="server">
```

```
<div>
    <table class="auto-style1">
        <tr>
            <td class="auto-style15" rowspan="2">
                < asp: Image ID =" Image1" runat =" server" Height =" 109px"
                Width="115px" ImageUrl="~/images/logo.png" />
            </td>
            <td class="auto-style10">
                <table class="auto-style12">
                    <tr>
                        <td></td>
                        <td class="auto-style14">
                            <asp:HyperLink ID="HyperLink1" runat="server"
                            NavigateUrl =" userRegister. aspx" > 注 册 </asp:
                            HyperLink>
                        </td>
                        <td class="auto-style6">
                            <asp:HyperLink ID="HyperLink2" runat="server"
                            NavigateUrl =" ~/userLogin. aspx" > 登 录 </asp:
                            HyperLink>
                               
                        </td>
                        <td class="auto-style6">
                            <asp:HyperLink ID="HyperLink4" runat="server"
                            NavigateUrl="~/shoppingCart.aspx">我的购物车
                            </asp:HyperLink>
                        </td>
                        <td class="auto-style6">
                            <asp:HyperLink ID="HyperLink5" runat="server"
                            NavigateUrl="~/myOrder.aspx">我的订单</asp:
                            HyperLink>
                        </td>
                    </tr>
                </table>
            </td>
            <td>   </td>
        </tr>
        <tr>
            <td class="auto-style8" style="text-align:center">
                <asp:TextBox ID="TextBox1" runat="server" style="margin
                -left: 0px" Width="258px" Height="25px"></asp:TextBox>
                  
                <asp: Button ID =" Button1" runat =" server" Text =" 查 找"
                Height="31px" Width="59px" />
```

```
                </td>
                <td class="auto-style9"></td>
            </tr>
            <tr>
                <td class="auto-style15"> </td>
                <td class="auto-style10">
                    <asp:Panel ID="Panel1" runat="server">
                        <uc1:daoHang ID="daoHang4" runat="server" />
                    </asp:Panel>
                </td>
                <td> </td>
            </tr>
            <tr>
                <td class="auto-style5">
                    <asp:Menu ID="Menu1" runat="server" DataSourceID=
                    "SiteMapDataSource1" Orientation="Horizontal">
                        <DynamicHoverStyle ForeColor="#CC0000" />
                        <DynamicSelectedStyle BackColor="#FF9999" />
                    </asp:Menu>
                </td>
                <td colspan="2" class="auto-style11">
                    <asp:ContentPlaceHolder id="ContentPlaceHolder1" runat=
                    "server">
                        <table class="auto-style12">
                            <tr>
                                <td> </td>
                            </tr>
                        </table>
                    </asp:ContentPlaceHolder>
                </td>
            </tr>
            <tr>
                <td colspan="3" style="text-align:center">
                    <br />
                    网站声明…联系方式…
                    <asp:SiteMapDataSource ID="SiteMapDataSource1" runat=
                    "server" />
                </td>
            </tr>
        </table>
    </div>
    </form>
</body>
</html>
```

关于代码的说明如下。

(1) <script>脚本部分是实现广告自动切换，使用 body 标记的属性 onload="playing()"调用，显示广告的控件 myimg 可以在内容页上设计，这里将在主页 Default.aspx 页面中设计。

(2) 页面中的导航栏目部分使用用户控件 daoHang.ascx 显示，放在一个 Panel 容器控件中。

(3) Menu 控件实现左侧动态菜单部分的功能，使用 SiteMapDataSource 控件与站点地图绑定，添加站点地图文件并修改代码如下。

```
<?xml version="1.0" encoding="utf-8" ?>
<siteMap xmlns="http://schemas.microsoft.com/AspNet/SiteMap-File-1.0" >
    <siteMapNode url="~/default.aspx" title="商品分类" description="首页">
        <siteMapNode url="~/new.aspx" title="新品" description="新品">
        </siteMapNode>
        <siteMapNode url="~/taoZhuang.aspx" title="儿童套装" description="儿
        童套装">
        </siteMapNode>
        <siteMapNode url="~/shangYi.aspx" title="儿童上衣" description="儿童
        上衣">
        </siteMapNode>
        <siteMapNode url="~/kuZi.aspx" title="儿童裤装" description="儿童裤
        装">
        </siteMapNode>
        <siteMapNode url="~/nvQun.aspx" title="儿童裙装" description="儿童裙
        装">
        < siteMapNode  url =" ~/nvQun/lianYiQun. aspx "  title =" 连 衣 裙 "
        description="连衣裙" />
        </siteMapNode>
    </siteMapNode>
</siteMap>
```

(4) 代码中使用的 CSS 样式大部分通过可视化调节自动生成，也可以手动修改。

(5) 代码及站点地图中需要打开的 URL 页面资源，如 userLogin.aspx，可以现在创建也可以后续创建。

13.3.3 首页及商品显示

1. 首页

网站首页是网站的入口，需要引用 13.3.2 节中设计的母版页，可以显示推荐商品或畅销商品等，也可以显示某一类商品。这里演示使用 DataList 显示 Menu 控件中的某一类商品的图片、价格和名称，并且单击 DataList 中 ImageButton 控件或 HyperLink 控件可以跳转到单击商品的详细信息页面。

步骤如下。

(1) 在母版页中右击，选择【添加内容页】，添加一个 default. aspx 页面。

(2) 在 default 页面中添加一个两行一列的 table，添加一个 Image 控件(id 设为 myimg)和一个 DataList 控件。配置 DataList 控件的数据源，选择 shop 数据库，在 Web. config 中保存 shopConnectionString 连接字符串。Select 语句配置时，选择 productInfo 表，ID、Name、PictureUrl 和 Price 字段(如图 13. 5 所示)。

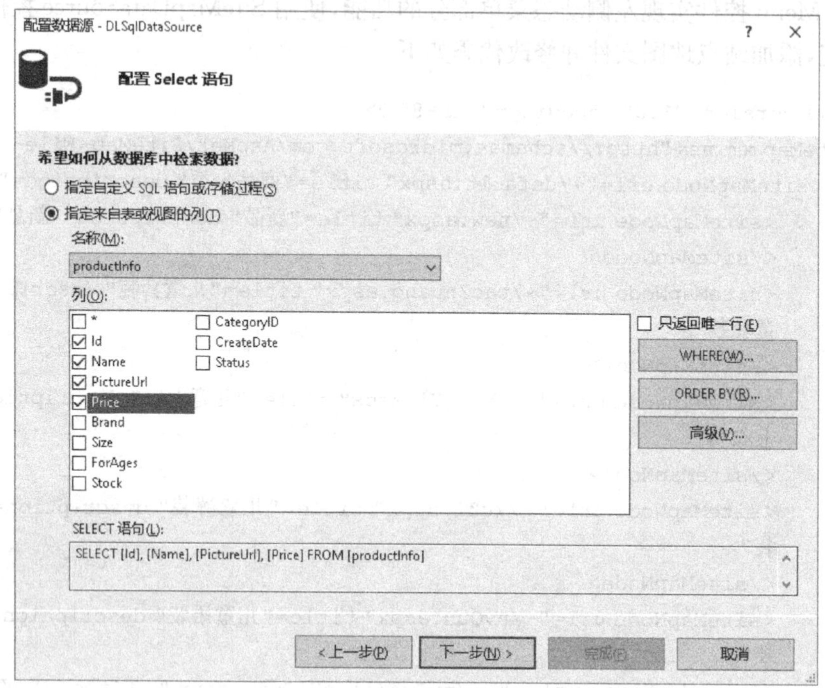

图 13. 5　配置 Select 语句

在生成的 SQL 语句中修改 Name 字段的数值长度，使用 substring 截取前 10 个字符。代码如下。

```
<asp:SqlDataSource ID="SqlDataSource_Product" runat="server" ConnectionString=
"<%$ConnectionStrings:shopConnectionString %>" SelectCommand="SELECT [Id],
substring([Name],0,10) as Name, [PictureUrl], [Price] FROM [productInfo]">
</asp:SqlDataSource>
```

substring 是 SQL Server 提供的截取字符串的子字符串的函数。语法格式是：substring(string, int, int)，作用是返回第一个参数中从第二个参数指定的位置开始、第三个参数指定的长度的子字符串。

(3) 单击【DataList 任务】，选择编辑模板，只保留显示 Name 和 Price 的 Label 绑定控件，其余删除。然后使用 table 布局。再拖入一个 ImageButton 控件，把它的 ImageUrl 属性绑定 PictureUrl 属性，PostBackUrl 属性设为'＜％＃Eval("Id","～/productDetail. aspx?id＝{0}")％＞'。DataList 控件的代码如下。

```
<asp:DataList ID="DataList1" runat="server" DataKeyField="Id" DataSourceID=
"SqlDataSource_Product" RepeatColumns="4" RepeatDirection="Horizontal"
Width="591px">
    <ItemTemplate>
        <table class="auto-style12" style="width: 38%">
            <tr>
                <td>
                    <asp:ImageButton ID="ImageButton1" runat="server" Height=
                    "178px" ImageUrl='<%#Eval("PictureUrl") %>' PostBackUrl=
                    '<%#Eval("Id","~/productDetail.aspx?id={0}")%>' Width=
                    "172px" />
                </td>
            </tr>
            <tr>
                <td>
                    <asp:Label ID="Price" runat="server" Text=
                    '<%#Eval("Price") %>' />
                </td>
            </tr>
            <tr>
                <td>
                    <asp:HyperLink ID="HyperLink6" runat="server" NavigateUrl=
                    '<%#Eval("Id","~/productDetail.aspx?id={0}")%>' Text=
                    '<%#Eval("Name") %>'></asp:HyperLink>
                </td>
            </tr>
        </table>
    </ItemTemplate>
</asp:DataList>
```

在上述代码中,Eval用于单向绑定数据源中的某个字段,绑定Price字段后默认显示效果如图13.6所示。可以修改为Text='<%# Eval("Price","{0:f2}")%>'以显示两位小数。

ImageButton控件既可以显示图片又可以引发页面转向。PostBackUrl属性值'<%#Eval("Id","~/productDetail.aspx?id={0}")%>'表示跳转到~/productDetail.aspx页面并向页面传递参数id,参数的值为数据源中与单击图片对应的商品编号Id的值。

(4) default.aspx页面的浏览效果如图13.6所示。

2. 商品详情

商品详情是显示某商品的详细信息。商品详情页面ProductDetail.aspx的制作过程如下。

(1) 在母版页中右击,选择【添加内容页】,添加一个ProductDetail.aspx页面。

图 13.6　首页浏览效果

(2) 在页面 ProductDetail. aspx 中添加 GridView1,并配置数据源,使用已有的数据连接串 shopConnectionString,从 ProductInfo 表中选择需要的字段,如图 13.7 所示。并配置 WHERE 条件,如图 13.8 所示。

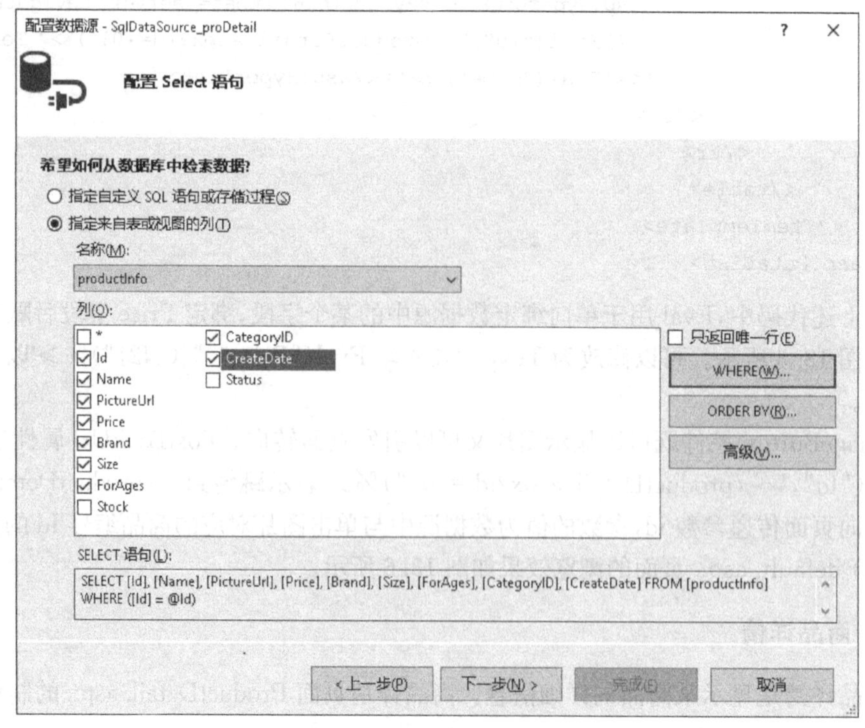

图 13.7　配置 Select 语句

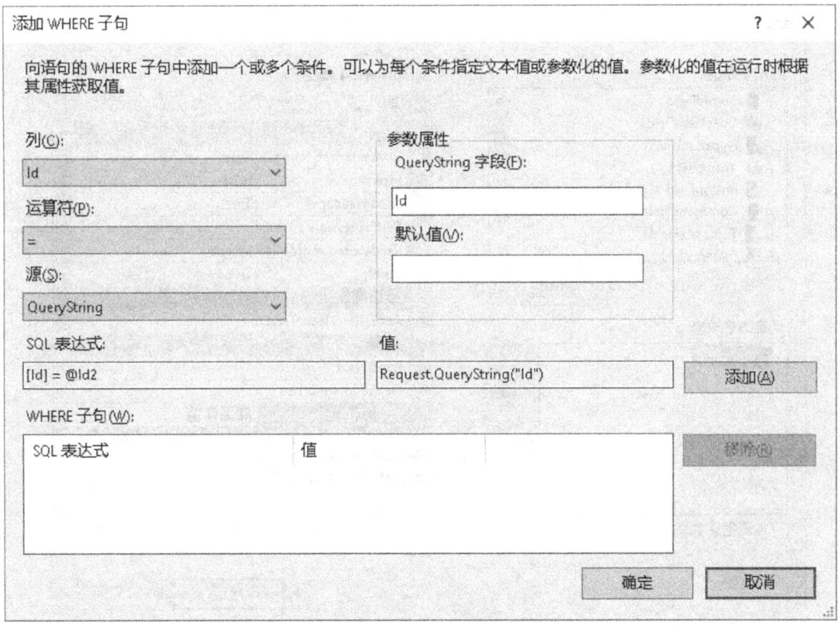

图 13.8 配置 WHERE 条件

生成的 SqlDataSource 控件的代码如下。

```
<asp:SqlDataSource ID="SqlDataSource_proDetail" runat="server" ConnectionString=
"<%$ConnectionStrings:shopConnectionString %>" SelectCommand="SELECT [Id],
[Name], [PictureUrl], [Price], [Brand], [Size], [ForAges], [CategoryID],
[CreateDate] FROM [productInfo] WHERE ([Id]=@Id)">
    <SelectParameters>
        <asp:QueryStringParameter Name="Id" QueryStringField="Id" Type=
        "Int32" />
    </SelectParameters>
</asp:SqlDataSource>
```

(3) 单击【GridView 任务】,选择【编辑列】。在打开的对话框中(如图 13.9 所示),删除所有绑定列,添加一个模板列(TemplateField),并设置 HeaderText 属性为“商品详情”。单击【确定】按钮关闭对话框。

(4) 单击【GridView 任务】,选择【编辑模板】,设计模板列的 ItemTemplate 模板,添加要显示的商品信息。添加 Table 用于布局,Image 控件绑定 PictureUrl 字段,选择尺码用 RadioButtonList 控件,价格 Label 绑定 Price,并设置显示两位小数,如图 13.10 所示。数据库中尺码范围是一个字段,无法直接绑定到 RadioButtonList 控件,这里暂用几个常用的尺码代替。读者可以在数据库中多建几个字段分别代表一个尺码,界面中用 RadioButton 控件分别绑定字段。也可以将这里的数据源使用编写代码的形式实现。

生成的 GridView 代码如下。

```
<asp:GridView ID="GridView1" runat="server" AutoGenerateColumns="False"
```

图 13.9 编辑 GridView 列

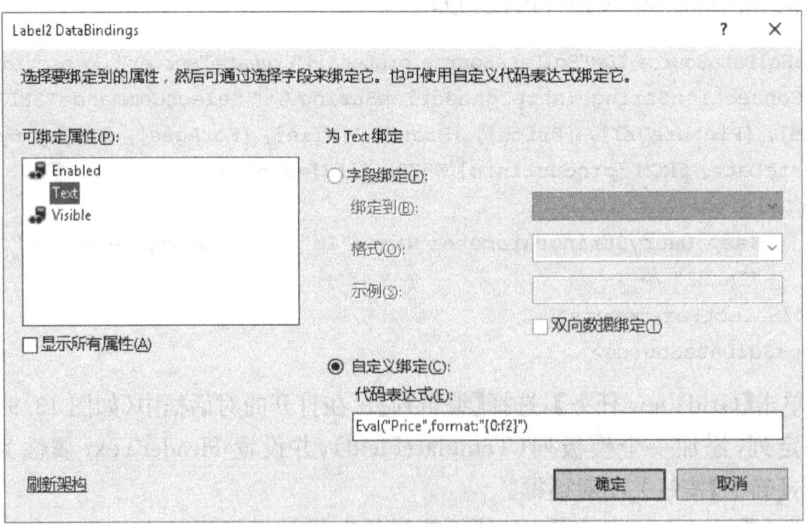

图 13.10 价格 Label 绑定 Price

```
DataKeyNames="Id" DataSourceID="SqlDataSource_proDetail" style="margin-
right: auto">
    <Columns>
        <asp:TemplateField HeaderText="商品详情" InsertVisible="False">
            <ItemTemplate>
                <table class="auto-style16">
                    <tr>
```

```
        <td class="auto-style20" rowspan="6">
            <asp:Image ID="Image2" runat="server" Height=
            "211px" ImageUrl='<%#Eval("PictureUrl") %>'
            Width="228px" />
        </td>
        <td colspan="2">
            <asp:Label ID="Label1" runat="server" Text=
            '<%#Eval("Name") %>'></asp:Label>
        </td>
    </tr>
    <tr>
        <td class="auto-style26">价格：</td>
        <td>
            <asp:Label ID="Label2" runat="server" Text=
            '<%#Eval("Price",format:"{0:f2}") %>'></asp:Label>
        </td>
    </tr>
    <tr>
        <td class="auto-style26">品牌：</td>
        <td>
            <asp:Label ID="Label3" runat="server" Text=
            '<%#Eval("Brand") %>'></asp:Label>
        </td>
    </tr>
    <tr>
        <td class="auto-style26">尺码：</td>
        <td>
            <asp:RadioButtonList ID="RadioButtonList1" runat=
            "server" RepeatColumns="5" RepeatDirection=
            "Horizontal" Width="276px">
                <asp:ListItem Selected="True">110</asp:ListItem>
                <asp:ListItem>120</asp:ListItem>
                <asp:ListItem>130</asp:ListItem>
                <asp:ListItem>140</asp:ListItem>
                <asp:ListItem>150</asp:ListItem>
            </asp:RadioButtonList>
            </td>
    </tr>
    <tr>
        <td class="auto-style22">适合年龄：</td>
        <td class="auto-style23">
            <asp:Label ID="Label4" runat="server" Text=
            '<%#Eval("ForAges") %>'></asp:Label>
```

```
                    </td>
                </tr>
                <tr>
                    <td class="auto-style26">上架时间: </td>
                    <td>
                        <asp:Label ID="Label5" runat="server" Text=
                        '<%#Eval("CreateDate","{0:d}") %>'></asp:Label>
                    </td>
                </tr>
                <tr>
                    <td class="auto-style20"> </td>
                    <td class="auto-style19" colspan="2">
                        <asp:Button ID="Button2" runat="server" Text="加入
                        购物车" />
                    </td>
                </tr>
            </table>
        </ItemTemplate>
    </asp:TemplateField>
</Columns>
<EmptyDataTemplate>
    该商品已经下架啦。
</EmptyDataTemplate>
</asp:GridView>
```

(5) 运行 Default 页面,单击某商品,即可打开 ProductDetail. aspx 页面并显示单击商品的详细信息。ProductDetail. aspx 页面的运行效果如图 13.11 所示。

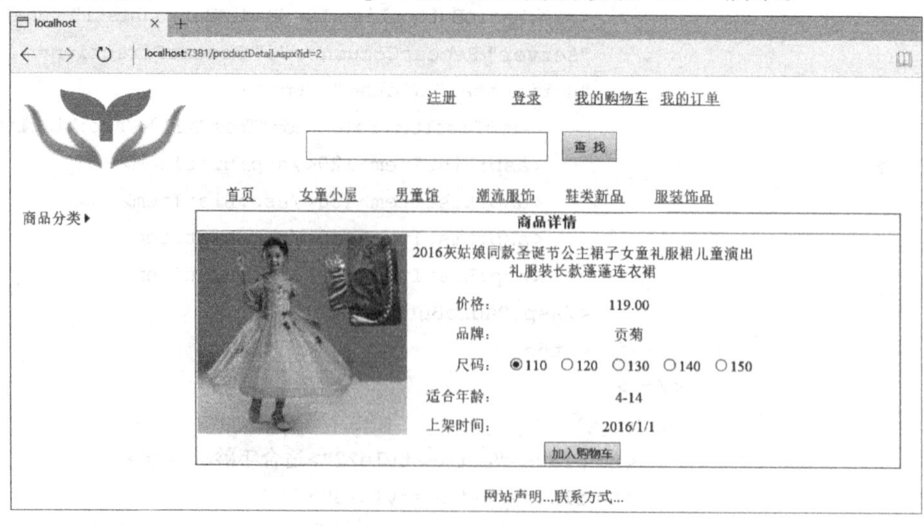

图 13.11　ProductDetail. aspx 页面的运行效果

13.3.4 购物车模块

1. 添加购物车功能

购物车信息需要在多个页面之间共享和传递，可以用 Session 实现。购物车中的商品信息是一个行列结构的二维信息，可以用 DataTable 或 ArrayList 保存，便于操作。这里采用 DataTable，DataTable 的使用方法参考第 8.6 节的内容。当用户单击页面 ProductDetail.aspx 中的【加入购物车】按钮时，将把当前页面的商品添加到购物车。如果是第一次单击添加购物车，需要创建购物车，再添加当前商品信息；如果不是第一次，只需将商品信息添加到当前购物车中。具体的操作过程如下。

(1) 打开 GridView1 的编辑模板，设置【加入购物车】按钮的 CommandName，这里设为 AddProduct。

(2) 在【属性】窗口中单击 ⚡ 按钮，打开【事件】窗口，双击 GridView1 的 RowCommand 事件，自动添加 GridView1_RowCommand 事件，在该事件中添加以下代码。

```
protected void GridView1_RowCommand(object sender, GridViewCommandEventArgs e)
{
    //创建 DataTable 对象 cart,用于保存购物车商品信息
    System.Data.DataTable Cart=new System.Data.DataTable();
    //判断是否单击了【加入购物车】按钮
    if (e.CommandName=="AddProduct")
    {
        if (Session["ShoppingCart"]==null)    //判断购物车是否存在
        {
            //首次添加商品,定义数据表结构
            Cart.Columns.Add("商品编号", typeof(int));
            Cart.Columns.Add("商品名称", typeof(string));
            Cart.Columns.Add("商品单价", typeof(double));
            Cart.Columns.Add("选购尺码", typeof(string));
            Session["ShoppingCart"]=Cart;
        }
        //添加选购商品,在本页面中 GridView 中仅显示一条商品,Index 值为 0
        GridViewRow row=GridView1.Rows[0];
        //从购物车中取出商品,并保存到内存数据表 Cart 中
        Cart=(System.Data.DataTable)Session["ShoppingCart"];
        string strName=((Label)row.Cells[0].FindControl("Label1")).Text;
        double dblPrice=double.Parse(((Label)row.Cells[0]
        .FindControl("Label2")).Text);
        RadioButtonList rb=(RadioButtonList)row.Cells[0]
        .FindControl("RadioButtonList1");
        string strSize=rb.SelectedValue;
```

```
            System.Data.DataRow rr=Cart.NewRow();
            rr["商品编号"]=intBh;
            rr["商品名称"]=strName;
            rr["商品单价"]=dblPrice;
            rr["选购尺码"]=strSize;
            Cart.Rows.Add(rr);
            Session["ShoppingCart"]=Cart;
            Response.Write ("<script language='javascript'>alert('成功加入购物
            车.');</script>");
        }
    }
```

在上述代码中需要从 GridView 控件中获取商品信息。如果是 GridView 的 BoundField 可以使用 GridView1. Rows[index]. Cells[index2]. Text 获取第 index 行 index2 列的值。如果是 TemplateField，需要使用 FindControl 方法获取某个控件，并使用类型转换为对应类型的控件对象，再使用。如 string strName = ((Label) row . Cells[0]. FindControl("Label1")). Text；即从第 0 行第 0 列获得 Id 为 Label1 的控件，再转换为 Label 控件的对象，最后使用 Text 属性获取显示值保存到 string 变量 strName 中。

2. 查看购物车

通过上面的添加购车操作可以将多个商品加入购物车，如果要查看当前购物车中的商品信息，可以单击母版页中的【我的购物车】。具体的实现步骤如下。

(1) 右击网站名，添加使用母版页的内容页 shoppingCart. aspx，在页面上添加一个 GridView、两个 Button 和一个 Label 控件。GridView 控件添加两个绑定列，分别添加一个 Checkbox 和一个 TextBox，TextBox 的默认值为 1。添加 4 个绑定列，分别绑定数据源购物车中的"商品编号""商品名称""商品单价""选购尺码"。并设置绑定列的 HeaderText 和 Wrap 属性为 false(如图 13. 12 所示)。

页面 shoppingCart. aspx 的设计效果如图 13. 13 所示。

(2) 在 Page_Load 中设置 GridView1 的数据源，使页面首次加载时即可显示数据。这里数据源为 Session["ShoppingCart"]，不需从数据库中获取。代码如下。

```
protected void Page_Load(object sender, EventArgs e)
{
    if (!IsPostBack)
    {
        GridView1.DataSource=Session["ShoppingCart"];
        DataBind();
    }
}
```

(3) 单击【合计】按钮时可以统计当前选中商品的总价格。在购物车 Session ["ShoppingCart"]中，【商品单价】字段在第三列，在本页面的 GridView 中为第 4 列(增

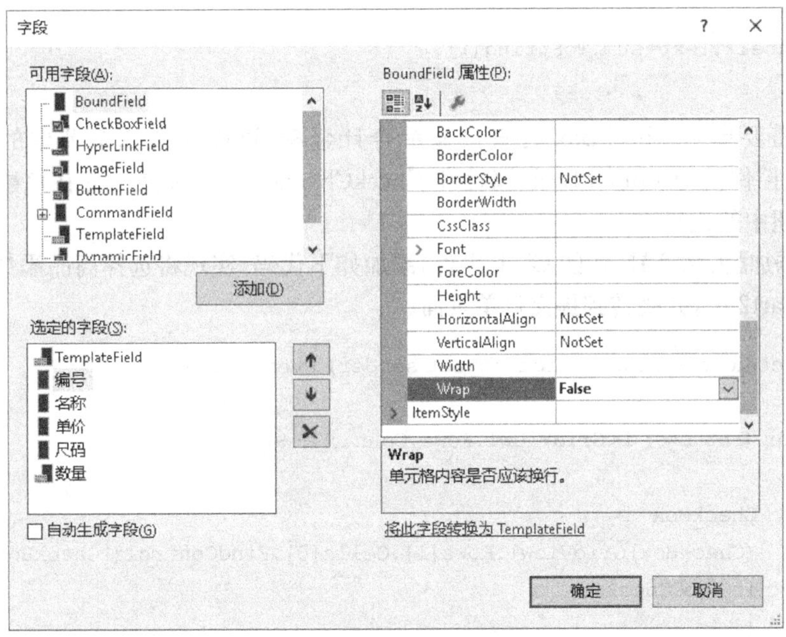

图 13.12 Wrap 属性设置

	编号	名称	单价	尺码	数量
□	数据绑定	数据绑定	数据绑定	数据绑定	1
□	数据绑定	数据绑定	数据绑定	数据绑定	1
□	数据绑定	数据绑定	数据绑定	数据绑定	1
□	数据绑定	数据绑定	数据绑定	数据绑定	1
□	数据绑定	数据绑定	数据绑定	数据绑定	1
				合 计	0.0 asp:Button#btnGo 去结算

图 13.13 页面 shoppingCart.aspx 的设计效果

加了一个 checkBox 列)，index 值为 3。添加【合计】按钮的 Click 事件，添加如下代码。

```
protected void btnSum_Click(object sender, EventArgs e)
{
    double sum=0.0;
    for (int i=0; i<GridView1.Rows.Count; i++)
    {
        CheckBox cb=
        (CheckBox)GridView1.Rows[i].Cells[0].FindControl("CheckBox1");
        if (cb.Checked)
        {
            sum=sum + (double.Parse(GridView1.Rows[i].Cells[3].Text));

        }
```

```
        }
        Label2.Text=sum.ToString();
    }
```

如果需要单击 CheckBox 时直接显示合计金额，可以参考 3.7 节中的内容使用 CheckBox 控件的 AutoPostBack 属性和 CheckChanged 事件完成。并在该事件中添加【合计】按钮中的代码。

(4) 添加【去结算】按钮的 Click 事件，添加如下代码，实现将选择商品添加要结算的 shoppingCart2 中，并跳转到提交订单页面。

```
protected void btnGo_Click(object sender, EventArgs e)
{
    for (int i=0; i<GridView1.Rows.Count; i++)
    {
        CheckBox cb=
        (CheckBox)GridView1.Rows[i].Cells[0].FindControl("CheckBox1");
        if (cb.Checked)
        {
            shoppingCartGo(i);
        }
    }
    Response.Redirect("AddOrder.aspx");
}
//自定义方法
private void shoppingCartGo(int i)
{
    //创建 DataTable 对象 cart,用于保存购物车商品信息
    System.Data.DataTable Cart=new System.Data.DataTable();
    //判断是否首次单击确认商品
    if (Session["ShoppingCart2"]==null)
        {
            //定义数据表结构
            Cart.Columns.Add("商品编号", typeof(int));
            Cart.Columns.Add("商品名称", typeof(string));
            Cart.Columns.Add("商品单价", typeof(double));
            Cart.Columns.Add("选购尺码", typeof(string));
            Cart.Columns.Add("商品数量", typeof(int));
            Session["ShoppingCart2"]=Cart;
        }
        //添加选购商品
        GridViewRow row=GridView1.Rows[i];
        Cart=(System.Data.DataTable)Session["ShoppingCart2"];
        int intBh=int.Parse(row.Cells[1].Text);
```

```
        string strName=row.Cells[2].Text;
        double dblPrice=double.Parse(row.Cells[3].Text);
        string strSize=row.Cells[4].Text;
        string strNum=((TextBox)row.Cells[5].FindControl("TextBox2")).Text;
        System.Data.DataRow rr=Cart.NewRow();
        rr["商品编号"]=intBh;
        rr["商品名称"]=strName;
        rr["商品单价"]=dblPrice;
        rr["选购尺码"]=strSize;
        rr["选购尺码"]=strSize;
        rr["商品数量"]=int.Parse(strNum);
        Cart.Rows.Add(rr);
        Session["ShoppingCart2"]=Cart;
}
```

(5) 运行我的购物车页面 shoppingCart.aspx，效果如图 13.14 所示。单击【合计】按钮可以显示选择商品的总金额，单击【去结算】按钮将跳转到结算页面。

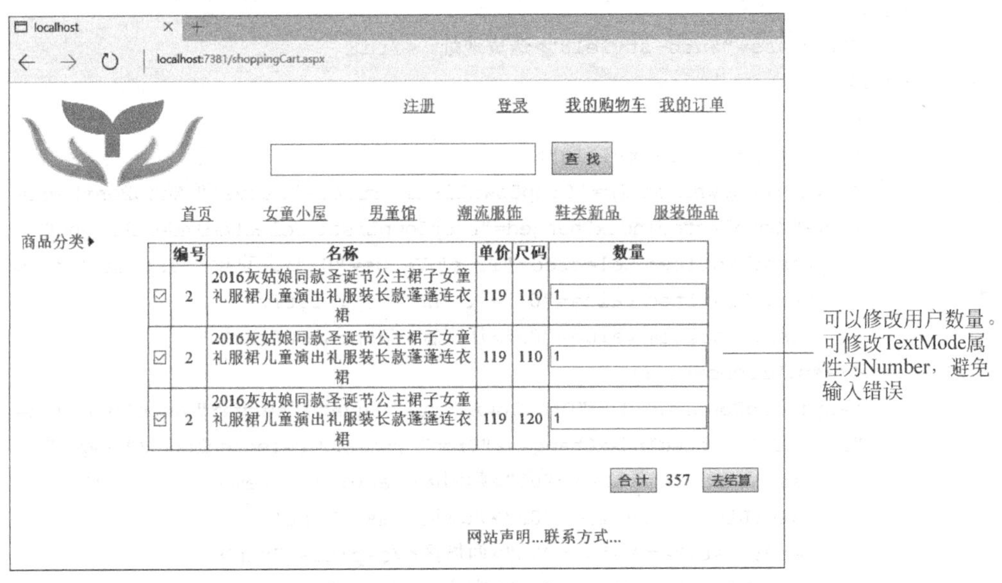

图 13.14 我的购物车页面

13.3.5 提交订单

在结算页面填写并确认订单信息，包括收货人信息、发票信息、订单商品信息、总价格等。用户需登录后才能提交订单，未登录不能提交订单。为了便于学习，下面先用 SQL 语句向 orderInfo 表中插入一条订单，再结合存储过程向 orderInfo 表和 orderItem 表中插入订单信息和订单商品信息。

1. 仅向 orderInfo 表中插入一条订单

提交订单就是向数据库中插入数据。下面演示向订单表中添加订单的相关信息，步骤如下。

(1) 添加内容页 AddOrder. aspx，添加 7 行一列的 table，在 table 中添加送货地址及填写地址的 DropDownList 和 TextBox 控件；收货人姓名及填写姓名的 TextBox 控件；送货清单及显示送货清单的 GridView 控件；应付金额及显示应付金额的 Label 控件；提交订单的 Button 及显示提交错误信息的 Label 控件。

生成的代码如下。

```
<asp:Content ID="Content2" ContentPlaceHolderID="ContentPlaceHolder1"
Runat="Server">
    <table class="auto-style16">
    <tr>
        <td class="auto-style17">填写并确认订单</td>
    </tr>
    <tr>
        <td class="auto-style18">送货地址：</td>
    </tr>
    <tr>
        <td class="auto-style18">
        <asp:DropDownList ID="DropDownList1" runat="server" AutoPostBack=
        "True" OnSelectedIndexChanged="DropDownList1_SelectedIndexChanged">
            <asp:ListItem Selected="True" Value="01">北京市</asp:ListItem>
            <asp:ListItem Value="02">天津市</asp:ListItem>
            <asp:ListItem Value="03">辽宁省</asp:ListItem>
        </asp:DropDownList>
        <asp:DropDownList ID="DropDownList2" runat="server" AutoPostBack=
        "True" OnSelectedIndexChanged="DropDownList2_SelectedIndexChanged">
            <asp:ListItem Value="01">朝阳区</asp:ListItem>
            <asp:ListItem Value="02">东城区</asp:ListItem>
            <asp:ListItem Value="03">西城区</asp:ListItem>
            <asp:ListItem Value="04">宣武区</asp:ListItem>
        </asp:DropDownList>
        <asp:DropDownList ID="DropDownList3" runat="server">
            <asp:ListItem Value="01">x 街道</asp:ListItem>
            <asp:ListItem Value="02">y 街道</asp:ListItem>
        </asp:DropDownList>
        <asp:TextBox ID="TextBox1" runat="server" Width="183px"></asp:TextBox>
            <br />
            收货人姓名：<asp:TextBox ID="TextBox2" runat="server"></asp:
            TextBox>
        </td>
```

```
    </tr>
    <tr>
        <td class="auto-style18">送货清单: </td>
    </tr>
    <tr>
        <td class="auto-style18">
            <asp:GridView ID="GridView1" runat="server" Width="501px">
            </asp:GridView>
        </td>
    </tr>
    <tr>
        <td class="auto-style18">应付金额: <asp:Label ID="lblMoney" runat=
        "server"></asp:Label>
        </td>
    </tr>
    <tr>
        <td>
            <asp:Button ID="Button2" runat="server" OnClick="Button2_Click"
            Text="提交订单" />
            <asp:Label ID="Label1" runat="server"></asp:Label>
        </td>
    </tr>
</table>
</asp:Content>
```

(2) 在 Page_Load 中添加代码,指定 GridView1 的数据源及显示应付金额。这里应付金额使用 Session["totalMoney"]从购物车页面获取。

```
protected void Page_Load(object sender, EventArgs e)
{
    if (!IsPostBack)
    {
        GridView1.DataSource=Session["ShoppingCart2"];
        DataBind();
        lblMoney.Text=Session["totalMoney"].ToString();
    }
}
```

(3) 选择送货地址时采用多个下拉列表动态显示内容,代码及功能如下。

```
//改变省份选择时执行的代码
protected void DropDownList1_SelectedIndexChanged(object sender, EventArgs e)
{
    DropDownList2.Items.Clear();
    if (DropDownList1.SelectedValue=="01")
    {
```

```
        //这里仅添加几项,列表项内容也可以从数组或数据库中获取
        DropDownList2.Items.Add(new ListItem("西城区", "1"));
        DropDownList2.Items.Add(new ListItem("东城区", "2"));
        DropDownList2.Items.Add(new ListItem("朝阳区", "3"));
        DropDownList2.Items.Add(new ListItem("宣武区", "4"));
    }
    else
    {
        DropDownList2.Items.Add(new ListItem("西城区", "1"));
        DropDownList2.Items.Add(new ListItem("东城区", "2"));
        DropDownList2.Items.Add(new ListItem("塘沽区", "3"));
    }
}
//改变所属区的选择时触发的事件及代码
protected void DropDownList2_SelectedIndexChanged(object sender, EventArgs e)
{
    DropDownList3.Items.Clear();
    if (DropDownList2.SelectedValue=="01")
    {
        DropDownList3.Items.Add(new ListItem("x街道", "1"));
        DropDownList3.Items.Add(new ListItem("y街道", "2"));
    }
}
```

(4) 双击【提交订单】按钮,添加 Click 事件,代码如下。

```
protected void Button2_Click(object sender, EventArgs e)
{
    if (Session["pass"]==null)                    //用户未登录时
        Response.Redirect("userLogin.aspx");  //跳转到登录页面
    else                                          //用户已登录
    {
        //调用自定义方法,添加订单
        insertOrder();
    }
}
```

该事件中调用了一个自定义方法 addOrder,它的代码如下。

```
//在页面头部引入命名空间
using System.Data.SqlClient;
//在页面类中添加如下代码
private void addOrder()
{
    //创建连接对象 conn
    SqlConnection conn=new SqlConnection();
```

```
    conn.ConnectionString=@"Data Source=(LocalDB)\v11.0;AttachDbFilename=
    |DataDirectory|\shop.mdf;Integrated Security=True";
    //创建 string 变量,用于保存用户输入的数据
    //用户名
    string strName=Session["userName"].ToString();
    //总金额
    double dblMoney=double.Parse(Session["totalMoney"].ToString());
    //送货地址
    string strAddress=DropDownList1.SelectedItem.Text;
    strAddress +=DropDownList2.SelectedItem.Text;
    strAddress +=DropDownList3.SelectedItem.Text;
    strAddress +=TextBox1.Text;
    //收货人姓名
    string strAddressee=TextBox2.Text;

    //创建 string 变量,用于构造新增数据的 SQL 语句
    string strInsert=string.Format("insert into orderInfo(UserName,[TotalMoney],
    Address,Addressee,CreateDate) values('{0}',{1},'{2}','{3}',Getdate())",
    strName, dblMoney, strAddress, strAddressee);
    //打开连接
    conn.Open();
    //创建 command 对象,并传参: sql 语句和 connection 对象
    SqlCommand comm=new SqlCommand(strInsert, conn);
    //执行查询语句,并用 datareader 对象 dr 接收返回结果集
    int num=comm.ExecuteNonQuery();
    if (num==-1)
    {
        Label1.Text="提交订单失败。请重试。";
    }
    else
    {
        Response.Redirect("orderSuccess.aspx");
    }
    //关闭连接
    conn.Close();
}
```

上述代码演示了向 orderInfo 表中插入了提交订单的用户名、订单总金额、收货地址和收货人。

(5) 运行 AddOrder.aspx 页面,效果如图 13.15 所示。当单击【提交订单】按钮成功插入订单时,将显示如图 13.16 所示的效果。若失败将在【提交订单】按钮旁边的 Label 中显示订单提交失败的信息。

2. 结合存储过程向 orderInfo 和 orderItem 中添加信息

重新建立一个提交订单页面 AddOrderDet.aspx,除了提交订单功能不同,其他均相同。

localhost ×

localhost:7381/AddOrder.aspx

注册 登录 我的购物车 我的订单

查 找

首页 女童小屋 男童馆 潮流服饰 鞋类新品 服装饰品

商品分类▸

填写并确认订单

送货地址：

北京市 朝阳区 x街道 嘻哈小区

收货人姓名： 嘻哈组合

送货清单：

商品编号	商品名称	商品单价	选购尺码	商品数量
2	2016灰姑娘同款圣诞节公主裙子女童礼服裙儿童演出礼服装长款蓬蓬连衣裙	119	110	1
2	2016灰姑娘同款圣诞节公主裙子女童礼服裙儿童演出礼服装长款蓬蓬连衣裙	119	110	1
2	2016灰姑娘同款圣诞节公主裙子女童礼服裙儿童演出礼服装长款蓬蓬连衣裙	119	120	1

应付金额：357

提交订单 Label

网站声明...联系方式...

确认订单商品信息

图 13.15 AddOrder.aspx 页面的浏览效果

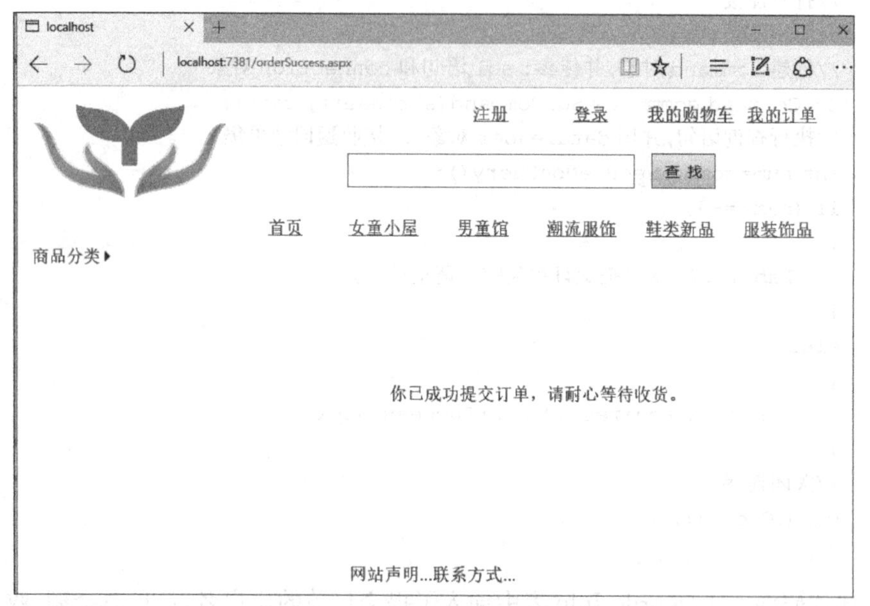

图 13.16 提交订单成功后的页面

修改【提交订单】按钮的代码，以向 orderInfo 和 orderItem 表中添加信息。具体如下。

(1) 在【服务器资源管理器】中的【存储过程】节点右击【添加存储过程】，将打开存储过程的窗口，并编写如下代码，创建一个名为 Pr_NewOrder 的存储过程，需要 4 个输入参数，向 orderInfo 表中插入一条记录后，设置输出参数@RETURN 的值为全局变量@@IDENTITY 的值。@@IDENTITY 获得最近一条插入成功的自增列的值，如果表中没有自增长列，@@identity 就等于 NULL。

```
CREATE PROCEDURE [dbo].[Pr_NewOrder]
    @UserName varchar(50),
    @TotalMoney int,
    @Address NVARCHAR(50),
    @Addressee NVARCHAR(30)
AS
Begin
    SET NOCOUNT ON;
    insert into orderInfo(UserName,TotalMoney,Address,Addressee,CreateDate)
    values(@UserName,@TotalMoney,@Address,@Addressee,Getdate());
    RETURN @@IDENTITY;
END
```

(2) 在 AddOrderDet. aspx. cs 页面中先引入命名空间 System. Data。下面代码的 CommandType、SqlDbType 等均在该命名空间下。代码如下。

```
using System.Data;
```

(3) 在 AddOrderDet. aspx. cs 页面中添加自定义方法 addOrder_SP,用于实现调用存储过程 Pr_NewOrder 向 orderInfo 表添加订单,并返回新插入记录的标识(int 类型)。

```
private int addOrder_SP()
{
    //创建连接对象 conn
    SqlConnection conn=new SqlConnection();

    conn.ConnectionString=ConfigurationManager.ConnectionStrings
    ["shopConnectionString"].ToString();
    //创建 string 变量,用于保存用户输入的数据
    //用户名
    string strName=Session["userName"].ToString();
    //总金额
    double dblMoney=double.Parse(Session["totalMoney"].ToString());
    //送货地址
    string strAddress=DropDownList1.SelectedItem.Text;
    strAddress +=DropDownList2.SelectedItem.Text;
    strAddress +=DropDownList3.SelectedItem.Text;
    strAddress +-TextBox1.Text;
    //收货人姓名
    string strAddressee=TextBox2.Text;
    //创建 string 变量,用于保存存储过程名字
    string strInsert="Pr_NewOrder";
    //打开连接
    conn.Open();
    //创建 command 对象,并传参: sql 语句和 connection 对象
```

```
    SqlCommand comm=new SqlCommand(strInsert, conn);
    //指定命令形式为存储过程
    comm.CommandType=CommandType.StoredProcedure;
    //添加参数
    comm.Parameters.Add(new SqlParameter("@UserName", SqlDbType.VarChar));
    comm.Parameters["@UserName"].Value=strName;
    comm.Parameters.Add(new SqlParameter("@TotalMoney", SqlDbType.Decimal));
    comm.Parameters["@TotalMoney"].Value=dblMoney;
    comm.Parameters.Add(new SqlParameter("@Address", SqlDbType.NVarChar));
    comm.Parameters["@Address"].Value=strAddress;
    comm.Parameters.Add(new SqlParameter("@Addressee", SqlDbType.NVarChar));
    comm.Parameters["@Addressee"].Value=strAddressee;
    comm.Parameters.Add(new SqlParameter("@RETURN", SqlDbType.Decimal));
    //设置参数@RETURN的方向为返回
    comm.Parameters["@RETURN"].Direction=ParameterDirection.ReturnValue;
    //执行语句
    try
    {
        comm.ExecuteNonQuery();
    }
    catch (Exception ex)
    {
        Label1.Text=ex.Message;        //便于调试期间查看错误信息
        return -1;
    }
    finally
    {
        //关闭连接
        conn.Close();
    }
    return (int)comm.Parameters["@RETURN"].Value;
}
```

(4) 在 AddOrderDet.aspx.cs 页面中添加自定义方法 addOrderDetail,用于实现向 orderItem 表添加订单详细信息,错误时返回－1,插入成功时返回 0(int 类型)。

```
private int addOrderDetail(int orderNo)
{
    //创建DataTable对象cart,用于保存订单中的商品信息
    System.Data.DataTable Cart=new System.Data.DataTable();
    Cart=(System.Data.DataTable)Session["ShoppingCart2"];
    for(int i=0;i<Cart.Rows.Count;i++)
    {
        DataRow dRow=Cart.Rows[i];
        int intProductId=int.Parse(dRow["商品编号"].ToString());
```

```
        int intSize=int.Parse(dRow["选购尺码"].ToString());
        int intNum=int.Parse(dRow["商品数量"].ToString());
        //创建连接对象 conn
        SqlConnection conn=new SqlConnection();
        conn.ConnectionString=ConfigurationManager.ConnectionStrings
        ["shopConnectionString"].ToString();
        //创建 string 变量,用于构造向表 orderItem 中插入数据的 SQL 语句
        string strInsert=string.Format("insert into orderItem(OrderID,
        ProductID,Number,size) values({0},{1},{2},{3})",orderNo, intProductId,
        intNum,intSize);
        //打开连接
        conn.Open();
        //创建 command 对象,并传参: sql 语句和 connection 对象
        SqlCommand comm=new SqlCommand(strInsert, conn);
        //执行插入语句
        try
        {
            comm.ExecuteNonQuery();
        }
        catch(Exception ex)
        {
            return -1;
        }
        finally
        {
            //关闭连接
            conn.Close();
        }
    }
    return 0;
}
```

(5) 在【提交订单】按钮的 Click 事件中添加如下代码,调用上述自定义方法。

```
protected void Button2_Click(object sender, EventArgs e)
{
    if (Session["pass"]==null)
        Response.Redirect("userLogin.aspx");
    else
    {
        //使用存储过程添加订单并返回订单号
        int orderNo=addOrder_SP();
        //添加订单商品信息
        int result=addOrderDetail(orderNo);
        if (orderNo==-1 || result==-1)
```

```
        {
            Label1.Text="提交订单失败。请重试。";
        }
        else
        {
            Response.Redirect("orderSuccess.aspx");
        }
    }
}
```

取消订单功能是指订单提交完成后可以取消订单,用update语句修改订单信息表中的订单状态(Status)为取消即可。订单状态可以包括正常、未支付、取消、已处理等。可在提交订单时将订单状态设为正常也可在数据库中设置默认值,之后修改。

查看订单即在订单信息表中查询当前登录用户所提交的所有订单,并显示在页面上。

13.3.6 后台管理模块

后台管理功能是指管理员对网站的会员、商品、商品类别等进行管理。同样可以使用母版页创建后台管理功能的公共部分,这里没有使用母版页,仅简要介绍商品管理功能。

管理员可以查询所有商品、某一类别的商品或某一个商品的信息。下面是管理页面及查询所有商品的简要过程。

(1) 新建一个页面AdminManage.aspx,在页面上添加table。顶部显示为蓝色,可以替换为图片。左侧拖放一个TreeView控件,添加需要的节点,中间的内容部分实现管理功能,这里拖放两个GridView,用于查询所有商品和编辑商品,还可以参考前面的章节实现添加商品。并配置两个GridView控件的数据源,然后修改HeaderText属性,编辑功能的GridView2启用编辑和删除功能。对不需要换行的列修改Wrap属性为false。生成的代码如下。

```
<table class="auto-style1">
    <tr>
        <td colspan="2" class="auto-style2" style="background-color: #0000FF">
             </td>
    </tr>
    <tr>
        <td style="vertical-align:top">
            <asp:TreeView ID="TreeView1" runat="server" Height="304px" Width=
            "177px">
                <Nodes>
                    <asp:TreeNode NavigateUrl="~/AdminManage.aspx" Selected=
                    "True" Text="商品管理" Value="商品管理">
                        <asp:TreeNode Text="查询商品" Value="查询商品"></asp:
```

```
            TreeNode>
            <asp:TreeNode Text="编辑商品" Value="编辑商品"></asp:
            TreeNode>
            <asp:TreeNode Text="添加新品" Value="添加新品"></asp:
            TreeNode>
        </asp:TreeNode>
        <asp:TreeNode Text="会员管理" Value="会员管理"></asp:
        TreeNode>
        <asp:TreeNode Text="商品类别管理" Value="商品类别管理">
        </asp:TreeNode>
    </Nodes>
  </asp:TreeView>
</td>
<td>
  <asp:Label ID="Label1" runat="server"></asp:Label>
  <br />
  查询所有商品: <br />
  <asp:GridView ID="GridView1" runat="server" AllowPaging="True"
  AllowSorting="True" AutoGenerateColumns="False" DataKeyNames=
  "Id" DataSourceID="SqlDataSource1" Height="192px" Width="582px">
    <Columns>
        <asp:BoundField DataField="Id" HeaderText="商品编号"
        InsertVisible="False" ReadOnly="True" SortExpression=
        "Id" >
        <HeaderStyle Wrap="False" />
        </asp:BoundField>
        <asp:BoundField DataField="Name" HeaderText="商品名称"
        SortExpression="Name" >
        <HeaderStyle Wrap="False" />
        <ItemStyle Wrap="True" />
        </asp:BoundField>
        <asp:BoundField DataField="PictureUrl" HeaderText="图片
        路径" SortExpression="PictureUrl" >
        <HeaderStyle Wrap="False" />
        </asp:BoundField>
        <asp:BoundField DataField="Price" HeaderText="价格"
        SortExpression="Price" >
        <HeaderStyle Wrap="False" />
        </asp:BoundField>
        <asp:BoundField DataField="Brand" HeaderText="品牌"
        SortExpression="Brand" >
        <HeaderStyle Wrap="False" />
        </asp:BoundField>
        <asp:BoundField DataField="Size" HeaderText="尺码"
```

```
                    SortExpression="Size" >
                    <HeaderStyle Wrap="False" />
                    </asp:BoundField>
                    <asp:BoundField DataField="ForAges" HeaderText="适合年龄"
                    SortExpression="ForAges" >
                    <HeaderStyle Wrap="False" />
                    </asp:BoundField>
                    <asp:BoundField DataField="Stock" HeaderText="库存量"
                    SortExpression="Stock" >
                    <HeaderStyle Wrap="False" />
                    </asp:BoundField>
                    <asp:BoundField DataField="CategoryID" HeaderText="类别
                    编号" SortExpression="CategoryID" >
                    <HeaderStyle Wrap="False" />
                    </asp:BoundField>
                    <asp:BoundField DataField="CreateDate" HeaderText="创建
                    日期" SortExpression="CreateDate" >
                    <HeaderStyle Wrap="False" />
                    </asp:BoundField>
                    <asp:BoundField DataField="Status" HeaderText="状态"
                    SortExpression="Status" >
                    <HeaderStyle Wrap="False" />
                    </asp:BoundField>
                </Columns>
            </asp:GridView>
            <asp:SqlDataSource ID="SqlDataSource1" runat="server"
            ConnectionString="<%$ConnectionStrings:shopConnectionString %>"
            SelectCommand="SELECT * FROM [productInfo]"></asp:
            SqlDataSource>
            <br />
            编辑商品: <br />
            <asp:GridView ID="GridView2" runat="server" AllowPaging="True"
            AllowSorting="True" AutoGenerateColumns="False" DataKeyNames=
            "Id" DataSourceID="SqlDataSource2" Height="178px" style="margin-
            right: 19px" Width="667px">
                <Columns>
                    <asp:CommandField ShowDeleteButton="True" ShowEditButton=
                    "True" >
                    <ItemStyle Wrap="False" />
                    </asp:CommandField>
                    <asp:BoundField DataField="Id" HeaderText="Id"
                    InsertVisible="False" ReadOnly="True" SortExpression=
                    "Id" />
                    <asp:BoundField DataField="Name" HeaderText="Name"
```

```
            SortExpression="Name" />
            <asp:BoundField DataField="PictureUrl" HeaderText=
            "PictureUrl" SortExpression="PictureUrl" />
            <asp:BoundField DataField="Price" HeaderText="Price"
            SortExpression="Price" />
            <asp:BoundField DataField="Brand" HeaderText="Brand"
            SortExpression="Brand" />
            <asp:BoundField DataField="Size" HeaderText="Size"
            SortExpression="Size" />
            <asp:BoundField DataField="ForAges" HeaderText="ForAges"
            SortExpression="ForAges" />
            <asp:BoundField DataField="Stock" HeaderText="Stock"
            SortExpression="Stock" />
            <asp:BoundField DataField="CategoryID" HeaderText=
            "CategoryID" SortExpression="CategoryID" />
            <asp:BoundField DataField="CreateDate" HeaderText=
            "CreateDate" SortExpression="CreateDate" />
            <asp:BoundField DataField="Status" HeaderText="Status"
            SortExpression="Status" />
        </Columns>
    </asp:GridView>
    <asp:SqlDataSource ID="SqlDataSource2" runat="server" Conflict-
    Detection="CompareAllValues" ConnectionString="<%$Connection
    Strings: shopConnectionString %>" DeleteCommand="DELETE FROM
    [productInfo] WHERE [Id]=@original_Id AND [Name]=@original_Name
    AND (([PictureUrl]=@original_PictureUrl) OR ([PictureUrl] IS NULL
    AND @original_PictureUrl IS NULL)) AND (([Price]=@original_Price)
    OR ([Price] IS NULL AND @original_Price IS NULL)) AND (([Brand]=@ori-
    ginal_Brand) OR ([Brand] IS NULL AND @original_Brand IS NULL)) AND
    (([Size]=@original_Size) OR ([Size] IS NULL AND @original_Size IS
    NULL)) AND (([ForAges]=@original_ForAges) OR ([ForAges] IS NULL
    AND @original_ForAges IS NULL)) AND (([Stock]=@original_Stock) OR
    ([Stock] IS NULL AND @original_Stock IS NULL)) AND (([CategoryID]=
    @original_CategoryID) OR ([CategoryID] IS NULL AND @original_
    CategoryID IS NULL)) AND (([CreateDate]=@original_CreateDate) OR
    ([CreateDate] IS NULL AND @original_CreateDate IS NULL)) AND
    (([Status]=@original_Status) OR ([Status] IS NULL AND @original_
    Status IS NULL))" InsertCommand="INSERT INTO [productInfo]
    ([Name], [PictureUrl], [Price], [Brand], [Size], [ForAges],
    [Stock], [CategoryID], [CreateDate], [Status]) VALUES (@Name, @Pic-
    tureUrl, @Price, @Brand, @Size, @ForAges, @Stock, @CategoryID, @Crea-
    teDate, @Status)" OldValuesParameterFormatString="original_{0}"
    SelectCommand="SELECT * FROM [productInfo]" UpdateCommand=
    "UPDATE [productInfo] SET [Name]=@Name, [PictureUrl]=@PictureUrl,
```

```
[Price]=@Price, [Brand]=@Brand, [Size]=@Size, [ForAges]=@For-
Ages, [Stock]=@Stock, [CategoryID]=@CategoryID, [CreateDate]=@Crea-
teDate, [Status]=@Status WHERE [Id]=@original_Id AND [Name]=@ori-
ginal_Name AND (([PictureUrl] = @original_PictureUrl) OR
([PictureUrl] IS NULL AND @original_PictureUrl IS NULL)) AND
(([Price]=@original_Price) OR ([Price] IS NULL AND @original_Price
IS NULL)) AND (([Brand]=@original_Brand) OR ([Brand] IS NULL AND @ori-
ginal_Brand IS NULL)) AND (([Size]=@original_Size) OR ([Size] IS
NULL AND @original_Size IS NULL)) AND (([ForAges]=@original_
ForAges) OR ([ForAges] IS NULL AND @original_ForAges IS NULL)) AND
(([Stock]=@original_Stock) OR ([Stock] IS NULL AND @original_Stock
IS NULL)) AND (([CategoryID] = @original_CategoryID) OR
([CategoryID] IS NULL AND @original_CategoryID IS NULL)) AND
(([CreateDate]=@original_CreateDate) OR ([CreateDate] IS NULL AND
@original_CreateDate IS NULL)) AND (([Status]=@original_Status)
OR ([Status] IS NULL AND @original_Status IS NULL))">
<DeleteParameters>
    <asp:Parameter Name="original_Id" Type="Int32" />
    <asp:Parameter Name="original_Name" Type="String" />
    <asp:Parameter Name="original_PictureUrl" Type="String" />
    <asp:Parameter Name="original_Price" Type="Decimal" />
    <asp:Parameter Name="original_Brand" Type="String" />
    <asp:Parameter Name="original_Size" Type="String" />
    <asp:Parameter Name="original_ForAges" Type="String" />
    <asp:Parameter Name="original_Stock" Type="Int32" />
    <asp:Parameter Name="original_CategoryID" Type="Int32" />
    <asp:Parameter Name="original_CreateDate" Type="DateTime" />
    <asp:Parameter Name="original_Status" Type="String" />
</DeleteParameters>
<InsertParameters>
    <asp:Parameter Name="Name" Type="String" />
    <asp:Parameter Name="PictureUrl" Type="String" />
    <asp:Parameter Name="Price" Type="Decimal" />
    <asp:Parameter Name="Brand" Type="String" />
    <asp:Parameter Name="Size" Type="String" />
    <asp:Parameter Name="ForAges" Type="String" />
    <asp:Parameter Name="Stock" Type="Int32" />
    <asp:Parameter Name="CategoryID" Type="Int32" />
    <asp:Parameter Name="CreateDate" Type="DateTime" />
    <asp:Parameter Name="Status" Type="String" />
</InsertParameters>
<UpdateParameters>
    <asp:Parameter Name="Name" Type="String" />
    <asp:Parameter Name="PictureUrl" Type="String" />
```

```
                <asp:Parameter Name="Price" Type="Decimal" />
                <asp:Parameter Name="Brand" Type="String" />
                <asp:Parameter Name="Size" Type="String" />
                <asp:Parameter Name="ForAges" Type="String" />
                <asp:Parameter Name="Stock" Type="Int32" />
                <asp:Parameter Name="CategoryID" Type="Int32" />
                <asp:Parameter Name="CreateDate" Type="DateTime" />
                <asp:Parameter Name="Status" Type="String" />
                <asp:Parameter Name="original_Id" Type="Int32" />
                <asp:Parameter Name="original_Name" Type="String" />
                <asp:Parameter Name="original_PictureUrl" Type="String" />
                <asp:Parameter Name="original_Price" Type="Decimal" />
                <asp:Parameter Name="original_Brand" Type="String" />
                <asp:Parameter Name="original_Size" Type="String" />
                <asp:Parameter Name="original_ForAges" Type="String" />
                <asp:Parameter Name="original_Stock" Type="Int32" />
                <asp:Parameter Name="original_CategoryID" Type="Int32" />
                <asp:Parameter Name="original_CreateDate" Type="DateTime" />
                <asp:Parameter Name="original_Status" Type="String" />
            </UpdateParameters>
            </asp:SqlDataSource>
            <br />
            <br />
        </td>
    </tr>
    <tr>
        <td> </td>
        <td> </td>
    </tr>
</table>
```

(2) 在 Page_Load 中加入身份判断功能的代码，以实现只有管理员身份的用户登录后才能访问该页面。

```
protected void Page_Load(object sender, EventArgs e)
{
    if (Session["pass"]==null)
        Response.Redirect("userLogin.aspx");
    else
        Label1.Text=Session["username"].ToString();
}
```

(3) 运行页面如图 13.17 所示。

商品管理除了查询商品还需要修改商品信息，删除某商品，添加新商品，读者可以参考第 8～10 章的内容完成。

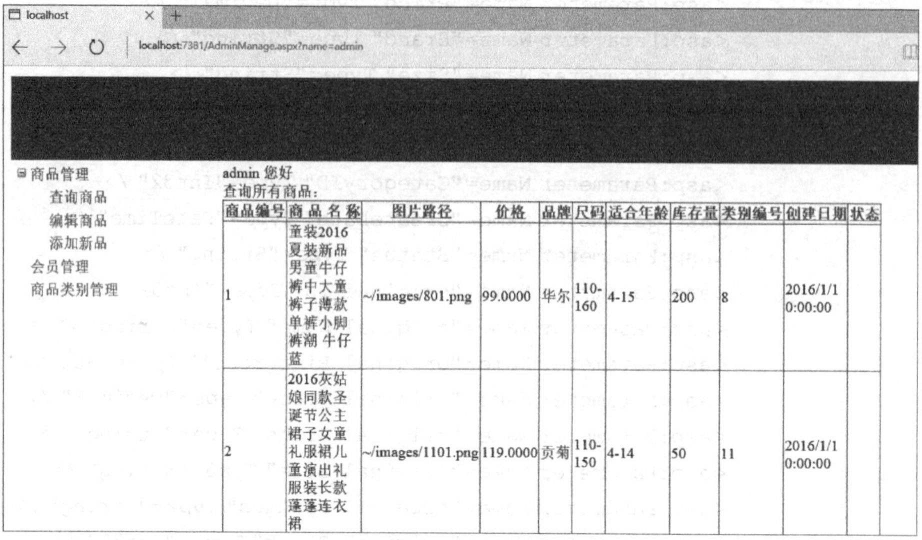

图 13.17 管理界面

会员管理和商品类别管理与商品管理类似,可以用同样的方法实现。

处理订单即根据订单的处理过程修改订单状态,如已处理或已出库、已配送、已完成等。

13.3.7 网站外观设计

实现网站功能是网站开发的重中之重,网站外观可以为用户带来更好的视觉效果,提升用户体验。在 ASP. NET 中,除了通过前面章节中讲到的控件外观的基本属性设置,还可以借助 Dreamweaver 等软件设计工具对外观进行设计,也可以通过使用主题统一设置网站外观。

ASP. NET 中,可以直接通过 Style 属性对网站的 HTML 基本元素进行设置,如本网站的导航页面中的 table 表格,如图 13.18 所示。

使用第 6 章中的方法添加主题 childShopTheme,可以添加 css 文件和 skin 文件。这里添加一个 skin 文件,如 DataList 的样式代码如下。

```
<%--DataList 按钮的样式 --%>
<asp:DataList SkinID="dlSkin" runat="server" RepeatColumns="4"
RepeatDirection="Horizontal" BackColor="White" BorderColor="#DAEEEE"
BorderStyle="Double" BorderWidth="3px" CellPadding="4" GridLines=
"Horizontal" Width="591px" CssClass="Text">
    <FooterStyle BackColor="White" ForeColor="blue" />
    <SelectedItemStyle BackColor="#DAEEEE" Font-Bold="True" ForeColor=
    "Blue" Font-Names="Tahoma" Font-Size="9pt" HorizontalAlign="Center" />
    <ItemStyle BackColor="White" ForeColor="#333333" Font-Names="Tahoma"
    HorizontalAlign="Center" />
    <HeaderStyle BackColor="#336666" Font-Bold="True" ForeColor="White" />
```

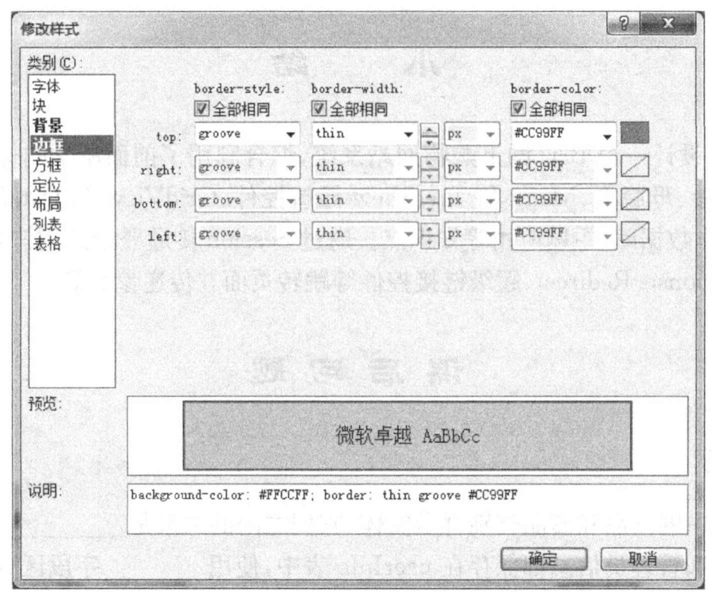

图 13.18 设置 td 元素的 Style 属性

```
</asp:DataList>
```

然后在 default.aspx 页面设置 DataList 控件的 SkinId 属性为 dlSkin。当运行主页时效果如图 13.19 所示。

图 13.19 应用主题的 DataList 的显示效果

小　结

本章通过设计一个B2C网上购物网站系统，综合利用了前面所学的标准控件、页面跳转、页面传参、母版页、Menu和TreeView导航控件、GridView和DataList等数据控件、访问和操作数据库、主题应用等知识点。通过Session传递登录的用户名和购物车信息。通过Response.Redirect、超级链接控件等跳转页面并传递参数等。

课后习题

1. 填空题

(1) 案例中的商品和商品类别都是实体，它们之间的关系是________。

(2) 用户和管理员信息都保存在userInfo表中，使用________字段区分它们。

(3) 案例中，使用body标记的________属性调用________方法，实现广告自动切换的。显示广告的控件myimg可以是在内容页________上设计。

(4) 购物车是用________对象实现页面间共享购物车信息的，用________对象保存商品结构及其信息的。

(5) 单击GridView中的按钮会触发GridView的________事件，使用【添加购物车】按钮的________属性判断是否单击了该按钮。

2. 上机操作题

在本章案例的基础上，完善网站主页面、注册页面、登录页面的美化、商品评论、订单处理等功能。

参 考 文 献

[1] 程不攻，龙跃进，卓琳. ASP. NET 2.0 动态网站开发教程. 第2版. 北京：清华大学出版社，2008.

[2] 谭贞军. 深入体验 ASP. NET 2.0 项目开发. 第2版. 北京：清华大学出版社，2011.

[3] 国家863中部软件孵化器. ASP. NET 从入门到精通. 第2版. 北京：人民邮电出版社，2015.

[4] 奚江华. 圣殿祭司的 ASP. NET 2.0 开发详解——使用C#最佳应用与实践指南. 第2版. 北京：电子工业出版社，2008.

[5] 常倬林等. ASP. NET 标准教程. 北京：化学工业出版社，2011.

[6] 袁磊，陈伟卫. 网页设计与制作实例教程. 第2版. 北京：清华大学出版社，2011.

[7] 唐植华，郭兴峰. ASP. NET 2.0 动态网站开发基础教程. 北京：清华大学出版社，2008.

[8] 韩颖，卫琳，谢琦. ASP. NET 4.5 动态网站开发基础教程. 北京：清华大学出版社，2015.

[9] 崔连和. ASP. NET 程序设计教程. 北京：机械工业出版社，2012.

[10] 周广清，刘建平. ASP. NET 页面跳转和参数传递. 医疗卫生装备，2015，36(3)：73-75.

[11] 李春葆，谭成予，曾平等. C#程序设计教程. 第2版. 北京：清华大学出版社，2013.

[12] http://www. asp. net/.

[13] http://msdn. microsoft. com.